锂电工艺密码

揭秘粉体与流体的微观世界

刘玉青　著

Lithium
Battery
Process
Password

Unveiling the
Microscopic
World of
Powders and
Fluids

化学工业出版社

·北京·

内 容 简 介

本书主要读者群体为各锂电制造公司、锂电装备公司的工艺、质量、设备与制造人员，可帮助其提升对锂电工艺原理的底层原理理解，提高对现场问题的认知和处理能力。

本书在热力学原理与锂电工艺问题间架设了桥梁，通过底层表面化学与表面现象的层层推导，对很多现场搅拌、涂布、辊压与注液等问题的原因进行拆解。内容专注于锂离子电池制造过程中的粉体物理与流体物理，重点探讨了合浆、涂布、辊压等关键工序，以及烘烤和注液环节。书中深入分析了电极制备技术，包括干法与湿法电极制备工艺，并详细讨论了粉体颗粒、高分子材料、溶剂之间的相互作用力，如表面张力、毛细作用力、静电作用力等，及其对电池制造过程的影响。同时，还涉及了黏结剂、导电剂等材料的物理特性及其在电池制造中的应用，旨在帮助读者理解并掌握锂电制造过程中的微观物理过程。

图书在版编目（CIP）数据

锂电工艺密码：揭秘粉体与流体的微观世界 / 刘玉青著 . -- 北京：化学工业出版社，2025. 7. -- ISBN 978-7-122-48255-6

Ⅰ．TM911

中国国家版本馆 CIP 数据核字第 2025KL2212 号

责任编辑：王　筱　翟亚丽　　　　　　　　装帧设计：盟诺文化
责任校对：宋　夏　　　　　　　　　　　　封面设计：刘丽华

出版发行：化学工业出版社（北京市东城区青年湖南街 13 号　邮政编码 100011）
印　　装：北京瑞禾彩色印刷有限公司
787mm×1092mm　1/16　印张 15¼　字数 342 千字　2025 年 7 月北京第 1 版第 1 次印刷

购书咨询：010-64518888　　　　　　　　售后服务：010-64518899
网　　址：http://www.cip.com.cn
凡购买本书，如有缺损质量问题，本社销售中心负责调换。

定　　价：158.00 元

序 一

在全球能源转型与"双碳"目标驱动下，锂电池产业正经历从规模扩张向高质量发展的关键跃迁。技术创新与工艺优化成为突破行业瓶颈的核心路径，而《锂电工艺密码：揭秘粉体与流体的微观世界》一书，恰以独特的微观视角为这一领域提供了重要理论支撑与实践指南，作为系统整合多学科基础理论的工艺科学著作，既是对过往工程经验的科学注解，更是面向未来智能制造的认知基石。

锂电池性能的突破，本质上是材料与工艺的协同创新。当前，高镍正极、硅基负极等材料的应用已接近理论极限，而粉体与流体在电极制备等关键工艺中的微观行为，直接影响电池的电化学性能及安全性。本书从对微观颗粒的自组织、自重构与工艺过程干预的角度，帮助工程师构建了一个独特的"微观世界观"，正是科学思维赋予工程实践的"预见力"。书中对锂电制造过程中的箔材、颗粒、高分子、溶剂在加工过程中的不同组合形态，进行了各种工艺问题归纳与演绎，填补了从实验室研究到规模化生产的"最后一公里"知识空白。

作为全球最具影响力的新能源展会之一，中国国际电池技术交流会/展览会（CIBF）已成功举办十七届，CIBF 2025年国内外参展厂商超过3200家，但部分领域仍存在低水平重复竞争。协会呼吁通过技术创新构建差异化竞争力，避免"价格战"对产业链的伤害。当前中国锂电池产能已占全球60%以上，面对欧盟《电池法规》等国际新规，中国锂电池产业需以更高工艺标准参与全球竞争。本书不仅为从业者提供了技术工具箱，更倡导一种"微观决定宏观"的产业哲学——唯有掌握工艺底层逻辑，才能在全球市场掌握话语权。

期待本书的出版能为中国锂电池产业的可持续发展注入新动能，也呼吁全行业共同探索微观世界的无限可能，以创新之力书写能源革命的下一篇章。

中国化学与物理电源行业协会秘书长

2025.5.20

序 二

  非常开心看到《储能科学与技术》杂志编辑部又推出了一本锂电领域的高质量新作。2021年很荣幸通过杂志社出版了《锂电池基础科学》一书，这应该算是对锂电创新链技术成熟度从1到3的研发和设计科学知识体系的一个一般性简单概括；而《锂电工艺密码：揭秘粉体与流体的微观世界》一书则是对锂电创新链，特别是材料和极片制造环节，从4到9的量产科学知识体系的浓缩提炼。

  过去十年，锂电池产业经历了指数级的蓬勃发展，但制造工艺的底层逻辑始终如同蒙着面纱的谜题：为何同一批正极材料在涂布干燥后会出现性能分异？电池浆料的黏度为何会随着来料粒径的不同而变化如此之大？这些问题的答案，都深藏在粉体堆积的拓扑学迷宫与流体动力学的混沌方程之中。本书不满足于工艺参数的简单罗列，而是执起微观探针，带您穿越扫描电镜下的晶界网络，用分子间亲和力与排斥力作用的视角重新解构锂电池制造的"黑箱"。这本书告诉我们，真正颠覆性的技术创新，往往始于对习以为常的工艺细节的深度追问。

  本书对锂电制造过程中的表面化学、流体力学、粉体力学、流变学、高分子物理等微观世界知识进行了系统提炼和科学总结。之前这些知识是散落在不同学科的不同专业中，而本书对上述散落的知识在锂电工艺的综合应用进行了递归推理，使锂电现场生产工艺人员和工程师能够通过一本书精准掌握上述工程知识。本书是锂电行业非常值得推荐的工具书。期待这本书能成为工程师的显微镜、科学家的工艺手册、探索者的星际罗盘，带我们穿越粉体与流体的迷雾，抵达下一代电池圣杯的应许之地。

  最后，期待《储能科学与技术》杂志编辑部能够推出更多锂电领域的好作品，为锂电行业知识沉淀与人才培养作出贡献。

中国科学院物理研究所

2025.5.12

前　言

以汽车动力电池为代表的移动式储能电池以及以储能电站为代表的固定式储能电池，正处于代替传统汽车与发电产业的发展拐点，未来锂电产业将快速井喷，进入TWh时代。行业急速发展对相应的人才培养和技术体系建设提出了明确需求。

锂电产业涉及的相关概念纷繁复杂，涉及化学、物理、材料、机械、电力、电气和流体等多种交叉学科，如无特别融会贯通的教材指导，锂电材料各学科交叉融合知识会让包括本科生和研究生在内的学生均在短时间内难以快速掌握相关知识框架。

在锂离子电池材料制备过程中若是想理解镍钴锰材料配比的原理，就必须了解M—O键中的离子键成分和共价键成分的互补百分比的意义，知道离子键的键合力是没有方向性的，其对于异号电荷离子的束缚作用是球面均分且摊薄的，而共价键的键合力有方向性，其对于异号电荷离子的束缚作用在特定的方向上是集中且强化的，更须知道这个互补百分比会随材料碱度值和充电电压值而动态变化。若是想理解各种离子的化学扩散系数和电场迁移淌度，就必须了解配合物晶体场理论，知道配体离子的电场是如何解除过渡金属中心离子的5个d-轨道的简并态，并使其能级分裂的，更须知道 Jahn-Teller 效应的络离子细长化不仅仅可源于配体离子电场，也可源于充电电压。而配位化学是高年级本科生甚至硕士研究生都感到相当艰涩的课程知识，如果缺乏对价键理论中的异号电荷静电键合力与反号波函数交换力之间区别以及简并态如何过渡到非简并态的理论等相关知识的了解，对锂电材料相关构效关系的深入理解是较为困难的。

化学专业学生在大学几年学习过程中专注学好这一学科就已较为吃力，很难再安排课时学习热管理、电池管理系统、电池结构制图、制造工艺、机械设备等知识。但这些最新的技术与名词概念之间的结构关系却较少看到教材进行串联梳理，导致学生不能从眼花缭乱的概念中循序渐进、分门别类地进行深入学习，所以锂电从业人员要想"练好基本功"需要一个艰辛的长期过程。其实这些名词概念如果能按顺序结构罗列在一起即可破局，牛顿在《自然哲学的数学原理》一书中就论述了这样的思想：科学上的东西越简单越好，同样的现象我们应该尽量归结于简单的原因。

随着新能源行业快速发展，各锂电生产现场面对制造过程中的各类疑难问题，对技术支持与解决方案提出了新的要求，对"传帮带"速度也提出了新的挑战。

《锂电工艺密码：揭秘粉体与流体的微观世界》一书聚焦于锂离子电池制造过程的合浆、涂布、辊压这三道工序，以及烘烤和注液两个特别环节。这五道工序涉及大量的粉体物理与流体物理微观世界内容，与其他工序相比更为复杂且难以控制。各个企业电芯制造能力差别即在于这些微观的制造工序能否做好。在制造过程中真正起电化学作用的就是这些粉体和流体，其孔隙率、压实密度、分布规律等是直接影响锂离子电池充放电微观反应的物化参数。这五道工序的粉体物理与流体物理均为微观层面机理，会有很多与人们习惯的宏观物理世界观不一样的地方，比如微观世界的粒子一般都具备自组装、自重构等行为特点，而我们的制造控制却往往只能从温度、湿度、压力、流量、投放顺序、搅拌速率、设备结构等宏观控制方式着手。古人云："治大国如烹小鲜"，锂电制造也是像宏观经济政策影响个体行为一样的"烹小鲜"。

本书只讲述了部分黏结剂分子式、粉体与水分子的反应（不需要化学基础），因为本书旨在将工艺生产技术和电池设计材料知识区分开来，类似于将《高分子物理》从《高分子化学》中独立成体系一样，使锂电工艺知识从研发设计知识中独立成为一个单独的完整自洽体系，避免部分锂离子电池厂总是让做电池设计和研发的人来做电池工艺这种不合适的现象出现，并且帮助读者深度理解和应用好锂电工艺的这部分微观物理过程。

虽然锂电粉体是由离子结晶组成的，但本书未对锂电材料晶体结构进行纳米和埃米级层面的论述，因为晶体结构的解释涉及量子力学、密度泛函理论、结构化学、晶格动力学等量子力学知识，这些属于材料研发端的知识。

本书聚焦于制造层面的微米层级问题，论述材料结晶后的形貌、大小、物理性质对锂电制造过程的影响。为了帮助读者更加生动形象地理解锂电微米、纳米级世界，本书作者请专业动画制作公司，在很多锂电学者的共同指导下配套制作了大量锂电三维动画模型，这些三维动画模型是相关学者们根据文献"发挥想象力"首次构建出来的，且被《储能科学与技术》期刊引用为学术杂志封面，本书将其中部分的三维动画模型成果进行了静态图片展示。

为了让读者都能够轻松地了解和熟悉上述相关知识，本书通过热力学演化推理粉体物理与流体物理的科学规律，并用这些规律详细论述和解释各种电极制备中的工艺问题，定位为一本专门针对锂电行业的《化工原理》专业教材，各章节模块循序渐进展开，相关理论论述都是"从生活经验中来、到锂电生产实践中去"，形成了一个完整而自洽的理论体系。虽然拥有《物理化学》热力学推理功底的读者更容易理解本书的逻辑理论，但有一定高中物理学基础或现场锂电实践经验的读者亦可在阅读中不断体会本书的相关逻辑。本书中有一大堆似乎互不关联的概念，但对各种原理达到一种透彻的理解，就会看出各个概念之间深刻的相互联系，每一个概念都与其他概念以某种形式相关联，本书试图帮助读者将流体与粉体的大量概念串联起来，每节开头都对本节涉及的前述相关理论进行罗列，对照前述理论进行学习能够起到温故而知新、构建知识图谱的效果。对于由于本书涉及的大量高分子物理、黏度、搅拌、涂布等知识并不局限于锂电行业应用，其他与此相关的行业亦可借鉴本书中的相关论述。

"用别人听的懂的方式表达出来，你才是真的懂了。"——《费曼学习法》

由于作者自身理论与实践有限，也出于在有限篇幅内论述完整理论体系的考虑，未对所有锂电制造中的粉体流体相关问题进行论述（例如氢键、官能团对浆料性质影响）。

本书不足之处，也希望各位同行朋友多提出宝贵建议，共同斧正，相关读者意见可发送至作者邮箱liuyuqingjob@163.com，或者关注作者视频号在评论区积极留言指正，一起为本书的修正完善作出贡献。

"每一条科学定律，每一条科学原理，每一项观察结果的陈述都是某种形式的删繁就简的概述，因为任何事情都不可能得到准确的描述。"

——《费曼讲演录：一个平民科学家的思想》

为了方便读者在脑中模拟出锂电制造的很多微观现象，本书通过一些文学性的描述形成了锂电微观视角下的独特世界观。读者可以将《锂电工艺密码：揭秘粉体与流体的微观世界》看作"锂电制造的天龙八部与内功心法"，读完后对锂电工艺的理解能够进一步提升到"炉火纯青""收发自如"的更高境界。虽然本书无法做到像金庸小说一样地使读者食髓知味，但读完整本书后相信读者对锂电微观世界的认识一定会达到新的境界。

刘玉青

2024年10月

目　录

上 篇

锂电粉体与流体物理的介观世界

3　粉体颗粒间的吸附与静电作用力

4　锂电黏结剂机理：饮料增稠剂、水性漆、油性漆可做黏结剂

5　颗粒、高分子与溶剂混合后的浆料自组装重构：黏度、团聚与沉降

下　篇

锂电粉体与流体制程

6　合浆工序机理：活性物质、导电剂、黏结剂在溶剂中的分散

7 涂布工序机理：将浆料从罐子里转移到金属箔材上

8 辊压工序机理：溶剂蒸发后留下的粉体颗粒孔隙由大到小、由松到密

9　电芯烘烤与注液工序机理：辊压留下的极片孔隙注入电解液

1.1 基础知识：电极的组成成分

在生活中，买电池一般都能看到其正极和负极，但很多锂离子电池厂商也称其为阴阳极，有些混乱。首先说一下阴阳极名词的来源，英文anode和cathode是法拉第发明的名词。anode表示"发生氧化反应的电极"（或者失去电子的电极），可以理解为"氧化极"；cathode则表示"发生还原反应的电极"（或者得到电子的电极），可以理解为"还原极"。但是最初翻译anode和cathode的人，却将anode译成"阳极"，而cathode译成"阴极"，这个中文名称一直沿用下来，其实这是不严谨的。因此，简单理解，阳极（英语：anode）是发生氧化反应的电极；相对的，阴极（英语：cathode）是发生还原反应的电极。电池内部的化学反应确定的是阴阳极，电池外部电势的高低确定的是正负极。

沿用行业习惯与术语规范，我们将一个正极对外接口与一个负极对外接口构成的单体电池叫作电芯。在电芯将化学能转化为电能的过程中，我们需要两种材料：一种是能联合起来用化学能存储电能的正极材料与负极材料，一种是将化学能转化的电能传递出来的导电材料。这两种材料结合就能构成我们电化学装置最重要的部分：电极。正极材料和负极材料的种类繁多，在锂离子和钠离子储能材料的不同分类下又有很多种固体材料颗粒，只要正极和负极材料存在电位差，且能逆向充电还原正负极材料结构，理论上都可以成为存储电能的电极材料。存储化学能的正极材料与负极材料一般为粉体颗粒，由于钠离子电池和锂离子电池的工艺制造过程基本相同，故本书也适用于钠离子电池的工艺过程。

要想将上述这些粉体材料颗粒的电化学能收集起来，转变为电能，还需要掺杂在正负极材料颗粒中间的粉体状导电材料，这种粉体状的导电材料我们称为导电剂。正极材料粉体、导电剂粉体（本书主要以导电炭黑为例）通过黏结剂（本书主要以PVDF为例）均匀涂覆在铝箔上，即构成了正极的电极；负极材料粉体（本书主要以石墨为例）、导电剂粉体（本书主要以导电炭黑为例）通过黏结剂（本书主要以CMC与SBR为例）均匀涂覆在铜箔上，即构成了负极的电极。由于箔材为片状，我们称其为电池的正极/负极极片，正极和负极极片的排列形态如图1-1所示。

要想将各种电极材料形成图1-1所示形貌的最终极片，有两种工艺路线：一种是直接往集流体（即铜箔/铝箔，下文称为基材）上喷洒粉末，如本章第二节所述；另一种是将粉末用溶剂混合好后涂覆在铜箔/铝箔上，如本章第三节所述。简单的形象比喻就是：均匀地干撒辣椒面（干法电极制备过程）和均匀地抹辣椒酱再烘干（湿法电极制备过程）。

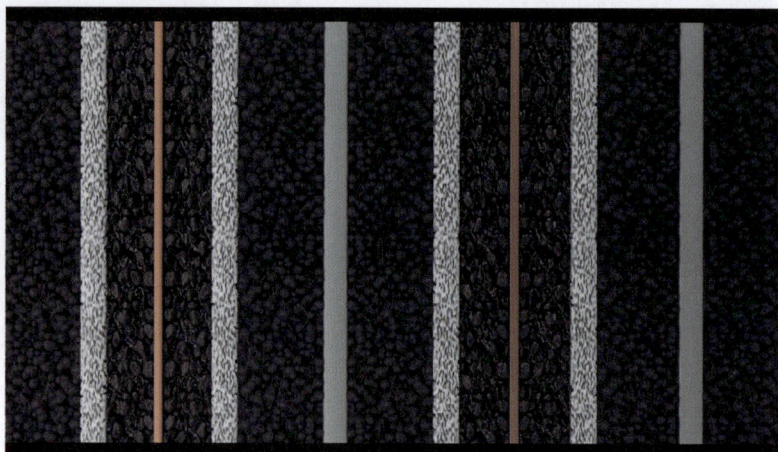

图1-1　电极正极极片与负极极片排列形态

1.2　电极是怎么形成的之一：非主流的干法电极制备过程

干法电极制备可以将活性物质、黏结剂、导电剂组成的粉末混合后，直接喷涂到金属箔材上，通过辊压/热压制成自极片。干法电极技术包括干粉末混合、从粉末到极片成型、极片辊压成型三个步骤，这三个步骤均未使用溶剂。

一般干法电极制备都是将活性物质颗粒、导电剂和PTFE（聚四氟乙烯）混合，在剪切力作用下使PTFE纤维化，从而形成三维网状结构使活性物质颗粒和导电剂黏合在一起。然后通过静电喷涂沉积工艺，混合后的干粉在被赋予静电后，喷涂到接地的金属箔材上，如图1-2所示。为什么要用静电？因为如果没有静电引力作用，喷涂的干粉会很容易脱粉掉料（见3.2.1小节论述）。趁着喷涂的干粉还没脱粉掉料，迅速将喷涂后的电极输送到热辊上，该热辊可以加热活化黏结剂，热辊使用的黏结剂据文献报道采用的是5%~8%细粉状的PTFE高分子粉末（PTFE性能见4.3.1小节论述）。将该混有黏结剂的粉末混合物辊压挤出，从而在颗粒和金属箔材之间提供足够的黏合强度。以形成连续的自支撑干涂层电极膜，方便卷绕成卷状给后续工序使用。

干法制备的优势是不需要使用任何溶剂，没有了溶剂参与的固-液界面两相悬浮液混合，也没有了将湿膜溶剂蒸发的烘烤过程，因此可节省溶剂材料成本、混合溶剂的设备与相应时间成本、蒸发溶剂的设备与相应时间成本，也节省了几十米烘箱所需要的厂房面积，是一种对环境友好的绿色工艺。上述干法制备电极的技术，也可以用于干法将导电剂或黏结剂喷涂到隔膜上。

但干法制备电极对粉体混合和脱粉掉料控制的要求极高，这样才能保证电极材料混合的均匀

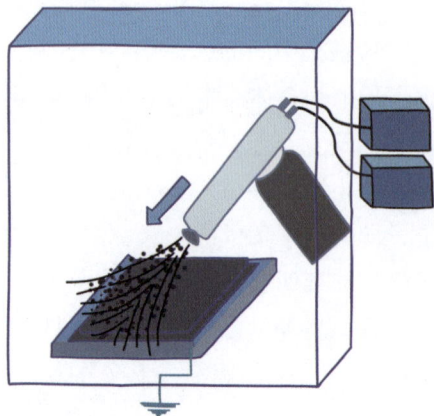

图1-2　负极静电喷涂沉积工艺

性以及与金属箔材之间接触的紧密性。由于量产实现困难,当前此制备工艺仍然是非主流工艺。

1.3 电极是怎么形成的之二:主流的湿法电极制备过程

本章第二节讲到,电极制备过程主要有两种路线:干法电极制备过程(均匀地撒辣椒面)和湿法电极制备过程(均匀地抹辣椒酱再烘干)。目前,主流的商业化电极制备是湿法电极制备工艺,所谓湿法就是需要溶剂制备电极。本章1.2节中所述的干法电极制备优点即湿法电极制备的缺点,因为借助溶剂需要溶剂材料成本、混合溶剂的设备与相应时间成本、蒸发溶剂的设备与相应时间成本,以及几十米烘箱所需要的厂房面积。但为什么目前主流还采用这种方法呢?因为电极涂覆的材料有很多种,靠撒辣椒面的方式撒均匀、不脱粉掉料有较大难度,哪怕用静电喷涂沉积工艺也是如此。而抹辣椒酱则可提前将辣椒酱搅拌均匀,还可以利用辣椒酱的黏度粘在金属箔材上。主流的商业化电极制备工艺包括合浆、涂布、辊压三个工序(图1-3),其决定了浆料的均匀性、极片厚度、机械性能和极片涂层孔隙度,极片制备过程直接影响了电极和电芯的最终性能。

第一步,合浆工序:先将由活性物质、黏结剂、导电剂组成的干粉颗粒均匀分散于溶剂中,制成浆料。

第二步,涂布工序:将上一工序的一层或者多层浆料流体,在一层金属箔材上涂覆均匀,涂覆的流体涂层经过烘箱干燥或者固化方式,形成了一层具有特殊功能的涂层(即电极极片)。

第三步,辊压工序:将干燥好的极片在重压下压实、压薄,使电极的体积能量密度得以提高,保证黏结剂将活性物质和导电剂紧紧黏附在金属箔材上。

在锂离子电池生产过程中,需要经过合浆、涂布、辊压、分条(分切)、模切、卷绕/叠片、组装、烘烤、注液、化成、分容等几个基本步骤。而合浆、涂布、辊压这前面三道工序的粉体物理与流体物理,主要是微观层面上的机理,与人们惯常宏观物理世界观不太一样,其基本的物理过程如图1-4所示。

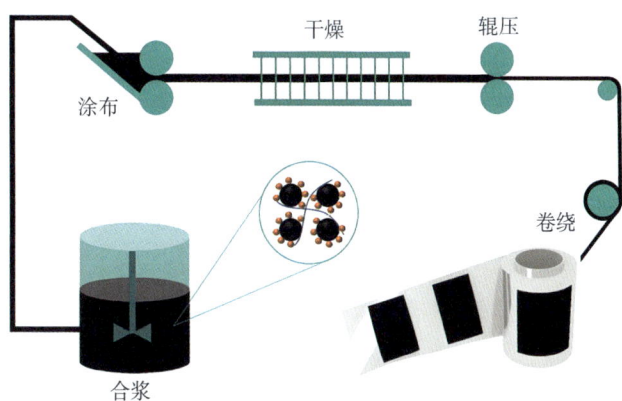
图1-3 锂电制造的湿法电极制备工艺过程

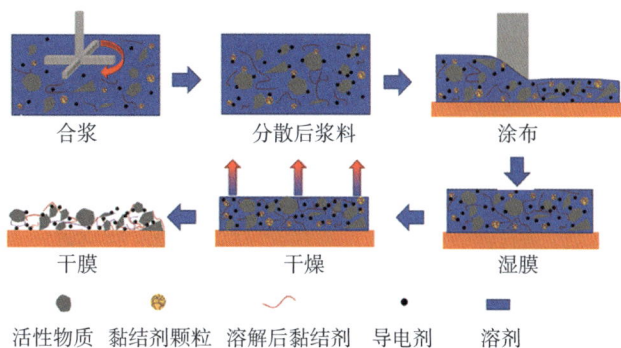
图1-4 湿法制备电极的粉体与流体过程

1.4 极难理解又极为重要的粉体与流体微观世界：锂电的工艺密码所在

流体是能流动的物质，是液体和气体的总称。粉体是大量固体颗粒的集合体，颗粒大小从厘米级到纳米级不等，粉体是大量固体颗粒的宏观表现。

其实主流的湿法电极制备过程均涉及大量的粉体与流体物理问题，这些问题决定了电极材料中各组分的分布和结构特征以及电芯最终的电化学性能。举例来说：因为浆料是流体，所以涉及流体力学，因为浆料黏度随搅拌速度而变化，又涉及流体力学中更细分的流变学，浆料是一个包含大量正负极材料颗粒的粗分散固-液界面混合浆料，涉及粉体力学与固-液界面两相流问题，以及黏结剂加入后引发的溶胀等高分子物理问题。而在微观世界中，流体的流动主要受表面张力影响，其比重力所起的作用更大（如虹吸现象）；浆料的团聚与分散涉及表面化学；烘箱干燥与溶剂回收冷却过程涉及大化工领域的化工原理；辊压过程又涉及粉体力学的典型问题。

比如，宏观层面上流体所受主要作用力是重力，而微观层面上的流体受重力影响处于次要地位，主要受表面张力等分子作用力的影响。这些制造过程中的知识，不是很多硕士博士在实验室研究扣式电池所能涉及的，而在实际工程中大量涉及这些知识。实际工作经验丰富的现场技能大师又没有数理基础去啃《物理化学》中那些枯燥的公式符号（不信邪的可以去自学《流体力学》等课程，一个张量矩阵就能将很多小伙伴吓跑）。学习了这些方程和理论的学者，因为实际方程求解特别复杂，往往只会建立几个边界条件方程，然后用计算机模拟代替对微观世界的逻辑推理，最后实际得出的模拟结论也缺乏令人信服的鲁棒性和可解释性。

与相关的《粉体力学》或《流体力学》上来就讲摩尔应力圆、伯努利方程与纳维-斯托克斯方程组等数理方程有很大区别，本书并不打算对这些传统意义上的力学方程进行数理推理，所联立的方程最后还只能靠计算机有限元分析才能对锂电实际制造过程有所启发。本书聚焦于锂电实际制造过程中的问题现象，然后在粉体物理与流体物理的微观常识归纳中自然而然得出很多科学原理，中间掺杂了贪吃蛇、糖豆、蜘蛛网、胖大海、面条等大量形象比喻，从而让书本内容更加贴合现场实际，方便锂电制造端人员阅读。

本书分上下两篇，上篇讲述粉体与流体的大量基本物理原理，主要按照热力学定律等基本常识进行表面张力、静电、吸附、流动、悬浮、团聚等现象的逐次推理论述；下篇讲述锂电制造应用，主要以锂离子电池合浆、涂布、辊压、烘烤和注液各工序命名。请教材读者按照本书的章节设计依次阅读，这样能够对本书每一部分的逻辑推理框架有一个清晰完整的认知。

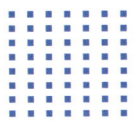

上篇

锂电粉体与流体物理的介观世界

先说几个量纲单位：10^{-6}m为1微米，1000微米为1毫米，10^{-9}m为1纳米，1000纳米为1微米，10^{-10}m为1埃米，10埃米为1纳米。原子的直径在0.5埃米（氢）和3.8埃米（轴，最重的天然元素）之间。如果将苹果放大到地球那样大，那么苹果所含的原子就差不多有原来的苹果那样大。

介观物理学是物理学中一个新的分支学科。"介观（mesoscopic）"这个词，由Van Kampen于1981年所创，指的是介乎于原子和宏观尺度之间的尺度，也即亚微观尺度。我们对微观世界的晶体结构认识，现在完全可以用薛定谔方程等量子力学知识进行推导，再结合电子云密度的密度泛函理论第一性原理进行精确计算推导；对宏观世界的认识也可以利用牛顿三定律进行精确计算推导。而介观物理是量子力学和牛顿三定律经典力学的一个过渡领域，其虽然遵从牛顿力学三定律但又表现出不同于宏观世界的很多奇观现象；虽然也遵从量子力学，但又只表现出大量分子运动集合后的宏观性质。

本书上篇首先依次讲述液体表面张力、固体吸附作用、固体静电作用、高分子位阻作用、高分子弹性与流变性质、高分子分散与黏结作用，然后基于上述作用描述和推理固体与液体混合后的黏度、分散与沉降等宏观表象。而这些表象恰恰是下篇锂电涉及粉体与流体各工序的推理学习基础。

2 固液气三态交界处的无形驱动力：表面张力

本章主要论述纳米以下原子层级的粉体与流体的聚集作用力，形成固液气三态交界处的无形驱动力：表面张力，以及由此引发的毛细作用、表面浸润和流体运动等问题。本章讨论的都是日常生活中一个个看似很普通，甚至有那么一点点无聊的问题（苹果落地好像也很普通和无聊的），但它们的实际机理却远比我们想象中的要复杂得多（参考发表在《Nature》与《Science》上的这方面论文），而且越微观的物理现象与越宏观的天文现象之间关联性越强，这些生活现象的背后机理在我们锂电制造中却起着很大的有形或无形影响。

2.1 凝聚态物质内部凝聚力引起的表面可见现象：表面张力

在物理上，固态与液态的物质都是有内部凝聚力的，故合称凝聚态。本节主要对凝聚态物质内部凝聚力引发的以下几种现象进行专门论述：内部分子受力平衡引发的位置演变、表面受力不平衡引发的表面积内缩，以及分子间的应力和张力问题。

2.1.1 分子间引力与斥力平衡后的三种形态：固体、液体与气体

本小节部分内容改编自《费曼物理学讲义》。

一、放大10亿倍后的水滴图像

假设有一滴直径1毫米的水滴，即使我们非常贴近地观察，也只能见到光滑、连续的水，而没有任何其他东西，这是放大了10亿倍的水的图像，水滴直径一千公里，面积有三分之一个中国那么大，注意在图中有两类"斑点"或"圆形"，它们各表示氧原子（黑色）和氢原子（白色），而每个氧原子有两个氢原子和它连接在一起成为一个分子，这些分子在放大10亿倍后跟保龄球差不多大，看起来像是一个个"小熊猫"。图像中有一个被理想化的地方是自然界中的真实颗粒总是在不停地摇晃跳动，彼此绕来绕去地转着，因而读者须将这幅画面想象成动态的而非静止的。还有一件不能在图上说明的事实是，颗粒们彼此吸引着，这个颗粒被那个颗粒通过吸引力拉住，可以说"密密麻麻的小熊猫们相互吸引凝聚在一起"。但同时，这些颗粒也不是挤到一块儿，如果你将两个颗粒挤得太紧，这些"小熊猫们"就会互相排斥，如图2-1所示。

图2-1　放大10亿倍的水分子

二、分子间的相互作用力

目前物理学界公认世界上存在四种基本的相互作用：万有引力（简称引力）、电磁力、强相互作用、弱相互作用。弱相互作用和强相互作用是短程力，短程力的相互作用范围在原子核尺度内。在宏观世界里，能显示其作用的只有两种：引力和电磁力。对于一个具有极大质量的天体，引力成为决定天体之间以及天体与物体之间的主要作用。但对于通常大小的物体，它们之间的引力非常微弱，在一般的物体之间存在的万有引力常被忽略不计。对于电子这样的典型基本颗粒，其电磁拉力是其引力的1040倍。

电磁相互作用包括静止电荷之间以及运动电荷之间的相互作用。两个点电荷之间的相互作用规律是19世纪法国物理学家库仑发现的。运动着的带电离子之间，除受到库仑静电作用力之外，还受到磁力（洛伦兹力）的相互作用。

分子间作用力的类型有：范德华力（van der waals force，有些教材翻译为范德瓦耳斯力）、氢键、卤键。我们统称为分子间作用力，其又分为分子间引力和斥力，类似于"拉扯作用"和"拥挤作用"。两者的作用距离和大小不同，斥力的作用力更大，但作用距离更短，作用方式类似于两个同极性磁铁之间的斥力；而引力的作用力相对更小，但作用距离更长，作用方式类似于行星之间的引力。在数学意义上，分子引力与距离的6次方成反比，而分子斥力与距离的12次方成反比。故两者有一个合力的零点与能量最低点，用曲线表示原子/分子间引力和斥力的变化情况如图2-2所示。

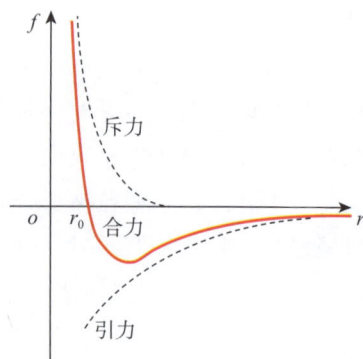

图2-2　分子间作用力关系

温度宏观上是表示物体冷热程度的物理量，微观上是物体分子热运动的剧烈程度。从分子运动论观点看，温度是物体分子运动平均动能的标志，是大量分子热运动的集体表现，具有统计意义。分子运动越快，物体越热，温度越高；分子运动越慢，物体越冷，温度越低。

任何宏观上的物理化学性质都可以通过量子物理与热力学统计规律进行解释。

1）当分子间距=分子直径时，分子间的引力和斥力相互相平衡，分子合力为零，此位置叫作平衡位置，即分子势能处于能量最低点，分子处于绝对零度状态。在温度较低时，分子的位置被"固定"在平衡位置附近做无规则热运动，当无规则热运动增加时，固体分子间距也略微偏离平衡位置，于是发生了热胀冷缩。

2）当分子间距<分子直径时，分子间斥力大于引力，分子合力表现为斥力。所以用力压缩固体和液体，物体内会产生反抗压缩的弹力。

3）当分子间距>分子直径时，分子间引力大于斥力，分子合力表现为引力。物体加热会导致分子热运动加剧，从而偏离平衡位置的概率增大，物体内要产生回复平衡位置的回复力让其保持凝聚状态。同理用力拉伸固体，物体内也会产生回复平衡位置的回复力对外表现出弹性。

4）当分子间距≥10倍分子直径时，分子间引力和斥力都十分微弱，分子合力为零。通过加热增加分子间的热运动，使其偏离平衡位置概率增大，当分子间距离超过10倍分子直径时，分子就完全自由，不再恢复其平衡位置了，表现为气体状态。

三、分子间作用力平衡的三种形态

现在请读者继续在脑海中想象刚刚的大水滴，水滴是由所有这些跳动着的颗粒一个挨一个地通过分子引力"黏合"起来的，水能保持一定的体积而并不散开，因为它的分子彼此吸引。水分子在分子引力作用半径（10倍分子直径）范围内不停地做着无规则运动（热运动）。当温度升高时，这种运动就增强了。如果我们加热水滴，无规则热运动就会增加，分子的跳动距离增加，导致水分子越来越偏离平衡位置，于是分子之间的空隙也增大。如果继续加热到分子间的引力不足以将彼此拉住时，分子们就分散到空气中了，于是我们看到了液体到气体的挥发。当然，这正是我们从水制取水蒸气的方法——提高温度。

图2-3是一幅水蒸气的图像。这张水蒸气图像有一个不足之处：在通常的气压下这样一张图像区域中不可能有三个分子之多。在大多数情况下，这样大小的方块中可能连一个都不会有，不过碰巧在这张图中有两个半或三个分子（只有这样，图像才不会是完全空白的）。

图2-3 水蒸气的原子排列组合方式

水分子不断地晃来晃去。有时，在水面上有个别分子碰巧受到比通常情况下更大的冲击而被"踢"出表面。图2-1是静止的画面，但是我们可以想象表面附近的某一个分子刚好受到碰撞而飞了出去，或者也许另一个分子也受到碰撞而飞了出去。分子一个接着一个地跑了出去，水就消失了——蒸发了。但是如果将容器盖上，过了一会儿就会发现在空气分子中有大量的水分子。水蒸气的分子不时飞到水面，又回到水中。

为什么我们看不出变化呢？因为有多少分子离开水面就会有多少分子回到水面！最终"没有任何事情发生"。如果现在我们将容器盖打开，吹走潮湿的空气而以干燥的空气代之，那么离开水面的分子数还会如先前那样多，因为这只取决于水分子晃动的程度，但是回到水面的分子数则大大地减少了，因为在水面上的水分子数已极其稀少。逸出水面的分子比进入水面的分子多，水就蒸发了。所以，如果读者想要加快水蒸发的话，就使劲用风吹吧！

这里还有另一件事情：哪些分子会离开？一个分子能离开水面是由于它偶然比通常情况多积累了一些能量，这样才能使它摆脱邻近分子的吸引。结果，由于离开水面的分子带走的能量比平均能量大，留下的水分子的运动程度就比先前减弱。因此液体蒸发时会逐渐冷却。当然，当一个水蒸气分子从空气中跑向水面时，它一靠近水面就会突然受到一个很强的吸引。这就使它进入水中时具有更大的速度，从而产生热量。所以当水分子离开水面时，它们带走了热量；而当它们回到水面时，则产生了热量。当然，如果不存在净蒸发现象的话，什么结果也不会发生——水的温度并不改变。如果我们向水面上吹风或抽真空将气体分子抽走，使蒸发的分子数比回到水平面的分子数多，水就会加速变成气态、加速冷却。

固体与液体的差别就在于：在固体中，原子以某种称为晶体阵列的方式排列着，即使在较长的距离上，它们的位置也不能杂乱无章，因为晶体阵列形成了一个个可以固定原子在势能最低位置的固定势阱，晶体一端的原子位置取决于晶体另一端的与之相距千百万个原子的排列位置。冰的固体分子排布情况见图2-4，可以看到各个个体的排列变得非常规则，按照这种排列组合下去就会形成冰凌花的样式。

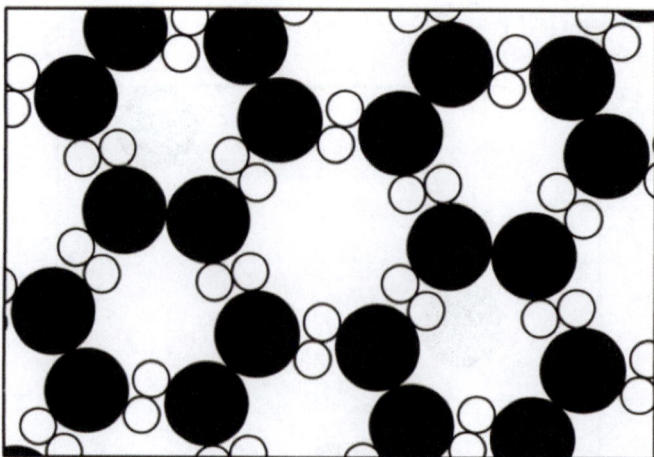

图2-4   冰的原子排列组合方式

2.1.2 分子间力在凝聚态内部平衡，但表面不平衡：表面张力与表面能

温故而知新、构建知识图谱：

2.1.1小节：分子间存在着引力，引力维持着固体和液体间的凝聚作用。

一、各相表面的分类

固态、液态、气态在物理和化学上经常叫作固相、液相、气相，一个相的表面叫作"界面"。若两相中的一相为气体，习惯上将液固两相与空气的界面，称为液体或固体表面。我们看看气、液、固三态进行排列组合，一共有几种表面？由于气体没有固定的形体和表面，故表面组合是五种：气-液界面、固-气界面、固-液界面、两种液体间界面、两种固体间界面。严格讲，界面应该被称为"界"而不是"面"。因客观存在的界面是物理面而非几何面，是两相接触的约几个分子厚度的过渡区，是一个准三维的区域，但简化的界面是几何面而非物理面，它没有厚度，不占有体积。界面问题也是影响电池核心性能的焦点问题。各类界面间一般有下列物理作用：

1）固-固界面间的作用：表现为自动吸附（见3.1.3小节），黏度与流动性（见3.2.2小节），抗压实性（见8.1.2小节）等，这里不包括两类可相互溶合固体的固溶体现象；

2）固-液界面间的作用：表现为浸润性与亲水性（见2.2.1与2.2.2小节），吸油值（3.1.3小节）等现象；

3）固-气界面间的作用：表现为表面张力、气体吸附（见3.1.4小节）等现象；

4）气-液界面间的作用：表现为毛细现象（见2.3.2小节）；

5）液-液界面间的作用：表现为乳化现象与破乳现象。这里不包括两类可相互溶合液体所形成的溶液现象；在石油开采领域中有《油层物理学》，锂电制造及本书中不涉及。

二、水滴为什么是圆的？

当一滴水滴落到水面，会发生什么现象呢？用1/2500的高速镜头拍摄，再慢放水滴滴落的画面，我们可以发现水滴与水面接触后，并不会立即与水面融为一体，而是会在水面形成多次回弹，且回弹的振幅逐渐减小，就如同蹦床一样，如图2-5所示。水滴之所以不会

图2-5 溅起的水珠图片

立即与水面融为一体，主要是由于在水滴和水面之间有一层薄薄的空气膜，阻碍了水的融合。在这层空气膜的作用下，水滴就像掉落在蹦床上，出现回弹，如图2-6所示。

图2-6   水珠滴落过程中的表面张力与蹦床现象

水等液体会产生使表面积尽可能缩小的力，这个力被称为"表面张力"。在太空的零重力环境下，这种表面张力现象会更加明显，所以央视的天宫课堂曾演示了很多表面张力的神奇现象：荷叶上的水滴、回形针飘在水上等。这些现象就是由于表面张力的作用而产生的。表面张力的方向可以从能量（做功）和受力两个角度各自得到解释。

如图2-7所示，液体每个内部的分子，在各个方向上都受到周围分子的引力"拉扯作用"，所以合力为零。液面下厚度约等于分子引力作用半径的一层液体被称为液体的表面层，表面层的分子不是每个方向上都有相邻的分子来提供一个平衡的合力，取而代之的是它们被周围的分子拉向液滴的内部。小液滴保持球形，其表面张力的施力物体是液体内部中的分子，受力物体是处于液滴表面的分子。可以想象，这种不平衡会导致表面层的液滴向液体内部收缩。那么液滴为什么不能持续收缩呢？原因当然是分子间还存在斥力"拥挤作用"。当表面张力使表面层的分子收缩时，收缩到一定程度时与分子斥力达到平衡。总体系达到能量最低状态，即液滴保持球形（表面积最小的状态），或者与外力作用下的妥协的形状（比如重力下液滴呈扁平状）。

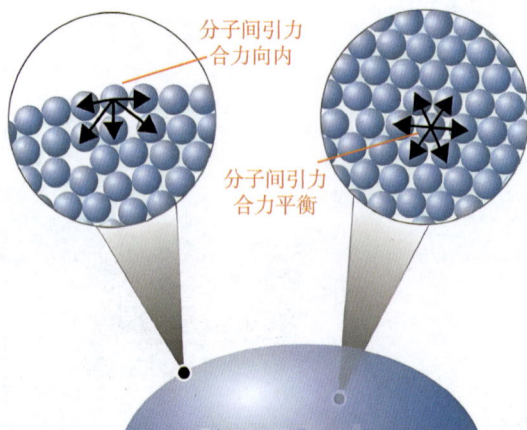

图2-7   表面张力的表面与内层分子受力差异

虽然表面能低的形状具有较低的能量状态，因此更容易稳定。然而，却不是所有的物质都能达到这个状态，比如黏稠的流体（沥青）、几乎被无限延展的金箔等，几乎不可能自发变为能量最低的状态（球形或近球形），这与表面张力相较于其他力的大小量级有关。

三、表面能的概念

由于分子引力与斥力的最低点在其绝对零度时的平衡位置（此时为固体），故表面分子的能量大于凝聚态物质内部分子的能量。根据能量最低原理，分子会自发地趋于物质内部而不是表面：如果分子不是自发地趋于物质内部，则该凝聚态物质一定无法凝聚，即固体或液体会跟气体一样"散架后四处飞舞"。因此，要让一个体系内部的分子偏离能量最低点，形成新的表面是需要做功的，或者是说要给体系一定的能量。表面能是将位于凝聚态表面几个分子层的所有分子全部移走后产生的，表面分子偏离了能量最低的平衡位置，多出来的这部分能量就是表面能。如最常见的将肥皂泡吹大，就需要我们给他做功，这就说明表面比本体有更多的能量。而表面张力则是指：单位表面积所对应表面能的增加值，如式（2.1）所示。

$$表面能 = 表面张力 \times 表面积 \qquad （2.1）$$

四、常见液体的表面张力

上述原理同样适用于固体（固体和液体合成凝聚态物质）。由于气-液界面和固-气界面又分别简称为液体表面和固体表面，我们一般说液体的表面张力，就是指液体与空气间的表面张力，固体的表面张力就是固体与空气间的表面张力。人类所处的自然界中，气、液、固三态构成了物质世界的大部分，随处可见各种表面现象的存在。

表面张力是物质的特性参数，同时也与所处的温度、压力、组成以及表面外物体性质等有关。对于纯固体和纯液体，表面张力取决于分子间形成的化学键能的大小，键能越大，表面张力越强。由于能量单位焦耳（J）可以用乘积的形式写成式（2.2）所示。

$$J = N \times m \qquad （2.2）$$

表面张力等于表面能除以面积，故表面张力的单位在国际单位制中为牛顿/米（N/m），但仍常用达因/厘米（dyn/cm）表示，1达因/厘米=10^{-3}牛顿/米，故表面张力以每厘米多少达因（dyne）来表示。

2.1.3 极性液体表面张力大：物质同极性相亲、异极性相疏

温故而知新、构建知识图谱：

2.1.2小节：固体和液体会产生使表面积尽可能缩小的力，即表面张力。

一、极性与非极性差异的来源

液体的表面张力本质上是一种分子间作用力。上一节中所说的分子间作用力（范德华

力）大小范围为几十千焦每摩尔，比化学键能小1~2个数量级，又可以分为三种作用力：诱导力、色散力和取向力。

1）极性分子与极性分子之间，取向力、诱导力、色散力都存在；

2）极性分子与非极性分子之间，则存在诱导力和色散力；

3）非极性分子与非极性分子之间，则只存在色散力。

上述诱导力、色散力和取向力三种力的真正理解需要量子力学，本书不做深入讲述。

在室温（20℃左右）下，大部分液体的表面张力在20~40达因/厘米范围以内，但也有大于此数的，如水的表面张力（20℃左右）为72.8达因/厘米；水银表面张力为470达因/厘米。这是因为如下原因：

1）元素周期表中，原子序数较大的分子，其引力大于原子序数小的分子，而且是随着分子质量指数上升。所以液态金属（如汞）的表面张力比液态水的表面张力大一个数量级。

2）极性分子的引力大于非极性分子，而且是随着分子极性指数上升。因为极性分子在分子微小层级上带正负电极，能有更强的正负电荷吸引力作用；而如果是极性分子，则分子间作用力引起的表面张力也大于非极性分子。

而水是极性的，所以其分子间作用力与表面张力都极大。而包含8个碳原子以上的非极性有机分子都能显著降低水的极性分子间力，即降低水的表面张力，比如只需要质量分数为0.2%的十二烷基苯磺酸钠就可以将水的表面张力从72.8达因/厘米降低至20达因/厘米（酒精的水平）；浓度为2%的肥皂水，其表面张力为36达因/厘米，浓度为5%的肥皂水，其表面张力为27达因/厘米。同时，如果在水中加入无机盐或者多羟基有机化合物（有一定极性）会增强水的表面张力。能够降低液体表面张力的化学添加剂我们称为表面活性剂。很多表面活性剂由两组不同的可溶性或极性基团组成，通常含有亲油基（非极性）和亲水基（极性）两个基团。

Fowkes方程是用来计算表面能的一种方法，且考虑了极性和非极性上述两部分表面张力分别的贡献（有兴趣的读者可自行查阅Fowkes方程复杂公式）。

二、锂电制造中的原材料极性

锂电制造过程用到了大量的粉体和溶剂。粉体颗粒表面性质与溶剂性质的匹配有利于溶剂在颗粒表面润湿，获得稳定的浆料。二者的匹配原则为：非极性颗粒表面的粉体易于在非极性溶剂中分散和浸润，极性颗粒表面的粉体易于在极性溶剂中分散和浸润，即所谓同极性原则。而水是极性的，故非极性物质疏水，非极性基团被称为疏水基；极性物质亲水，极性基团被称为亲水基。在非水系统中，非极性物质亲油，非极性基团被称为亲油基，极性物质疏油，极性基团被称为疏油基。在锂电制造中一些常用材料的极性与非极性特征如表2-1所示，黏结剂与溶剂的详细介绍会在第四章专门进行论述。

表2-1 锂电制造中常用材料的极性与非极性

正/负极	物质作用	物质种类	极性/非极性	疏水/亲水
负极浆料	活性物质	石墨	非极性	疏水
	活性物质表面	改性石墨的氧化物修饰层	极性	亲水
	导电剂	导电炭黑/碳纳米管石墨烯	非极性	疏水
	黏结剂	丁苯橡胶（SBR）	一头极性/一头非极性	一头亲水/一头疏水
		羧甲基纤维素钠（CMC）	一头极性/一头非极性	一头亲水/一头疏水
	溶剂	去离子水（DIW）	极性	亲水
正极浆料	活性物质	三元/铁锂材料	极性	亲水
	活性物质表面	三元/铁锂烧制后表面残碱	极性	亲水
	导电剂	导电炭黑/碳纳米管/石墨烯	非极性	疏水
	黏结剂	聚偏氟乙烯（PVDF）	非极性	疏水
	溶剂	N-甲基吡咯烷酮（NMP）	一头极性/一头非极性	一头亲水/一头疏水

表2-1中有几个特殊问题：

1）N-甲基吡咯烷酮（NMP）是由非极性和极性两部分键合而成的极性物质，其表面张力为40.7达因/厘米（25℃），与水的表面张力72.8达因/厘米相比小了很多（见4.3.2小节）。

2）SBR、CMC也是由非极性和极性两部分键合而成的物质，极性端与水相溶，非极性端与石墨等非极性物质相结合（见4.2.1与4.2.2小节）。

3）由于石墨是非极性物质，水在石墨表面的润湿性差，石墨-水体系浆料不符合同极性原则，仍采用石墨-水体系是因为成本低（见4.3.2小节）。好的石墨都需要进行表面改性，在其表面形成由羧基/酚基、醚基和羰基等组成的氧化物修饰层。这样提高了石墨的极性，使其与极性电解液更加容易浸润；也提高了石墨的亲水性，使其能够分散于水中。但不同来料石墨的亲水表面修饰不好控制，亲水能力也有差异，这导致改性石墨被水润湿的程度存在差异，给后续的合浆与涂布工序造成比较多的问题，后续会逐步论述。

4）磷酸铁锂表面会暴露出氧负电荷和铁正电荷的区域，这使得它的表面带有一定的极性。三元材料的表面通常暴露着金属氧化物的结构，使得表面具备了较强的极性特征。尤其是正极材料烧制过程中往往在材料表面剩余一定的残碱，主要以氢氧化锂（LiOH）和碳酸锂（Li_2CO_3）等形式存在，残余碱不仅可溶于水而且非常容易吸水，这也给后续的合浆与涂布工序造成非常多的问题，后续会逐步论述。

三、锂电制造中的容器与部件极性分析

除了锂电主要材料，几种锂电制造中常见的容器与部件材料，也具备一定的极性与非极性特征：

1）玻璃的主要成分是硅酸盐，是极性材料，亲水；

2）铜箔、铝箔、机械钢铁、电芯铝壳等金属材料，都有大量自由电子可导电，也可以认为是极性材料，亲水；

3）铁氟龙（聚四氟乙烯）含有四个极性氟原子紧密围绕着碳原子旋转分布相互扭结后极性抵消，故其是非极性材料，不吸水也不吸油（见4.3.1小节）；

4）锂电隔膜是聚乙烯、聚丙烯等非极性塑料，故不吸水，但吸油；但塑料有极性也有非极性的，例如亚克力板材是极性塑料，所以亲水；

5）尼龙绳、纸箱都是极性材料，都吸水；

6）无尘服主要材料是聚酯纤维（涤纶）、聚丙烯等，故属于非极性物质而不吸水；而一般的衣服（例如纯棉）都有吸汗要求，故属于极性物质，亲水，因此穿一般的衣服进入管控湿度车间是不允许的；

7）天然橡胶是非极性的，但也有极性橡胶，不能一概而论。

2.1.4　应力、张力与表面张力的概念区别与联系

温故而知新、构建知识图谱：

2.1.1小节：分子间存在着引力和斥力，引力和斥力的平衡距离受温度对分子无规则热运动的影响。

凝聚态物质的内部分子之间不是相安无事的，各个内部分子间其实总是手牵手、肩并肩、彼此相依又不能侵犯彼此距离，各自因为热能坐着旋转跳跃等运动、有时还相互发生热碰撞，因为内部分子上述相互作用而产生的力，就叫作应力（Stress）。尤其是当物体的外力、湿度、温度等物理场发生变化时，这种内部应力会表现得更加明显，甚至能够在宏观上看出物质的翘曲、变形、内缩等现象，这些几何形状和尺寸的形变称为应变（Strain）。

金属机加工过程中由于大量的车铣刨磨作用，金属内部容易因车铣刨磨产生一定的分子距离变形，这些变形的分子距离后面还会缓慢释放到其"最舒服"的距离，表现为机加工过程的残余内应力释放过程，导致金属机加工件在后续使用过程中缓慢变形，所以一般在机加工后会进行一个去应力的退火过程，让残余的内应力加速释放，即通过加速热运动让变形的分子尽快回到其"最舒服"的距离，然后再进行二次精磨加工。

应力根据作用方向类型又分为压应力、张应力和剪应力。压应力是指抵抗物体压缩趋势的应力，而张应力是指物体抵抗对其拉伸趋势的反作用力，剪应力是指物体抵抗对其做剪切滑移的反作用力，具体过程如图2-8所示。其中的张应力又简称为张力（Tension），因此说张力是应力的一种特殊形式，其趋势是使物体发生内缩。因为有张力的存在，固体和液体这两个凝聚态物质才能够始终凝聚在一起。

我们拔河比赛中的绳子内部就有巨大的张力作用，也正因为这个巨大的张力作用才能让绳子紧绷着。而所有的卷对卷机械设备，都需要一边放卷一边收卷。在放卷与收卷过程中如果张力过小，卷材无法绷紧，会发生收卷不良；如果张力过大、绷得过紧，则卷材容易发生断裂，也容易导致卷材被拉伸延展过大。通常情况下，卷绕张力与线速度之间存在

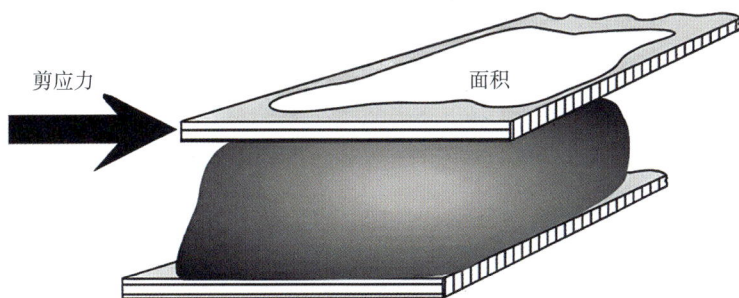

图2-8 剪应力受力过程

一定关系。当线速度增加时，卷绕张力也随之增加以保持卷材在卷绕过程中的稳定性。这是因为随着线速度的增加，卷材的惯性力也随之增加，需要更大的卷绕张力来克服这种惯性力，以保证卷绕能够整齐收卷。

剪应力抵御的是剪切作用力（剪切力），这种剪切作用力是一对使物体互相"错开"的力，像剪刀一样作用在受力面上平行于受力面。而固体就是能够"抵御"剪切力的物体，撤回剪切力后弹性固体会恢复原形。但是流体不同，在剪应力作用下它会持续形变，只要剪切力还在，这种形变就会一直发生。流体是在剪切力作用下持续发生形变的连续体，换言之，流体对剪切力没有抵抗力。

流体虽然对剪切力没有抵御能力，对压缩作用力却有抵御能力，比如说我们无法使用常规设备对一滴水进行压缩，因为流体分子的压应力起源于分子间的碰撞和斥力。而对于平行于受力面方向的剪切力，流体分子之间的碰撞力和斥力就完全不能再抵御这种"错开"作用上"使上劲"，只能通过后续5.1.1小节中的黏度作用力进行一定程度的抵御。

那表面张力和张力又是什么关系呢？我们说张力的趋势是使物体发生内缩，而表面张力（Surface Tension）的趋势是使凝聚态物质的表面一层发生内缩，使得表面呈现出尽可能小的表面积，往往会形成一个凸起或球形的表面。

2.2 液体表面张力驱动了表层液体流动和颗粒漂流

2.2.1 固−液表面张力vs液体表面张力的结果：接触角与浸润性

温故而知新、构建知识图谱：

2.1.2小节：固体和液体会产生使表面积尽可能缩小的力，即表面张力。

2.1.3小节：极性物质间相亲，非极性物间也相亲，极性与非极性物质间不相亲。

当一滴水落在固体表面的一刹那，有几种力就开始互相较劲，第一种力是重力。俗话说，人往高处走，水往低处流。这句话形象地道出了重力对液体的作用。"低处流"的结果是液滴会在固体表面流动铺展开。然而，当液滴足够小时，重力的影响就微乎其微了。真正决定液滴命运的是另外两种力量：首先是水分子之间的相互吸引，它会让水滴趋于保持球形，反对薄膜变薄；其次是水分子与固体表面分子之间的相互吸引，它的作用恰好相反，会使水滴趋于在固体表面铺展开来。水分子之间相互吸引的力量是固定的，但不同固体表面与水分子间的吸引作用可以有很大的差别。

图2-9中蓝色区域代表液体，灰色区域代表固体表面。那么蓝色与灰色接触的区域则是固-液界面相接触界面，液体的切线与固体界面交叉的位置形成了一个角度θ，其中接触角θ越小，说明电解液对极片或隔膜的浸润性越好。接触角θ较小，则液体容易润湿固体表面；而接触角较大则不易润湿。我们可以将接触角作为浸润性（一种液体在一种固体表面铺展的能力或倾向性）的直观判断依据，也可电解液在极片中的爬升速率作为浸润性的直观判断依据。

1805年，Thomas Young通过分析液滴在固液气三相表面张力下的平衡关系，得出Young's杨氏方程如式（2.3）所示，Young's杨氏方程的机理分析如图2-9所示。

$$\cos\theta = \frac{固气表面张力 - 固液表面张力}{气液表面张力} \qquad (2.3)$$

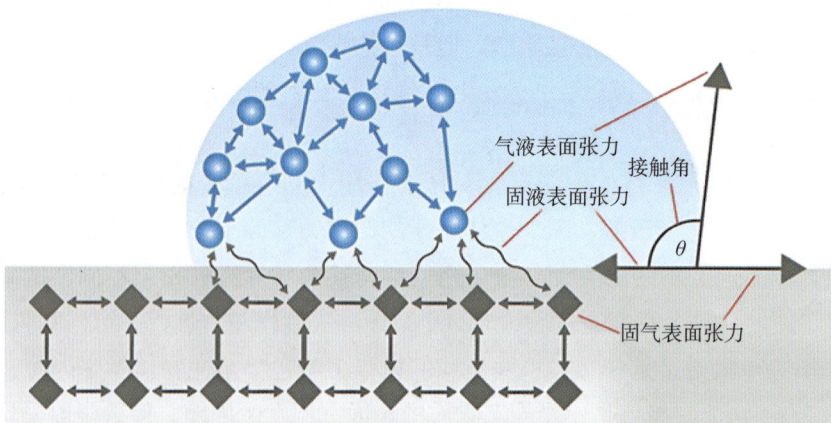

图2-9 接触角与表面张力的Young's杨氏方程关系机理

如图2-9所示，θ为液体与固体间的界面和液体表面的切线所夹（包含液体）的角度，即接触角。固体表面对液体有一定的吸附力（固液表面张力），液体内部也有一定的内聚力（气液表面张力），固体对其表面吸附的空气也有一定的吸附力（固气表面张力），这三种力在液体表面形成了拉锯战。而润湿本身是液体驱替固体表面上吸附的空气而在表面覆盖上一层液体的过程，需要依赖固液表面张力的吸引"拉力"来克服固气表面张力的"阻碍力"，并且还要克服气液表面张力的"内聚力"。

一般而言，固气表面张力相对较小，故液体对固体表面的浸润程度，疏水还是亲水，其实取决于液滴与固体表面的吸附力，以及液滴自己的内聚力大小。当气液表面张力低于固-液界面的表面张力时，和固体相邻的液层就沿固体铺展和润湿；反之则不能在固体表面形成连续的液滴，故而无法铺展和润湿固体。即接触角主要取决于固-液界面处的分子是被液体自身分子向上拉走不润湿，还是被固体分子向下拉走进行铺展。

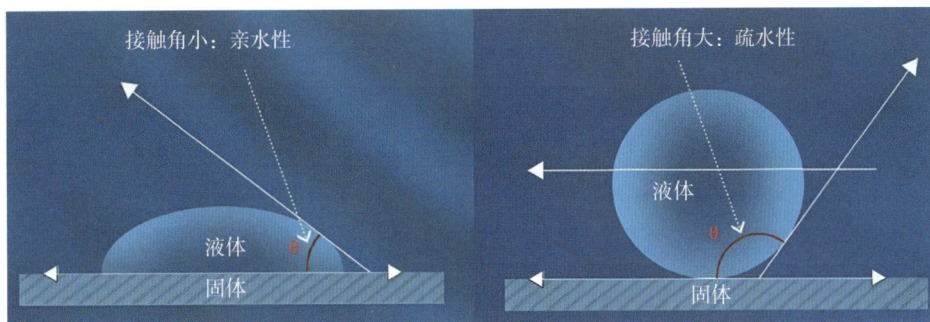

图2-10　接触角大小与亲水性（疏水性）

如图2-10所示，触角θ范围在0°～180°，是衡量液体与固体润湿性关系的重要尺度：

a）当θ=0°时为铺展（完全润湿），对于像水这样的低黏度流体，在像玻璃这样的强极性基材上，前驱膜可能以高达0.1米/秒的速度进行扩散。

b）当θ<90°时为润湿（亲水）。

c）当θ=90°时，该角度为润湿与否的分界标准。

d）当θ>90°时为不润湿（疏水）。

e）当θ=180°时为完全不润湿，液体在固体表面凝聚成小球。（一种不可能的理想状态，因液体与固体间的相互吸引力始终会存在）。

在央视给全国中小学生直播的天宫课堂上，宇航员可以用疏水材料当球拍、水球当乒乓球进行往复击打，就是因为在表面张力的作用下，水分子自动缩为水球，而疏水材料当球拍可以对水球有一定的排斥力。地球重力作用下无法实现央视天宫课堂上的表现效果，主要是因为重力的作用掩盖了表面张力的作用。

如果将固体表面竖立起来，得到的接触角公式也保持不变，润湿的固-液界面与不润湿的固-液界面"凸凹"方向不一样，如图2-11所示。

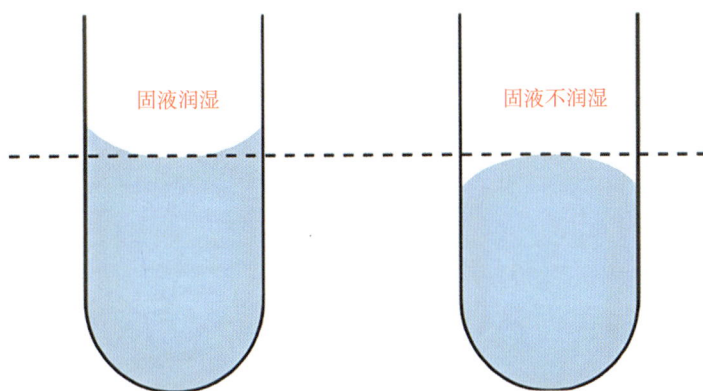

图2-11　液体润湿性造成的液面弯曲性

小结一下前文，润湿是固体表面由固-气表面转变为固-液界面的现象，润湿能力是液体在固体表面铺展的能力，粉体的湿润对粉体在液体中的分散性、混合性以及液体对多孔物质的渗透性等物理化学问题起到了重要的作用。与油性溶剂相比，水的表面张力更大，也就是油性溶剂更不容易因表面张力内缩在一起，一般而言，油性溶剂更容易吸附在物体表面，在金属表面抹的润滑油薄膜会长时间吸附不掉落，水珠就不容易在人脸上长时间停留。所以水性浆料对金属箔材的润湿性相比油性浆料更差，也更容易导致浆料脱落。

在实践中可以利用达因笔和达因墨水来测试表面张力，即观察不同表面张力标号达因笔画出的墨水水迹有无收缩现象，以此来判断对应固体表面的表面张力。在锂电制造过程中，浸润性可以用接触角测试或达因笔来测量，其目的是表征浆料与箔材的接触浸润能力，接触角越小越说明浆料对箔材有更好的浸润性，否则涂布时可能导致缩孔等问题出现。此外还有更加精确的白金板法表面张力仪等仪器设备。

上述Young's方程也同样适用于不同液体间的相互铺展情况。例如汽油滴在水面上，由于空气和水的表面张力比另外两个油面上的表面张力之和还大，即接触角哪怕为零也不能让方程右侧表面张力之和超过左侧空气和水的表面张力，所以三种介质不能处于平衡状态，汽油将铺展于整个水面，直到油层厚度到达分子尺寸为止。

2.2.2　液面上漂浮的同浸润性颗粒相互吸引：麦片圈效应

温故而知新、构建知识图谱：

2.1.2小节：固体和液体会产生使表面积尽可能缩小的力，缩小其表面能。

2.2.1小节：液固表面的吸附力与液体自身表面张力的大小，决定了两者是否相互浸润。

一、麦片圈效应

早上起来泡一桶牛奶麦片，你就会发现，这些麦片要么聚集在一起，要么聚集在杯子边缘，如图2-12所示，我们称为麦片圈效应。

图2-12　麦片圈效应

若两个小固体漂浮在液面上，如果水会从浮在水面固体的接触面"爬上去"，即浸润；水会从浮在水面固体的接触面"爬下去"，即非浸润，如此观察浸润与非浸润物体之间（容器壁也可看作物体）的吸引与排斥情况可以得出结论：浸润与浸润的颗粒间：相互吸引；浸润与非浸润的颗粒间：相互排斥；非浸润与非浸润的颗粒间：相互吸引。

二、表面张力角度分析麦片圈效应

从表面张力的角度分析，浸润的亲水颗粒由于其表面对水的吸引力，附近水面上升，不过水面升高后会以指数函数在两侧下降，其影响距离大致为表面张力的距离，即2.7 mm。大于2.7 mm时，重力与表面张力相比重力占据主导地位，液面几乎不再上升，如图2-13所示。

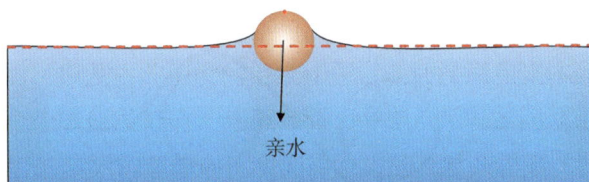

图2-13　亲水物体使周围水面升高

让两个亲水的颗粒缓慢靠近，当一个颗粒处于另外一个颗粒的液面吸引力范围时，由于表面张力的相互耦合作用，两个球形颗粒之间的液面会比两侧要高，这打破了原来每个球形颗粒所受液体表面张力的对称性，使表面张力的合力不再垂直向下，出现了水平方向的分力，表现为相互吸引，如图2-14所示。同样的分析也适用于疏水颗粒之间。

那么一个亲水颗粒和一个疏水颗粒呢？当其相互靠近时，亲水颗粒的表面张力使疏水的颗粒附近液面升高。疏水颗粒使亲水颗粒附近的液面下降，其效果如图2-15所示。这同样打破了原来表面张力的对称性，然而这时出现的表面张力为互相排斥。

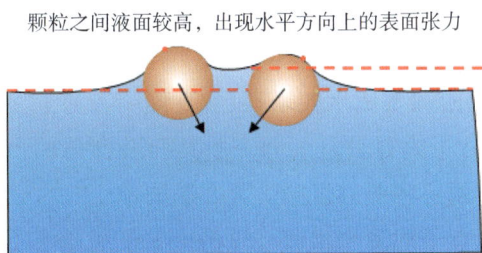

图2-14　两个亲水物体相互靠近时的表面张力作用方向

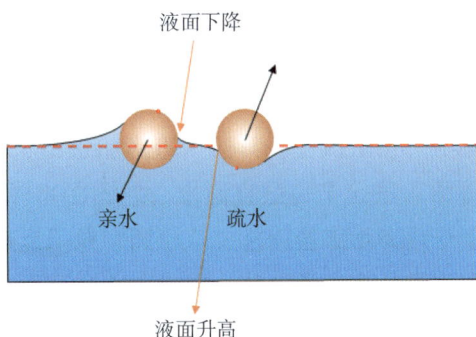

图2-15　亲水疏水颗粒相互靠近时的表面张力作用方向

三、表面能角度分析麦片圈效应

表面张力有两个定义，一个是力的定义（N/m）。另一个更本质的定义是，单位面积表面上的表面能（J/m²）。在表面张力占主导的体系中（比如受重力作用较少的微观液滴），该体系会向于表面能低的状态自发运动，即自动缩小表面积；而同样体积下球形的表面积最小，故微量液体天然喜欢缩成球形状态。从表面能的角度分析，浸润与非浸润的颗粒间，本来趋于平行的水面因为二者的接近而不得不挤出一个很大的曲面，这增加了水的表面积，增大了表面能，不符合表面积缩小的表面张力驱动规律，故浸润性不同的颗粒会相互远离，如图2-16所示。

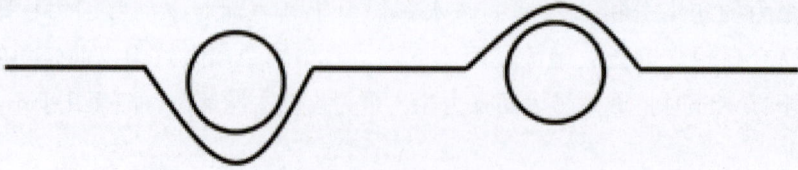

（a）浸润性不同的两个颗粒未靠拢时的液面表面积

（b）浸润性不同的两个颗粒靠拢后的液面表面积

图2-16 浸润性不同的颗粒的各自液面变化

而同浸润性的颗粒间，两个颗粒的靠近使得夹在二者之间的水线一起上顶或下压，从而减少了表面面积，进而减小了总的表面能，如图2-17所示。

（a）浸润性相同的两个颗粒未靠拢时的液面表面积

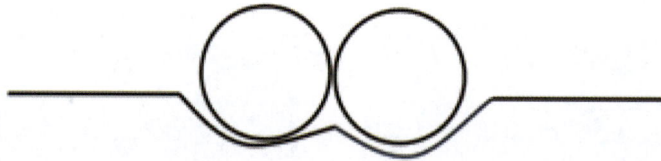

（b）浸润性相同的两个颗粒靠拢后可缩小液面表面积

图2-17 浸润性相同的颗粒液面变化

四、颗粒的溶剂化现象

从分子层面分析，其实固体颗粒的极性与非极性特性也会导致对应极性与非极性的溶剂分子在其颗粒外围产生一定的溶剂化现象，这与锂离子在电解液溶剂中的溶剂化是同一种现象。溶剂化现象类似于有磁性和无磁性的金属块，分别对外围有磁性和无磁性的磁粉形成一种排布结构。

以在水性溶剂中分散非极性颗粒为例，由于颗粒表面非极性对水的极性排斥作用，使得水分子的极性一端避免直接指向颗粒表面，而是尽量与颗粒表面平行，这种水分子只能在特定朝向排列的结构会妨碍水分子的"运动自由"，故是一种很不稳定的"别扭水分子结构"，如图2-18所示。当两个被这种"别扭水分子结构"包覆的疏水颗粒在水中接近时，这种"别扭水分子结构"会自发破裂将两个颗粒挤到一起，或者将颗粒挤出水面，以减少"别扭水分子结构"的面积。表现在水溶剂中非极性表面颗粒之间具有吸引力，即溶剂化的疏水作用。

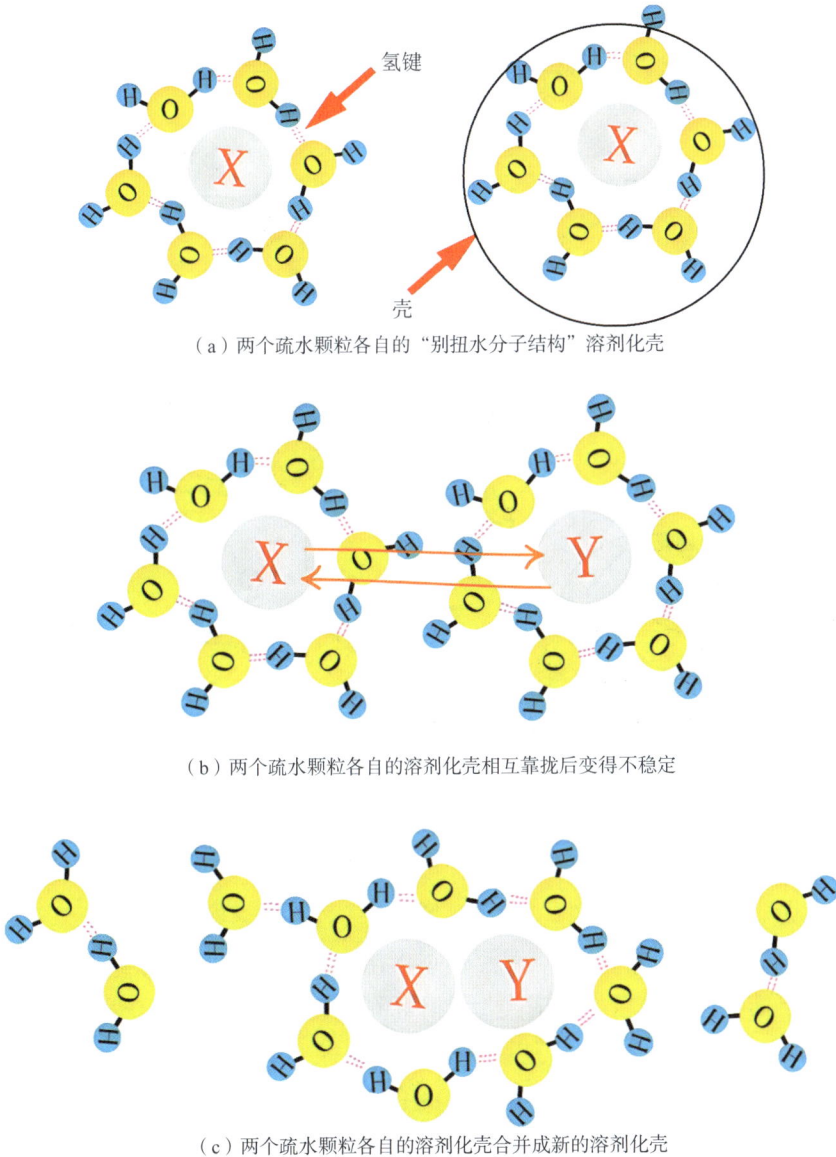

（a）两个疏水颗粒各自的"别扭水分子结构"溶剂化壳

（b）两个疏水颗粒各自的溶剂化壳相互靠拢后变得不稳定

（c）两个疏水颗粒各自的溶剂化壳合成新的溶剂化壳

图2-18　溶剂化现象

　　上述"别扭水分子结构"的溶剂化疏水作用，其作用距离只有10个纳米左右，对颗粒尤其是疏水颗粒的分散起到一定的阻碍作用，但由于对已分散体系的稳定性影响相对较小，故后续不做过多介绍。

2.2.3　温度引发表面张力梯度，维继而驱动液体流动：咖啡环效应

温故而知新、构建知识图谱：

2.1.1小节：分子间引力和斥力的平衡距离受温度对分子无规则热运动的影响，液体分子挥发会降低液体温度。

2.1.2小节：液体会产生使表面积尽可能缩小的表面张力，液体分子被表面张力拉扯产生流动和液滴形变现象。

一滴咖啡或者茶滴落到桌面上，当其自然干涸后，颗粒物质就会在桌面上留下一个染色的污渍，且污渍颜色不均匀，边缘部分要比中间更深一些，形成的环状斑现象叫作咖啡环效应，如图2-19所示。

图2-19　咖啡环效应

只要易挥发的液体中有固体颗粒悬浮，或者溶解了难以挥发的物质，那么当液滴挥发完毕后，残留下的固体都有可能形成类似的环状结构。咖啡环效应虽然得名于咖啡，其实却是一种相当普遍的现象，它的"幕后推手"究竟是谁呢？

前面说了表面张力来自分子间引力，温度升高意味着分子无规则热运动增加，即偏离图2-2所示的平衡位置越多，温度越高分子间引力越小，从而温度越高，表面张力越低（此结论可通过严格的热力学定律推导证明，本书忽略部分硅酸盐和合金材料的特殊情形）。水在20℃左右时的表面张力为72.8达因/厘米，而在5℃时水的表面张力升至75达因/厘米，在60℃下，水的表面张力又降至66达因/厘米，温度每升高一度，表面张力就下降0.15～0.2达因/厘米。

　　记得家里老人经常给小孩子说，不能往开水中尿尿，因为开水的温度为100℃，而人体尿液的温度在37.5℃左右，尿液与开水之间的温度差高达60℃，两种液体之间的表面张力差是非常大的，在热毛细效应的作用下，部分尿液会产生回流，而回流的尿液中还掺杂着一些开水，稍有不慎，小孩就会被烫伤。

　　水分的蒸发会导致水滴的体积不断缩小。由于在水滴的边缘，表面积与体积之比更大，单位体积的水分蒸发的速度更快；蒸发快的地方液体温度降低得更快（最典型例子是喝热粥时嘴唇沿着碗边缘喝不容易烫嘴，就是因为边缘蒸发更快，温度降低更快），边缘部分因温度降低快而表面张力升高。所以边缘部分表面张力大于中间部分，也因此边缘部分水的表面拉扯力大于中间部分，于是水分从表面张力小的地方流向表面张力大的地方，所以液体蒸发慢的区域会流向蒸发快的区域，即液体会因蒸发从中间流向边缘，如图2-20所示。

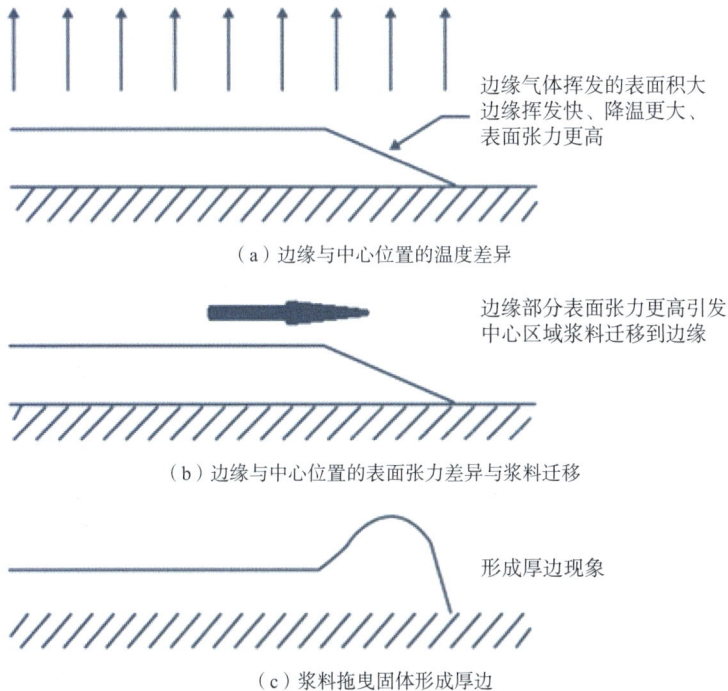

（a）边缘与中心位置的温度差异

边缘气体挥发的表面积大
边缘挥发快、降温更大、表面张力更高

（b）边缘与中心位置的表面张力差异与浆料迁移

边缘部分表面张力更高引发中心区域浆料迁移到边缘

（c）浆料拖曳固体形成厚边

形成厚边现象

图2-20 咖啡环效应与液滴厚边现象产生过程

　　如果这滴水中含有难以挥发的分子或固体颗粒，那么这些物质就会随着水流不断从液滴中心流向边缘。当水分蒸发完毕后，这些分子或固体颗粒就留在了液滴边缘。这样一来，水滴边缘处析出的固体就会越积越多，其边缘部分的颗粒浓度也更加大于中心区域，加剧了固体颗粒孔隙间的热毛细驱动力，而留在中心的分子或固体颗粒则越来越少。当水滴完全干燥时，自然就会看到一个环形的结构。如果液滴中含有多种颗粒，由于水分对细小颗粒的拖曳作用比大粒径颗粒更强，咖啡环效应会将这些颗粒按照不同的尺寸分离开，直径最小的颗粒会聚集在咖啡环的最外侧，而直径最大的颗粒则会出现在咖啡环的内侧。

2.2.4 表面张力梯度驱动了液体的表面流动：酒泪与马兰戈尼效应

温故而知新、构建知识图谱：

2.1.2小节：液体会产生使表面积尽可能缩小的表面张力，液体分子被表面张力拉扯产生流动和液滴形变现象。

2.1.3小节：极性水分子的表面张力大于非极性乙醇等溶剂的表面张力。

当溶质浓度、表面活性剂浓度以及沿表面的温度发生变化时，表面张力通常也会随之改变。当表面张力的变化由浓度驱动时，马兰戈尼效应也常常被称为溶质毛细效应；当表面张力随温度发生变化时，常常被称为热毛细效应，热毛细效应的一个表现即2.2.3小节所述的咖啡环效应。

溶质毛细效应的最主要体现就是"酒的眼泪"。让我们向玻璃杯中倒入一些葡萄酒。别着急喝，先来研究一下玻璃杯，看到图2-21所示的酒泪了吗？没有的话，可能是因为葡萄酒酒精含量较低。如果希望看到酒泪，建议选择酒精量较高的葡萄酒，其更可能出现酒泪。

图2-21 葡萄酒的"酒泪"现象

由于玻璃杯壁为极性亲水材料，在玻璃杯壁、葡萄酒和空气的三相结点处形成了一个弯月面，弯月面和葡萄酒平面之间存在一定的表面张力梯度。由于乙醇的平衡蒸汽压高于水，葡萄酒中的酒精会持续从表面蒸发，且蒸发速率快于水，弯月面中的情况也是如此。弯月面中酒精浓度下降得更快，这会在弯月面和杯中心的葡萄酒表面之间形成浓度差，弯月面处的水分多而酒精含量少，酒杯中心的酒精含量多而水少，极性水的表面张力大于酒精的表面张力，造成了弯月面和杯中心的葡萄酒表面张力梯度差，使弯月面沿着玻璃杯壁向上移动，这就形成了葡萄酒逆流而上的酒泪现象，如图2-22所示。

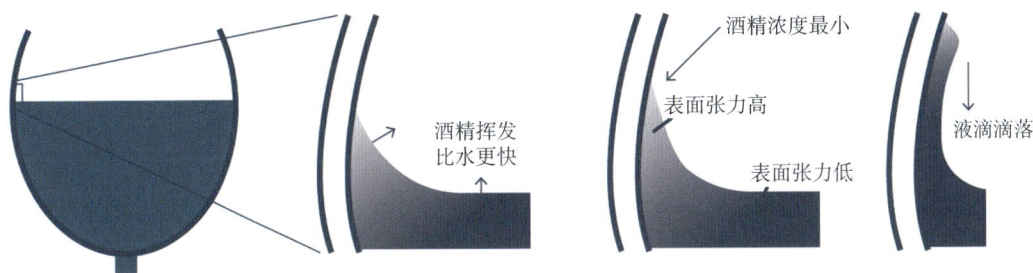

图2-22 "酒泪"现象的作用机理

随着弯月面开始在玻璃杯壁面形成一层膜，酒精进一步挥发，导致了更大的表面张力梯度，更多的葡萄酒被拉到玻璃杯壁上，直到形成液滴。此时重力将起作用，酒泪沿玻璃杯壁流回葡萄酒的主体内。在酒精含量较低的葡萄酒中，葡萄酒与空气表面上酒精浓度表面张力的差异较小，很少会出现酒泪现象。

总之，酒泪现象是由马兰戈尼效应造成的，它是一种由两种流体的接触面间的表面张力梯度造成的传质现象，当气-液表面存在表面张力梯度时，便会发生马兰戈尼效应。假设两种具有不同表面张力的液体相互接触，低表面张力的液体就流向覆盖高表面张力的液体，这样可以形成较低的总表面能，其本身就是一种表面张力差驱动的活动，这种现象已经被观察了几千年。

补注：小孩子不仅不能往开水中尿尿，也不能往敌敌畏尿尿。因为敌敌畏表面张力为40达因/厘米，而人体的尿液表面张力较高，为66达因/厘米，容易导致溶质毛细效应，这种溶质毛细效应会驱动敌敌畏农药沿着尿液液柱回流到小孩身上，可能导致敌敌畏中毒等问题。

2.2.5 起泡剂与消泡剂的表面张力作用机制

温故而知新、构建知识图谱：

2.1.2小节：液体会产生使表面积尽可能缩小的表面张力，气泡增大了液体的表面积也就是增大了液体的表面能。

2.1.3小节：极性水分子的表面张力大于非极性乙醇等溶剂的表面张力。

一、为什么煮牛奶比煮水容易溢出？

一锅水就算烧开沸腾后也不容易溢出，但小半锅水煮面条却很容易扑出来（冒出来），直到加点凉水才静下来（煮牛奶也很容易扑出来，图2-23）。如果细心观察就会发现，冒出来不是面条和牛奶本身，而是大量气泡组成的泡沫。那么为什么水不容易冒出来这种泡沫呢？这就要从泡沫的稳定性来讲，其实消泡剂、泡沫稳定剂等化学试剂的作用机理非常复杂，不同的体系可能主导作用机理不一样，甚至还存在很多学术争论，本书仅就最一般性的作用机理进行论述。

图2-23 沸腾的牛奶

从热力学角度看，气泡十分不稳定，这是因为在泡沫形成的过程中，气液界面会急剧增加，因此液体表面积和对应的表面能都会增加，这就需要在泡沫形成的过程中，外界对体系做功，如吹气或搅拌等。外界对体系所做的功将产生泡沫，使体系能量增加，其增加值为液体表面张力与新增气液界面面积的乘积。液体的表面张力越低，则同样做功产生的气液界面面积就越大，也就越容易起泡。

同时，这些泡沫会因为较低的密度而移动到表面，即使在水中相互碰到，也会自发地相互融合，成为表面积更小表面能更低的大气泡。而在气泡表面围绕一圈薄层的液体，这些薄层中的液体由于重力向下流动而逐渐降低厚度（即"排液作用"）。如果没有表面活性剂，薄层会由于重力作用在厚度约为10 nm时破裂。

纯水表面张力较大，为72.8达因/厘米，产生气泡后体系增加的表面能越大，气泡越不稳定；而纯水黏度较小且其排液速度非常快。所以无论如何向纯净的水中充气，也不可能得到稳定的泡沫而只能出现单泡，因为纯水产生的泡沫寿命长不过0.5 s，即消泡速度高于起泡速度。因此倒开水时，我们很难在开水表面看到一层稳定的气泡。所以纯水烧开时，不是不冒出来，是气泡不稳定破了，没有气泡可以冒出来。

二、泡沫稳定剂与消泡剂的作用机理

表面活性剂可以充当泡沫稳定剂，泡沫稳定剂的作用机理即马兰戈尼效应，在表面活性剂存在的情况下，气泡上部的表面活性剂分子也会随着液体下排而减少，导致气泡上部的表面张力比气泡两侧高。而液体总是倾向于从低表面张力处流向高表面张力处，这样气泡两侧的液体会重新流向表面张力高的气泡上部，产生与重力排水相反的作用力，当这两种作用力在到达气泡临界厚度前达到一种平衡态时，这种不稳定的气泡会暂时稳定下来，达到一种亚稳态机制，如图2-24所示。而纯水在排液过程中的表面张力几乎不会改变，因此气泡不能稳定存在。

当加热牛奶或者面条时，温度升高增加了液体的表面蒸气压，当表面蒸气压达到大气压时，就会出现沸腾现象，沸腾产生了大量的气泡。牛奶中含蛋白质等多种组分，这些组分能够降低表面张力。同样的理由可以解释加入洗衣粉后的水就可以吹泡泡了；也可以解释啤酒表面容易覆盖一层稳定的气泡；同时也可以解释尿液液面会覆盖一层泡沫，因为尿液中也含有一些人体的代谢物质（比如尿素）。

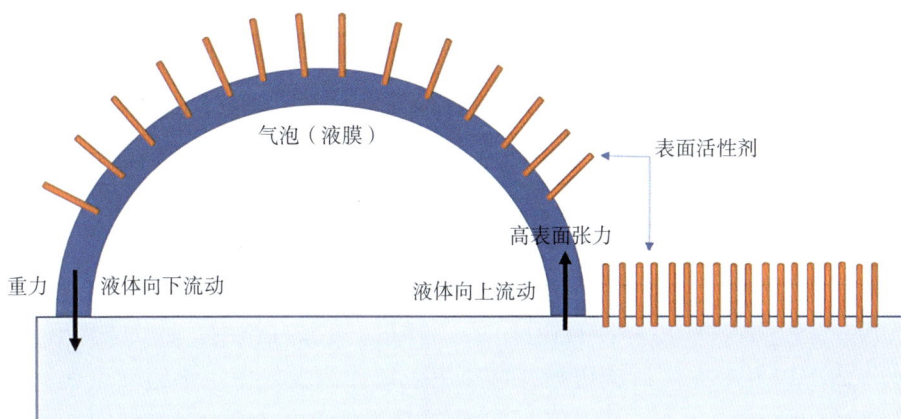

图2-24 马兰戈尼效应下的气泡稳定机制

气泡的存在会对电池极片的生产及汽车涂装等造成不利影响。因此需要一种能够削弱马兰戈尼效应的试剂，一般称之为消泡剂。消泡剂是表面张力很低的表面活性剂，其在气泡底部反而更容易聚集，因此不会在泡沫顶部形成表面张力较高的区域，还会破坏泡沫稳定剂的亚稳态机制。当然这种消泡剂和泡沫稳定剂的表面活性剂作用差异，涉及液体表面张力、液体和表面活性剂的界面张力以及表面活性剂的表面张力三者的相互作用，其作用机理非常复杂且有争议，需要根据三者的大小比例计算相关的渗透系数、架桥系数以及铺展系数差异，由于篇幅关系本书暂不作更深一步的论述。

2.3 表面张力的毛细作用驱动的虹吸现象、颗粒黏附、流体形变

2.3.1 帕斯卡原理、绝对压力、大气压与真空度：人们习以为常以至于忽视其存在

温故而知新、构建知识图谱：

2.1.1小节：气体分子间存在着无规则热运动，温度越高无规则热运动越剧烈。

帕斯卡原理：流体的静压力来自帕斯卡原理，即流体的流动性使得压力能够在整个流体中传递和重新分布，直到达到平衡状态。这意味着如果在封闭容器的一侧施加压力，那么这个压力会毫无损失地在整个流体中分散开来，静止流体上某一处的压强将同时等值传递到各点和各个方向。因为温度越高分子的无规则运动越大，分子产生的对容器壁撞击力也就越大，同时单位空间内的分子个数越多，撞击容器壁的次数也越多，对这种撞击力进行总和积分就可得到流体压强，且整个流体某一处的受力能够通过分子间的相互撞击而等值传递到所有方向和位置。

绝对压力：以真空（即零大气压）为起点的压强。一旦某个地方因为容器壁隔离出现真空，这个静压力产生的原理如同"僵尸"砸门，一堆的微型"僵尸"被后面的"僵尸"拥挤着想进入真空范围内，对所有微型"僵尸"砸门的压力进行积分求和得出的即绝对压力。

表压力：由于当地大气压的存在，我们实际上是不容易直接测出来绝对压力的，只能测出以大气压为起点的表压力。如上文所述"僵尸"砸门原理，如果门内也有一定数量的"僵尸"，这些门内的微型"僵尸"会对门外的微型"僵尸"施加一个反向的砸门力，里外的撞击力可相互抵消掉一部分。由压力表测得的压力值即为表压力，如果绝对压力和大气压的差值是一个正值，那么这个正值即表压力，即表压力=绝对压力-大气压>0。由于气象条件的不同，大气压强不断变化，所以通常用表压比较方便，生活中，汽车轮胎的测量压强就是表压。

大气压：空气可以像水一样自由流动，同时也受重力作用。因为帕斯卡原理，重力会在空气内部向各个方向形成压强，这个压强被称为大气压。水银气压表上的数值为760 mmHg，对比一下人体血压的表压力是60～140 mmHg。大气压力的数值不是固定的，是随大气温度、湿度和海拔高度而变化的。我们之所以感受不到大气压的存在恰恰是因为人体里也有空气与大气相连，所以表压力为零。

除了大气压与海拔成正比，流体的静压力与流体的深度也成正比。潜水时随着深度的不断增加，水压也在不断增强，在水深的地方，耳朵鼓膜外侧水压增加，而鼓膜内侧的压力依然与人在地面时一样，鼓膜就会被压入耳内，从而产生不适感。如图2-25所示，在装满水的矿泉水瓶壁上戳个洞，立刻就会射出来一根水柱，那么是水位低时的水柱更远呢？还是水位高时的水柱更远呢？很显然，是后者。因为水位高的时候，孔洞附近水的静压能更高，水动能更大。

图2-25   流体静压力作用使流体喷出

真空度：当被测流体的绝对压力小于外界大气压力时，所用的测压仪表叫作真空表。真空表上的读数表示被测流体的绝对压力低于当地大气压力的数值，称为真空度，实际上是指处于真空状态下的气体稀薄程度，该参数是真空泵、微型真空泵、微型气泵、微型抽气泵、微型抽气打气泵等抽真空设备的主要参数，通常用"真空度高低"来表示，真空度在后续的合浆（见6.3.7小节）、涂布（见7.3.3小节）、电芯真空烘烤（见9.1.2小节）、注液（见9.2.3小节）等工序都有大量应用。

常压即人们生活所处大气层的气体压力，正压就是高于正常大气压的压力，负压就是低于正常大气压的压力。例如用吸管喝饮料时，管道里就是负压；用来挂东西的吸盘内部，也是负压。真空一定是处于负压状态的，但负压不一定是真空，其他因素如温度差异、风的吹拂等，也会导致气体在不同区域形成不同的压强分布，产生自然负压区域。

2.3.2 疏水亲水的弯曲液面通过附加大气压力驱动液体运动：毛细管力

温故而知新、构建知识图谱：

2.2.1小节：固液界面的接触角大小取决于固液表面吸附力与液体表面张力大小。

2.3.1小节：根据帕斯卡原理，大气压会向气液界面和气固界面的各个方向形成压强。

一、毛细管力是疏水/亲水弯曲液面的附加大气压力

液体分子之间的吸引力也称作内聚力，液体分子同容器分子之间也存在着吸引力，这种力可称作吸附力。如果容器对液体的吸附力大于液体内聚力，那么液体就更容易与容器"贴合"；反之，液体就不会与容器"贴合"。如果某种液体可以浸润某物质，那么在该液体中插入一根直径较小、用该物质做成的细管，细管中液面上升；如果该液体不能浸润该物质，那么在该液体中插入一根直径较小、用该物质做成的细管，细管中液面会下降。细管中液面的上升或下降就是毛细作用，也称为毛细现象，如图2-26所示。

液面（我们称之为弯月面，在第七章涂布内容中还会用到该名词）是凹是凸，取决于液体与容器材料之间的浸润性，也就是固-液界面之间的作用力与液体内部分子之间的作用力大小关系。附着层中的液体分子受容器分子的吸引比液体内部强，则附着层中液体分子更大面积地贴近容器，此时会出现"凹液面"，如水在玻璃容器中。反之，固-液界面之间的引力弱于液体内部的引力，则液体不易与容器贴近，而是更"紧密团结"在液体内，这时在附着层中就出现跟表面张力相似的收缩力，使跟容器接触的液体表面呈缩小趋势，形成不浸润现象，液体表面是"凸液面"，例如玻璃容器中的水银。

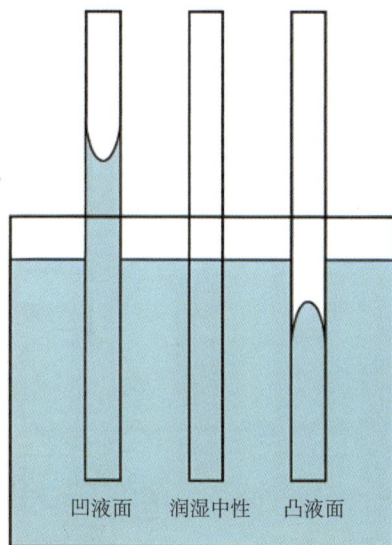

凹液面　润湿中性　凸液面

图2-26 毛细作用力方向与弯月面形状对应关系

由吸管吹出一肥皂泡，停止吹气并让吸管通大气后，可见肥皂泡缩小至消失，这说明气泡内外有压力差。弯曲表面产生的额外附加压力也是凹液面的表面张力引起的。如图2-27所示，表面张力即弯曲液面中附加压力的来源。弯曲液面与水平液面相比，凸液面侧的压力大于液面外大气压力，由于表面张力合力不为零，沿曲率半径指向凸液面中心。对于凹液面，可以想象成凸液面反过来，合力仍指向曲率半径中心。具体弯曲表面附加的大气压力如何计算，可利用式（2.4）的Young-Laplace方程：

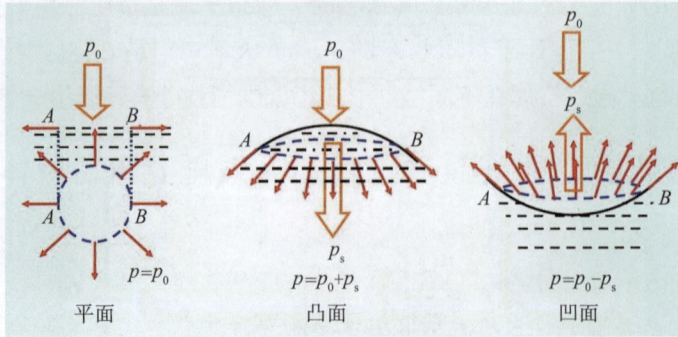

图2-27　弯曲液面的附加大气压力方向

$$附加大气压力 = \frac{2 \times 液体的表面张力 \times \cos\theta}{毛细管口半径} \quad\quad (2.4)$$

分析可知，附加压力和液体表面张力成正比，与毛细管口半径成反比，但接触角θ的大小起决定性作用，接触角θ越接近0°，毛细管的"凹液面"越"凹"，附加大气压力越大；接触角θ大于90°时，即从"凹液面"变为"凸液面"，附加大气压力作用方向变成相反方向。关于附加压力的详细计算，本书不再展开（想了解详细证明可自行查阅Young-Laplace方程）。

二、粉体颗粒缝隙间的毛细管力

在堆砌的粉体颗粒中，如果颗粒之间存在一定的不饱和溶剂，则颗粒之间的缝隙形成毛细管孔径，存在毛细管上升液，颗粒之间还形成了相互粘连的液体桥（液体桥作用见2.3.3小节论述），如图2-28所示。

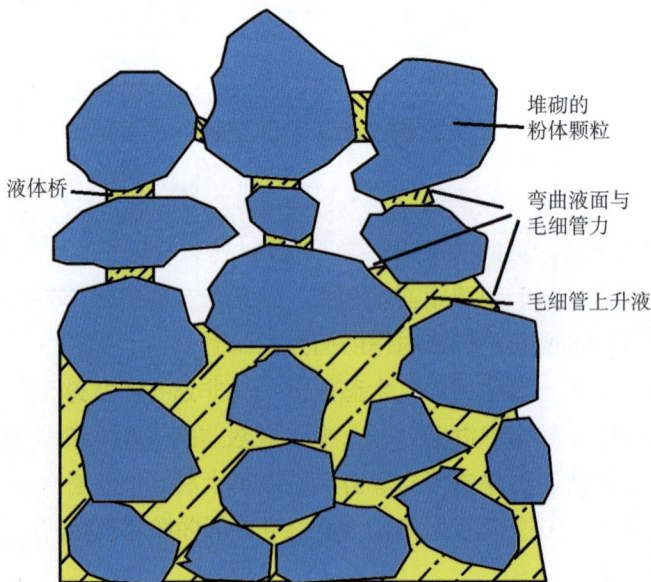

图2-28　粉体颗粒多孔缝隙间的各种残余液体

颗粒多孔缝隙中的液面会存在一定的弧度，这些弧度会产生相应的毛细管力，这些毛细管力的大小和方向取决于固体表面是否能够被液体润湿，而固体表面的湿润性由其化学微观结构决定。固体表面自由能越大，越容易被液体湿润；反之亦然。由于毛细管力的存在，液体可较快渗入颗粒间隙的细小间隙中，描述多孔介质毛细渗流过程的驱替理论基础即Washburn方程，如式（2.5）所示。

$$\frac{\mathrm{d}h}{\mathrm{d}t} = \frac{毛细管口半径^2}{8\times黏度\times浸润深度} \times \left(\frac{2\times表面张力\times\cos\theta}{毛细管口半径} \pm \Delta\rho gh \right) \tag{2.5}$$

h为时间t时的液体渗透高度，θ为接触角，$\Delta\rho$液体和气体的密度差，g为重力加速度，η为黏度，式（2.5）中的毛细管口半径也是颗粒孔隙，式（2.5）表面浸润速度本质上是毛细管力与重力共同作用驱动的结果，可以将式（2.5）改编为式（2.6），重力对毛细管口渗透作用是促进还是减弱主要看液体是上升还是下降，而如果毛细管口半径很小的情况下，重力可以忽略不计。

$$\frac{\mathrm{d}h}{\mathrm{d}t} = \frac{毛细管口半径^2}{8\times黏度\times浸润深度} \times \left(毛细管力 \pm 重力 \right) \tag{2.6}$$

由Washburn方程可知，如果毛细管口半径足够小，则$\Delta\rho gh$的重力作用项占比就小到可忽略，可得两种简化形式的Washburn方程，如式（2.7）和式（2.8）所示。

$$浸润速率 = \frac{毛细管口半径\times液体的表面张力\times\cos\theta}{4\times液体黏度\times浸润深度} \tag{2.7}$$

$$\left(浸润深度\right)^2 = \frac{毛细管口半径\times表面张力\times\cos\theta}{2\times黏度} \times 浸润时间 \tag{2.8}$$

由上述公式可以看出：

1）接触角θ的大小对浸润速度起决定性作用。由于接触角θ代表的浸润性实际上是两种物质相互间亲和性的一种表征，对于原本相互不亲和的两种物质，如果想硬生生将两者在微孔层面结合成一个整体，那就特别"费事"；而原本就相互亲和的两种物质，你可能都不用怎么"使劲"，人家自然而然地就相互在微孔层面结合了。

2）液体表面张力越大、黏度越低，则液体渗入颗粒中就越容易，渗透过程完成得越快。所以说毛细管上升法通过测量液面上升的高度，结合液体密度、重力加速度以及接触角，可以计算出表面张力，是直接测定表面张力最为准确的方法之一；同样也可以通过测量液体流速和流经毛细管产生的压力差即可计算出液体黏度。

3）粉体的堆叠状态。即粉体的颗粒孔隙大小（毛细管口半径）及浸润深度对浸润速率也存在一定程度影响。一般来说，粉体颗粒的直径越小，颗粒间的孔隙越小，这时其所对应的浸润速度越慢。

2.3.3　潮湿颗粒间的毛细管力：液体桥的弯曲液面附加大气压力

温故而知新、构建知识图谱：

2.3.2小节：疏水亲水的弯曲液面通过附加大气压力驱动产生毛细管力。

两个在空气中叠放的玻璃片很容易被分开；如果将它们在水中叠放，分开也很容易。但是一旦将叠放的玻璃片从水中拿到空气中，玻璃片就很难掰开了，这是由于毛细黏附引起的现象。由于玻璃的亲水作用，水在两个玻璃片之间形成了弯曲的气-液表面和附加的大气压力，从而使液体内部压强小于外部压强，内外压差的存在使得玻璃片很难被分开，如图2-29所示。分开两个玻璃片最好的方法是破坏两个玻璃片内部的气-液表面，比如将它们放在水中来消除气-液表面。

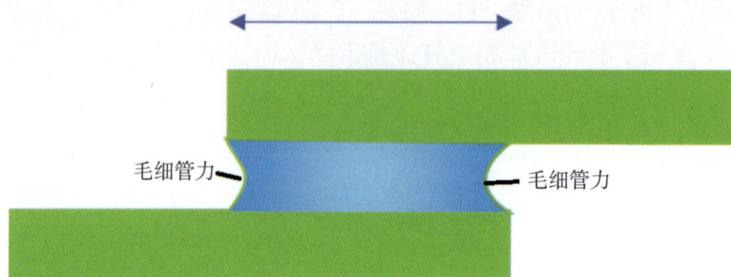

毛细管力　　　　　　　　　　　　　　　毛细管力

图2-29　侧面滑动情况下分开的两个玻璃片所受的毛细管力

与之类似的情况还有：如果额头上贴纸条没有胶水，那可以在纸条上沾点水再贴到额头上就不会掉下来了，这也是纸条与额头之间的毛细管力吸附引起的。当然如果纸条沾的不是胶水话，水分蒸发了之后，纸条就会从额头上掉下来。

在粉体颗粒中的毛细管力可以促使颗粒紧密接触，最后促使颗粒黏附。粉体颗粒之间的间隙部分存在液体时，液体在颗粒间产生桥接，一般称为液体桥，这个液体桥长度在重力作用下无法超过5毫米，而在央视天宫课堂中的太空零重力环境下，就会成长为十几厘米长的巨型液体桥。如果粉体颗粒具有亲水性，其对水的亲和力会导致颗粒附近的液面弯曲，产生附加大气压力，形成毛细管粘连，降低了颗粒运动的独立性。

如果两个粉体颗粒中间有液体桥，在让两个粉体颗粒相互远离的过程中，中间液滴的表面积增大，而将两个粉体颗粒拉开就需要克服液滴表面积增大所需要的表面功。由于毛细管压差和表面张力仅与液体桥的几何形状以及颗粒润湿特性有关，被称为液桥力（也称液体桥联力，与3.1.3中的固体桥联力对应），液桥力是毛细管压差和表面张力共同作用的结果。干燥颗粒间的分子作用力很小，这些相互作用太弱以至于不能对抗使粉体流动的普通机械力，这意味着干燥颗粒具有良好的流动性。液桥力往往是分子间力的十倍或几十倍，在潮湿空气中，液桥力是颗粒聚集与否的主导力。当然颗粒间的液体黏度也会对颗粒黏附产生作用，但黏滞力不是主导力。

多数情况下，环境中的气体并非无关紧要。当空气的相对湿度超过65%时，水蒸气开始在颗粒表面及颗粒之间凝集，颗粒之间因形成液体桥而大大增强了黏结力，颗粒间因形成液体桥而大大增强了团聚作用。因此，杜绝液体桥的产生或破坏已形成的液体桥，是保证颗粒流动性的主要手段。绝大多数粉体生产过程中都采用加温干燥预处理，避免在潮湿的空气中引发水蒸气凝聚形成液桥。

2.3.4　空中流体的微小弯曲表面被毛细管力放大：瑞利不稳定性

温故而知新、构建知识图谱：

2.1.2小节：流体会产生使表面积尽可能缩小的力，缩小其表面能。

如果仔细观察水龙头开得很小的水流，会发现从水龙头中流出的水先是光滑，就像一根玻璃棒一样，在离开水龙头一定距离之后变得很粗糙。如果用高速摄影机来拍摄水流，可以发现水流其实已经破碎成液滴了，如图2-30所示。这是怎么回事呢？

水柱下落时会先呈现麻花状再变成水滴。原因是，现实生活并不完美，出水口的压力和摩擦力会使得出来的水柱产生微小的振动，当液体柱达到一定长径比时，外界的扰动就会使液体柱变得粗细不均匀，从而弯曲变成麻花状，这就是蝴蝶效应的开始。由于弯曲表面附加大气压力（毛细管力），曲率半径越小的地方，大气压力越大；压力大（半径小）地方的水被挤到半径大的地方，使得本来细的地方半径变得更小。随着水柱下落拉长，半径小的地方就没水了。而表面张力会像皮筋一样收缩液体的表面积，在表面张力的作用下，这种不均匀会得到放大，从而使液柱断裂成一个个小液滴，其驱动力是表面张力，热力学原因是使表

图2-30　水柱下落时由光滑到粗糙的演变

面能降低，于是慢慢断裂形成水滴，如图2-31所示。这个不稳定过程叫作瑞利不稳定性。瑞利不稳定现象广泛存在于焊接、涂布、点胶等工序中。

图2-31　表面张力在水珠滴落过程中的形变

重力有助于拉伸液滴，使其形成长条形。在流速很慢的情形下，为什么粗水管中的水滴不能形成一个圆形的大液滴？这是因为空气中的水滴大到一定程度时，其表面张力的作用变弱，重力开始起主导作用。长嘴壶茶艺也是利用长长的壶嘴增加了流体惯性，巧妙避开了瑞利不稳定性。如果壶嘴不设置这么长，在那么高的地方倒茶，液柱在空中分裂，场面就非常尴尬。

最后，瑞利不稳定性不一定会产生大小不一的液滴，也可以利用瑞利不稳定性产生均

匀一致的液滴，这个在*Nature*中有过报道。

瑞利不稳定性告诉我们，想要对流体进行稳定性控制有一定难度。涂布工艺之所以会产生很多的浆料涂覆质量、涂覆宽度的变动，有些时候也是在与瑞利不稳定性做斗争。

2.3.5 焊接中液态金属的马兰戈尼效应与咖啡环效应：焊缝鱼鳞纹成因

温故而知新、构建知识图谱：

2.1.3小节：原子序数越大的元素所构成的液体，其表面张力越大。

2.2.3小节：温度引发表面张力梯度和热毛细作用，驱动了液体的表面流动。

在这里插播一个跟前工序和注液工序无关，但在锂电制造过程中又极其重要的表面张力现象。液态金属与其他液体一样具有表面张力，且表面张力比水大了整整一个量级。常温下，水银的表面张力为470达因/厘米；700℃时，液态铝合金的表面张力为857达因/厘米；1131℃时，液态铜的表面张力为1103达因/厘米。液态金属表面张力大，其产生的表面张力梯度驱动力也大。

一、电弧焊等焊接工艺中熔滴的金属液滴形成，由表面张力决定

在电弧焊工艺中，表面张力是保持熔滴的主要作用力，焊条金属熔化后，其液态金属并不会马上滴落，而是在表面张力的作用下形成球状熔滴悬挂在焊条末端，如图2-32所示。

在平焊时，表面张力是不利因素。随着焊条不断熔化，熔滴体积不断增大，直到作用在熔滴上的重力等的作用超过表面张力时，熔滴才脱离焊芯落到熔池中去。因此平焊时表面张力越大，金属液滴就越大，焊缝就越粗。

在仰焊时，表面张力是有利因素。熔池金属在表面张力作用下，倒悬在焊缝上而不易滴落；熔滴与熔池金属接触时，会由于熔池表面张力的作用，而将熔滴拉入熔池。

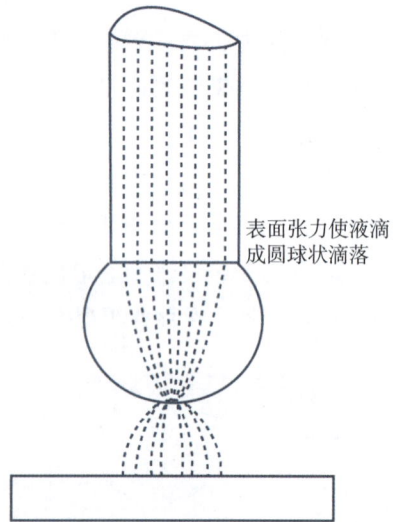

表面张力使液滴成圆球状滴落

图2-32　电弧焊过程中的液态金属表面张力示意图

二、激光焊等焊接工艺中的熔池流动受马兰戈尼效应决定

在激光焊接工艺中，我们需要考虑马兰戈尼效应。当高功率密度激光束入射到金属表面时，材料被迅速加热到上千摄氏度的高温，由于热传导作用，材料将熔化蒸发。如果材料的蒸发速度足够快，激光束将在金属中打出一个小孔（匙孔）。在激光深熔焊接中，由于存在小孔，激光束能深入材料内部，被熔化的液态金属环绕在小孔周围，激光对材料的热输入主要是在小孔壁上的液化界面上随着激光束的移动，小孔前沿的金属被熔化、汽化，而在小孔后部液态金属重新凝固，形成焊缝和热影响区，如图2-33所示。

1）热毛细效应驱动了熔池内部的由上向下流动：影响熔深

由于熔池底部温度较低，表面张力大；而熔池上部温度较高，表面张力小。在热毛细效应的驱动下，液体金属将向熔池深度方向流动，将边缘区域的熔融金属带向熔池内部区域，液态金属在熔池中心聚集，冷却后在焊缝中间位置形成"凸起"，如图2-34（a）所示。

2）热毛细效应驱动熔池上部由内向外流动：影响熔宽

金属液体表面张力随温度的增加而降低，在焊接过程中产生温度梯度，产生表面张力梯度。熔池小孔附近的温度较高，表面张力小；远离小孔的中心区域温度较低，表面张力大。因此熔池表面的液态金属以匙孔为中心由内向外流动，形成宽而浅的焊缝，如图2-34（b）所示。

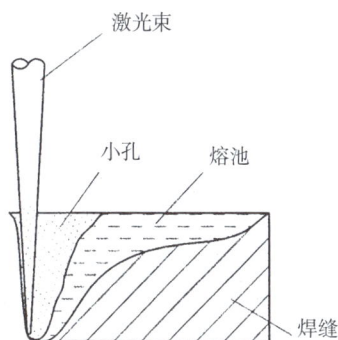

图2-33 激光焊接熔池剖面图

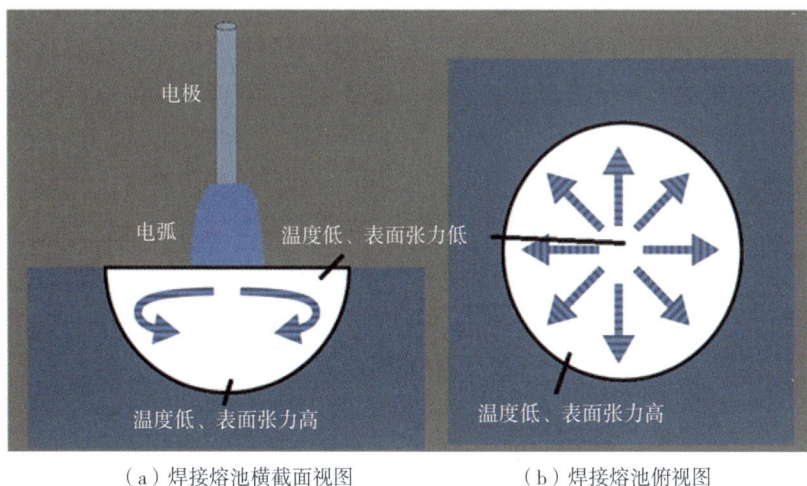

（a）焊接熔池横截面视图　　　　（b）焊接熔池俯视图

图2-34 电弧焊过程中的液态金属运动方向

此外，熔池还受到重力、浮力和金属蒸气反冲压力等的作用，金属蒸气反冲压力使小孔前沿产生强烈的环流。但表面张力对于熔池的流动方向和流动速度的作用更具决定性，对于焊缝的熔深和熔宽有显著影响。焊接过程中，焊接气孔的排出也与表面张力有关。

焊接过程中我们经常能够看到"鱼鳞纹"，如图2-35所示。能焊出一手漂亮的"鱼鳞纹"是老焊工的拿手好戏。由于焊接过程中热毛细效应驱动了熔池表面的由内向外流动，所以焊接的熔

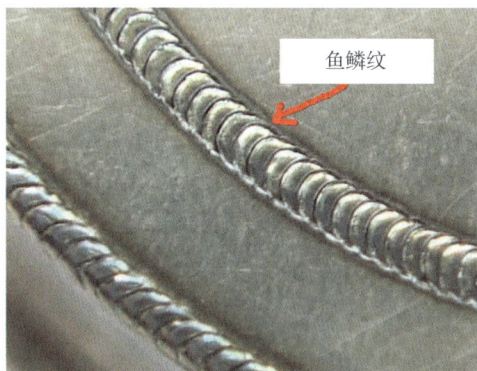

图2-35 瑞利不稳定性引发的焊接"鱼鳞纹"

池区域也会形成咖啡环效应，"鱼鳞纹"也可认为是一圈圈"咖啡环"的叠加，不同焊接速度造成的"咖啡环"和熔宽也不同，所叠加出来的"鱼鳞纹"也会存在形貌差异。

综上所述，这些微观熔滴和熔池表面张力的流动会导致焊接位置产生应力变形、造成焊接轮廓改变。调整焊接轨迹、焊接速度也是在控制表面张力的微观液态金属流动。在焊接过程中，表面张力的大小可以受多种因素调控，如液态金属温度越高，其表面张力越小；表面活性剂的加入会减小液态金属的表面张力；合金元素的加入也可以改变液态金属的表面张力；在保护气体中加入氧化性气体可以显著降低液态金属的表面张力。本书只讲述了焊接过程中的金属液滴流动现象，至于激光、超声波、搅拌摩擦焊等焊接设备的选择与参数设定，则需要现场调试人员的大量实验与努力。

2.3.6　表征流体运动相似特征的若干常用无量纲数

无量纲数具有数值特性，它可以通过两个量纲相同的物理量相除得到。本小节主要介绍几个描述流体力学相似的无量纲数，方便后续章节的流体运动特征分析。对于无量纲数相同的不同流体来说，其所受到的主要作用力具有相同的大小比例。

1）韦伯数：惯性力VS表面张力

韦伯数（W）：惯性力和表面张力效应的比值。韦伯数愈小，说明表面张力愈重要；譬如毛细管现象、肥皂泡、表面张力波等小尺度的问题。当韦伯数远大于1.0时，表面张力的作用便可以忽略。

$$韦伯数 = \frac{流体密度×流体速度^2×管道直径}{表面张力} \tag{2.9}$$

2）邦德数：重力VS表面张力

邦德数（Bd）：重力与表面张力的比值。当重力的作用小于表面张力时，表面张力起主导作用，液体呈球形。滴落的小液滴直径大小、表面波纹的大小等，都与此量纲数有关。特别地，对于纯水，其球形化临界尺寸约为2.7 mm，大于2.7 mm时，液体便不会呈球形。

$$邦德数 = \frac{流体密度×重力加速度g×流体半径^2}{表面张力} \tag{2.10}$$

3）毛细管数：黏滞力VS表面张力

毛细管数（Ca）：流体运动黏滞力与表面张力的比值。毛细管数代表了小液滴形变和破裂发生的程度和可能性。换言之，虽然流体倾向于呈现小液滴的形状，在表面积缩小后更稳定，但很难自发达到这种状态，需要一个受力平衡后的稳定过程。因此说毛细管数是流体偏离其在表面张力作用下所呈现的静态外观形状时，形变作用力与其恢复能力的比值。在低毛细管数下，表面张力占据主要地位，液滴趋于形成球形。相反，在毛细管数较大时，黏滞力起主要作用，液滴容易变形，拉伸成不对称形状。

$$毛细管数 = \frac{流体黏度×特征剪切速率}{表面张力} \quad (2.11)$$

这里的特征剪切速率用来表征流体运动时不同位置的流速差异，在锂电涂布工序时可以用涂布速度来代表特征剪切速率用来分析基材运动带来的浆料剪切运动问题。

4）马兰戈尼数：表面张力梯度VS黏度与热扩散

马兰戈尼数（Ma）：温度引起的表面张力梯度，除以黏滞力与热扩散率乘积的比值。表征马兰戈尼效应的大小与发生的快慢。

$$马兰戈尼数 = \frac{单位温差引起的表面张力变化×温度差×流体特征长度}{黏度×热扩散率} \quad (2.12)$$

毛细管数应该较多描述的气-液两相流，马兰戈尼较多描述液液两相流。

5）雷诺数：惯性力VS黏滞力

雷诺数（Re）：流体惯性力与黏滞力的比值。在涂布工艺中对应着浆料从挤压涂布模头流出，冲击到移动的箔材减速过程中所形成的惯性力与箔材移动在流体内部的黏滞力之比。

$$雷诺数 = \frac{流体速度×管道直径×流体密度}{黏度} \quad (2.13)$$

一般来说，流体在管道中的流动状态可以分成两种类型：层流和湍流。当圆管中的流速较低时，流体平稳地沿轴向运动，无其他方向的流动，流体层次分明，称为层流。随着流速增大，原本平稳的流动便逐渐演化为杂乱无章的流动，即为湍流。雷诺数的大小反映了流体流动的湍动程度。雷诺数较小时，黏滞力对流场的作用大于惯性力，流场中流速的扰动会因黏滞力而衰减，流体流动稳定时为层流；反之，雷诺数较大时，惯性力对流场的影响大于黏滞力，流体流动较不稳定，流速的微小变化容易发展、增强，形成紊乱、不规则的湍流流场，如图2-36所示。

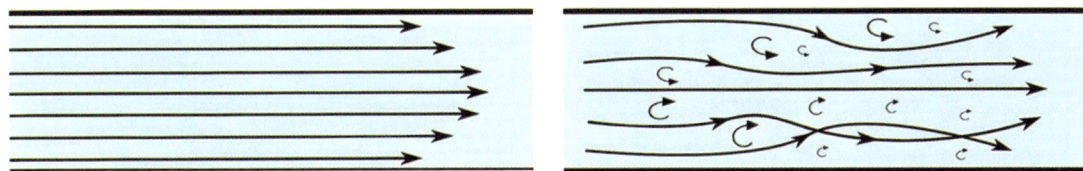

（a）低雷诺数流体的层流　　　　　　　　　　（b）高雷诺数流体的湍流

图2-36　雷诺数对层流、湍流的影响

流体内部介质之间的碰撞或混合越剧烈，湍动程度越大，内摩擦越大，流体的流动损失也就越大。当$Re≤2000$时，流体的流动类型为层流；当$Re≥4000$时，流体的流动类型为湍流；当Re在2000～4000范围内时，流体的流动类型可能是层流，也可能是湍流。

从微观层面解释，黏滞力其实是分子间引力导致的相互作用力，如果像唐诗中所言"飞流直下三千尺"，那么流体的惯性冲击力会导致流体分子冲破流体分子间引力的束缚，原来是一个整体的流体会散落一地，这就是高雷诺数流体的表现。若雷诺数很低，则流体的惯性冲击力很难突破流体分子间的相互作用，将始终保持一个完整形状，即表现出层流的特性。

在大雷诺数下的流体管壁内流动过程中，固体壁面附近的薄层黏滞力很大，容易在不移动的管壁和移动的流体间起到一个彼此"拉扯"的作用，导致从壁面近处到远处存在相当大的流速梯度，这一薄层被称为边界层。边界层以外的流体为湍流，而边界层以内的流体则是速度缓慢的层流。流体的雷诺数越小，其边界层越厚。而离固体壁面较远处，黏滞力就很难发挥作用，主要是流体的惯性力发挥作用。由于边界层的存在，飞机外壳上吸附的灰尘很难依靠空气动力去除。在锂电制造过程中的粉尘也很难靠"大力出奇迹"的大风量法除尘清除干净。

6）弗劳德数：惯性力VS重力

弗劳德数（Fr）：流体惯性力和重力的比值。在船舶航行中，$Fr<1$表示绝大部分船重由浮力平衡，即船舶处于排水航行状态；弗劳德数越大表示绝大部分船重由水动升力平衡，船舶处于全滑行状态。但弗劳德数在本书中主要是指颗粒上的离心力与重力的比值，表征颗粒在搅拌过程中的高速分散强度。

$$弗劳德数 = \frac{转子转速 \times 转子半径}{重力加速度g} \qquad (2.14)$$

本小节所述几个无量纲数的组合足以表征流体运动。以微通道内水-油两个混合流型为例，其流体形状完全可以用影响雷诺数、韦伯数和毛细管数三个无量纲数的分布区间来进行表征，如表2-2所示。

表2-2 微通道内水-油两个混合流型受各种无量纲数影响汇总

流　　型	雷诺数	韦伯数	毛细管数
滴状流	19.5 ～ 385.7	0.12 ～ 24.47	5×10^{-3} ～ 9×10^{-3}
弹状流	15.0 ～ 350.9	0.052 ～ 21.65	3×10^{-3} ～ 71×10^{-3}
并行流	123.9 ～ 309.9	1.87 ～ 23.11	28×10^{-3} ～ 73×10^{-3}
环装流	73.44 ～ 79.9	1.55 ～ 53.65	21×10^{-3} ～ 112×10^{-3}
不规则流	36.4 ～ 471.1	0.22 ～ 50.48	6×10^{-3} ～ 89×10^{-3}
弹状 - 环状流	316.4 ～ 436.2	19.32 ～ 38.77	61×10^{-3} ～ 89×10^{-3}
紊乱流	539.9 ～ 599.9	67.9 ～ 83.83	126×10^{-3} ～ 140×10^{-3}

3 粉体颗粒间的吸附与静电作用力

粉体是由数量极多、尺寸微小的颗粒所组成的集合体，可以被视为固体分散在气体中形成的一种特殊的分散体系，如图3-1所示。粉体颗粒间保持着独立性但又相互接触，使得粉体同时表现出流体和固体特性：

1）固体特性：粉体颗粒具有自身的粒度、密度以及相当的刚性；

2）流体特性：因为粉体颗粒间有表面吸附力（见3.1.1小节）、桥联力（见2.3.2小节中的液体桥联力与3.1.3小节中的固体桥联力）、静电作用力（见3.2.1小节）等，这些作用力相当于"长程化"液体分子间作用力，故而当粉体形成聚集的集合体时，便表现出类似液体可流动的一面。

粉体工程主要研究大小与分布、形状、比表面积、堆积特性、磁电热光等颗粒的体相性质；表面不饱和性、非均质性、表面能等颗粒的表面与界面性质；润湿类型、接触角与临界表面张力、亲液疏液性等颗粒表面的润湿性；表面电荷起源、颗粒表面电位与吸附特性等颗粒表面的动电性质。其涵盖了粉体颗粒的破碎、粉碎、分级、贮存、充填、输送、造粒、混合、过滤、沉降、浓缩、集尘、干燥、溶解、析晶、分散、成形、烧成等过程。

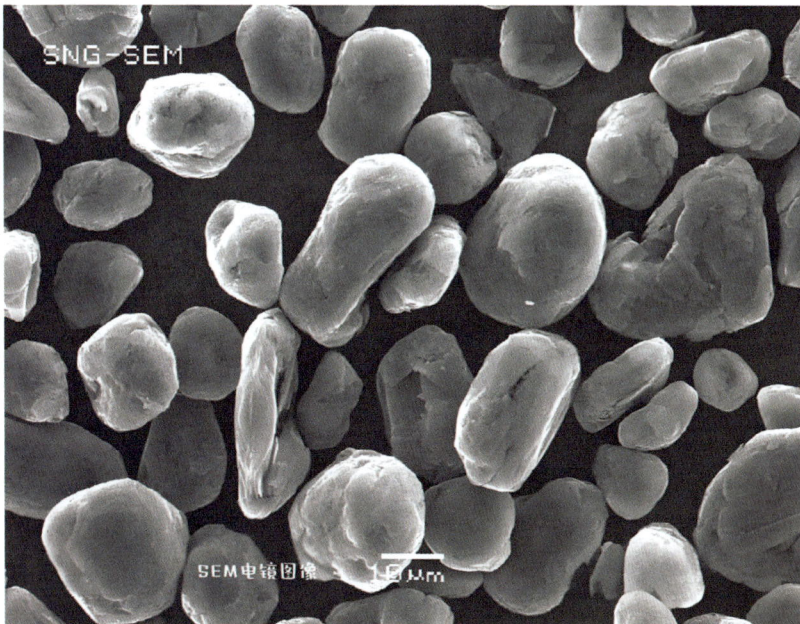

图3-1　SEM电镜下的粉体形貌图

3.1 表面张力、表面能与比表面积：显著影响粉体在空气中的吸附力

人类最初认识到的表面现象是从液体表面和固体表面开始的，例如毛细现象就是由液体表面性质引起的，而吸附现象则与固体表面有关。这些表面现象是理解和控制粉体行为的重要因素。

3.1.1 粉体的粒径与比表面积大小决定了其表面效应强弱

一、粒径表示形式

粉体颗粒的形状和尺寸是影响粉体流动性、颗粒间相互作用的重要因素，对粉体颗粒进行描述时最重要的就是其形状和尺寸，颗粒的大小被称为"粒径"，又称"粒度"或者"直径"。粉体颗粒粒度及分布与其烧结、破碎、筛选等工艺密切相关。一般来说，材料颗粒粒径并不完全均匀，往往呈正态分布。用于表征粒径大小的参数包括D_{10}、D_{50}、D_{90}、D_{max}，其具体定义如下：

1）D_{50}：一个样品的累计粒径分布百分数达到50%时所对应的粒径。物理意义是粒径大于它的颗粒占50%，小于它的颗粒也占50%，D_{50}常用来表示粉体的平均粒度。

2）D_{90}：一个样品的累计粒径分布数达到90%时所对应的粒径。其物理意义是粒径小于它的颗粒占90%。D90常用来表示粉体粗端的粒度指标。

3）D_{10}：一个样品的累计粒径分布数达到10%时所对应的粒径，其常用来表示粉体细端的粒度指标。

4）D_{max}：样品中最大的颗粒粒径。最大的颗粒粒径一旦超标，容易在涂布过程中造成大颗粒划痕与断带等问题。

二、比表面积与粒径的关系

颗粒表面大小即表面积，表面积可以通过颗粒分割（减小粒度）和生成孔隙而增加。比表面积（SSA）是单位质量（体积）的样品中所有颗粒的表面积之和，其大小与颗粒的粒径、形状、表面缺陷及孔结构密切相关。几何学告诉我们，在相同的体积下，圆球形的颗粒具有最小的表面积。一般将物质分散成细小颗粒的程度称为分散度。将一定大小的物质分割得越小，其分散度越高，比表面积越大。例如，将边长1 m、体积1 m^3的立方体逐渐分割成小立方体时，比表面积增长情况如表3-1所示。

表3-1 比表面积与分割数量关系

边长 /m	体积 /m^3	比表面积/(m^2/m^3)	边长 /m	体积 /m^3	比表面积/(m^2/m^3)
1×10^{-2}	$\times 10^6$	6×10^2	1×10^{-7}	10^{21}	6×10^7
1×10^{-3}	$\times 10^9$	6×10^3	1×10^{-9}	10^{27}	6×10^9
1×10^{-5}	10^{15}	6×10^5			

从表3-1可以看出，当将边长为1 cm的立方体分割成1 mm的小立方体时，其比表面积增长了十倍。如果这个分解的过程中没有能量损失，那么将材料分解成小块所需要的能量与小块材料表面所增加的能量相等，即表面能增加。也可以将固体表面能定义为将固体材料分解成小块，破坏其内部化学键需要消耗的能量。达到纳米级的超细微颗粒具有巨大的比表面积，纳米材料也因此展现出许多独特的表面效应（例如量子隧道效应等纳米材料特性），例如特殊的熔点、导电性能等物理性质（令人闻之色变的新冠病毒尺寸为100 nm）。根据粉体颗粒的平均尺寸可以将其分为五个层次：粗粉体（>0.5 mm）、中细粉体（0.074～0.5 mm）、细粉体（10～74 μm）、微粉体（0.1～10 μm）、纳米粉体（<100 nm）。

三、目数与粒径间的换算关系

振动筛可以筛分不同规格的物料，通常放在破碎机械后用于控制出料粒度。目数是指在一平方英寸（6.4516 cm²）上的筛网孔数，目数较多则代表同一尺寸内的筛网越小、筛孔越多，举例：100目则代表在一平方英寸的筛网有100个筛孔。因此也可以用目数来表征颗粒大小，目数与粒径的对照关系如表3-2所示。

表3-2 目数与粒径对照表

目　数	粒径/μm	目　数	粒径/μm
2	8000	20	830
3	6700	50	270
4	4750	100	150
5	4000	200	75
6	3350	500	25
7	2800	1000	13
8	2360	2000	6.5
10	1700	10000	1.3

四、锂电材料的粒径与比表面积

比表面积是粉体材料，特别是超细粉和纳米粉体材料的重要特征之一。粉体的比表面积越大，其表面效应，如表面活性、表面吸附能力、催化能力等越强。由于电芯的电化学反应大多集中在正负极材料颗粒与电解液的界面上进行。比表面积越大，在电解液能够充分润湿的前提下，正负极材料颗粒与电解液的界面也越大，在充放电过程中脱嵌锂离子的化学反应也就越容易进行。所以材料的比表面积大时，电池的倍率特性较好；但比表面积太大时，表面效应副反应（例如电化学中SEI膜的产生）也随之增大。各类正极材料的粒度和对应比表面积分别如表3-3所示。

表3-3   正极材料标准中粒度与比表面积

粒　　度		$D_{50}/\mu m$	$D_{10}/\mu m$	$D_{90}/\mu m$	$D_{max}/\mu m$	比表面积/（m²/g）
钴酸锂	常规性	7.0～13.0			≤ 50.0	0.15～0.5
	高倍率型	4.0～8.0			≤ 40.0	0.3～1.0
	高压实型	10.0～25.0			≤ 70.0	0.1～0.4
	高电压型	10.0～25.0			≤ 70.0	0.1～0.4
镍酸锂		5.0～10.0	≥ 1.0	≤ 30.0		0.3～0.7
镍钴锰酸锂		5.0～10.0	≥ 2.0	≤ 30.0		≤ 1.0
镍钴铝酸锂		4.0～18.0	≥ 1.0	≤ 30.0		≤ 0.7
磷酸铁锂		2.0～5.0			≤ 10.0	≤ 20.0
锰酸锂/富锂锰基		5.0～14.0			≤ 100.0	0.4～1.2

在锂电制造过程中，粉体大小通常处于微米级，将很多锂电粉体材料（例如硅）的粒径减小至纳米级时将释放电芯充放电过程中的结构应力。纳米颗粒具有较大的比表面积和表面能，活性很高；但其极易发生团聚，进而失去原有的纳米性质（见5.2节）。将锂电粉体粒径与沙子粒径进行比较，沙子根据粒径大小可以分为细沙、中沙和粗沙，细沙的平均粒径为0.125～0.25mm，即细沙粒径是锂电粉体材料粒径的十倍以上。

导电剂通常是具有较大比表面积的碳材料，如炭黑、碳纳米管、石墨烯等；因为导电剂比表面积越大越容易接触电子，让电子更加容易被首尾相连起来的导电剂"导走"。但从工艺角度来说比表面积越小越好，因为越小的比表面积表面能越小，越不容易因为表面能的相互作用而发生团聚。

3.1.2　天空为什么是蓝的？小颗粒会散射特定波长的光：粒度仪原理

"蓝蓝的天空银河里，有只小白船。"大气对太阳光的散射作用，使我们看到的天空呈现蓝色，地球表面被大气包围，当太阳光进入大气后，空气分子和微粒（尘埃、水滴、冰晶等）会将太阳光向四周散射。太阳光由红、橙、黄、绿、蓝、靛、紫七种色光组成，红光波长最长，紫光波长最短。波长较长的红光等色光透射性最大，能够直接透过大气中的微粒射向地面，而波长较短的蓝、靛、紫等色光，很容易被大气中的微粒散射。在短波波段中蓝光能量最大，散射出来的光波也最多，因此我们看到的天空呈现出蔚蓝色。

（a）散射光与入射光频率相同的瑞利散射　　　　（b）散射光与入射光频率不同的拉曼散射

图3-2　弹性散射与非弹性散射原理示意图

散射是指光子与空气中的分子或悬浮粒子弹性碰撞之后发生了行进方向改变，偏离原方向的光被称为散射光。散射分为不与粒子交换能量的弹性散射，以及与粒子交换能量的非弹性散射，如图3-2所示。弹性散射又可概分为瑞利散射（Rayleigh scattering）和米氏散射（Mie scattering）；非弹性散射可分为拉曼散射（Raman scattering）和布里渊散射（Brillouin scattering），如图3-3所示。

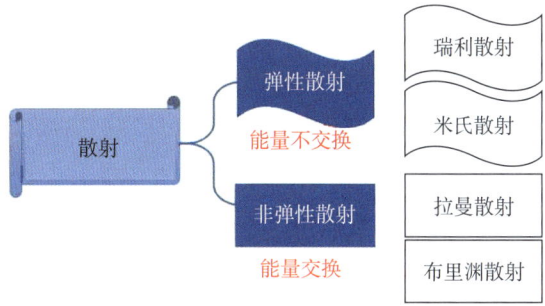

图3-3　各种散射作用分类

瑞利散射是指当光照到直径比光波长小很多的粒子（大气中的氧分子和氮分子）时，光会向四面八方散射，且光的波长越短，散射强度越大（散射强度会与波长的四次方成反比）。而米氏散射是指光照到直径跟光波长相当，或是比光波长还要大的粒子（烟雾，液滴，尘埃）时，光主要会沿着原本行进的方向进行散射。

激光粒度仪（图3-4）的测试原理是根据颗粒能使激光产生散射这一物理现象来测试粒径分布。根据米氏散射原理，散射光的强度代表该粒径颗粒的数量。故当测试不同角度上的散射光的强度，就可以得到样品的粒径分布，测试结果以粒径分布数据表（包括D_{10}、D_{50}、D_{90}）、分布曲线、比表面积等显示。

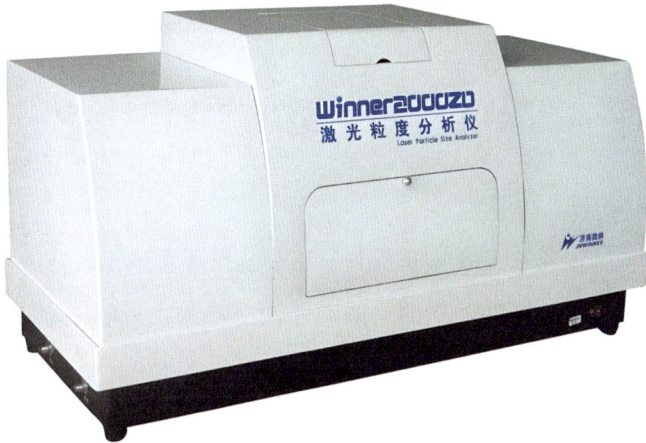

图3-4　激光粒度分析仪实物图

电极浆料本身并非均一溶液，其是由数量巨大的小颗粒悬浮在水中而形成的悬浮液。其中一些颗粒的粒径可能在几百nm（如4.2.2小节的SBR乳胶粒子），这个大小刚好跟可见光的波长差不多，处在可见光的弹性散射范围内。如果浆料混合不均匀，导致小颗粒上浮在浆料表面，则浆料会散射可见光，这种悬浮液中的散射现象即乳光现象（亦称丁达尔效应）。其中波长较短的蓝光散射强度大，可以被肉眼看到，因此出现浆料飘蓝现象，浆料飘蓝说明浆料结构不稳定。

稳定性分析仪也是利用上述多重光散射原理，当样品中颗粒浓度较低时，经过多个颗粒散射后仍能透过样品的光为透射光，无法透过的光为散射光；光的强度可以表征颗粒的浓度（体积分数）和粒径。设备就是利用两个探头，从待测浆料的上层扫描到下层，并得出透射光和散射光波长随浆料高低位置变化的曲线，从而得出浆料的稳定性动力学指数（Turbiscan Stability Index, TSI）。

3.1.3　粉体表面效应强弱的最主要标志：吸油、吸水、吸灰的能力

温故而知新、构建知识图谱：

2.1.3小节：极性分子的表面张力大于非极性分子的表面张力。

2.1.2小节：固体和液体的表面会产生表面能，表面能有自发缩小的趋势。

一、固体表面能决定吸附力

一切物质都是由分子或原子组成的，而原子构成了分子的基础。我们的活性物质与导电剂都是由成千上万个原子分子紧密排列而成的（即晶体），这里的成千上万不是约数，因为原子分子的量级是埃米，而锂电粉体颗粒大小量级是微米，刚好量级差了一万倍或几万倍。

气态的原子和分子可以自由运动。而材料为固态时，原子由于相邻原子间的静电引力而处于固定位置。但固体最外层（或表面）的原子比内层原子周围具有更少的相邻原子。这种最外层原子的受力失衡导致了表面能的产生。固体表面的原子与液体一样，受力都是不均匀的，但它不像液体表面分子可以移动。因此，大多数固体比液体具有更高的表面能。

由于粉体的粒径越小表面能越大，故很多纳米材料具备极高的活性，例如石墨烯、碳纳米管和纳米金等。黄金本来是一种不活泼的金属，但纳米化的黄金具备很高的活性，这就是比表面积放大带来的表面能效应。

在一般情况下，吸附被定义为在一个表面附近富集分子，原子或离子的现象。在气-固系统的情况下，吸附发生在邻近固体表面的结构上。发生吸附的固体材料称为吸附剂：处于被吸附状态的物质称为吸附质。物质能量都有自动趋向降低、保持稳定的特点。一般物体为降低自身体系能量，总会去吸附一些表面张力比自己低的物质，比如灰尘、有机物、气体等。物体A跟物体B黏附后，总体表面能的减少量叫附着功，如式（3.1）和图3-5所示。

$$附着功=A的表面能+B的表面能-AB吸附后的表面能 \qquad (3.1)$$

附着功还有另外一种表现形式，即吸附后减少了固体表面能所释放出来的热量（能量守恒定律），其被称为吸附热。吸附热越大，固体的吸附能力越强。与之类似，也可采用润湿热来表征固体与液体间的润湿性，润湿热越大，润湿性越好。

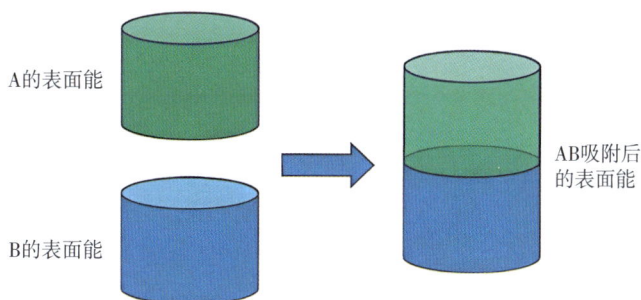

图3-5　附着功与表面能的关系示意图

具体的吸附现象举例如下：

1）吸附水滴。例如喝完的矿泉水瓶子上总是吸附着几滴水。不粘锅之所以不粘，就是因为其涂覆了一层表面能很低的物质（例如铁氟龙），这样低表面能的物质就不会吸附其他物质了。

2）吸附有机物。例如衣物总是沾上油之类的低表面张力的物质。正因为金属等高表面能的物质能吸附油这种低表面能物质，我们才能利用机器零件对油的吸附作用形成一种油层保护膜，避免金属零部件与金属直接接触，从而缓冲了摩擦力，油层起到了润滑作用。

3）吸附金属块。新断开或新打磨的金属断口表面能很高。打磨后的两个铅块，只要相互接触的表面积足够大，其表面能甚至能克服铅块的重力不下坠；如果两个铅块不能吸附在一起，则说明铅块吸附了灰尘和油污等，需要重新进行打磨；再如将打磨后的金板和铅板压到一起，保持足够的时间，二者会完全黏着在一起。

4）吸附灰尘。例如东西放时间长了会发现有灰尘附着，这是因为灰尘附着降低了物体的表面积，从而降低了物体的表面能。所以洁净车间里的工衣、墙面和地面要减少表面能，尽可能少吸附灰尘。而载人登月面临的其中一项难题就是要解决直径小于20 μm的月尘颗粒静电吸附问题。

5）吸附水蒸气等气体。固体表面吸附周围气体分子（图3-6），造成固体表面的气体或液体的浓度高于其本体浓度，因此测量气体吸附量能得到固体的比表面积。由于正负极活性物质大多是微米或纳米级颗粒，极易吸收空气中水分子潮解，比表面积越大越容易吸水。而水分对锂离子电池的性能影响很大，因此在电芯的多个生产工序中分别要对正负极片、电芯进行烘烤和湿度管控，尽可能去除其中的水分。

6）粉体颗粒在溶液中相互吸附，发生团聚（见5.2节）。

二、导电剂的吸油值性能评测指标

由于比表面积越大吸油能力越大，导电剂的吸油值可以作为性能评测指标。吸油值是指每100 g粉体所吸收的精制亚麻油的体积（单位为mL）。普通炭黑的吸油值一般不超过100，普遍在45～95 mL之间；导电炭黑吸油值普遍较高，在290 mL左右。吸油量的大小与粉体的粒径分布、颗粒形貌、分散与凝聚程度、比表面积、极性与非极性等特性有关。

表3-4   常见导电剂比表面积与吸油值参数

导电剂类型	传统导电剂		新型导电剂		
	导电炭黑 Super P	导电石墨 SFG6	气相生长碳纤维 VGCF	碳纳米管 CNTs	石墨烯 GrarH ene
颗粒尺寸	粒径 40 nm	粒径 3～6μm	粒径 150 nm	粒径 10 nm	厚度 <3 nm
比表面积 /（m²/g）	60	17	13	200	2630（最大理论值）
吸油值 /（mL/100g）	290	180	—	420～440	>2000

从表3-4可以看出，导电剂的粒径最小与新冠病毒粒径相仿了，这是因为导电剂颗粒越小越有可能在活性物质颗粒表面形成弥散分布的薄层。而活性物质颗粒粒径是导电石墨的10～200倍。

三、颗粒间的固体桥是怎么形成的

打磨后的金板和铅板会完全黏着在一起，说明机械压制、热压等处理可能使粉体层内颗粒间接触面消失。通过机械操作，在颗粒间的接触面上会产生能量级的提高，足以克服分子间的相互作用。因为在被压缩颗粒中有较广的能量分布，有一些区域的能量高到足以破坏已有的结晶，将结晶态转变成无定形的液态，颗粒会发生固化和重结晶（可以理解为物理吸附和化学吸附的共同作用结果）。此时颗粒间固化和重结晶的部分就叫作固体桥，形成的连接力就是固体桥联力（可以与2.3.3小节中液体桥联力对应作比较）。很多强黏结剂也会跟固体间形成固体桥。

固体桥的强度与颗粒内部强度相当。机械方法或其他方法均无法将这些聚结体分开为原来的颗粒。欲使之分离必须将固体桥破坏，但被分离的颗粒和原来的已经不一样了。这就是固体桥与上面所提到的颗粒间相互作用的明显区别，通过颗粒间相互作用所形成的聚结体则可以被分离为原来的颗粒。

四、活性炭的比表面积比石墨大1000倍，故可做净化器滤芯

石墨是碳的单质，无孔。活性炭是直接通过用木材、椰壳等进行碳化、造孔处理得到的具有良好吸附能力的混合物，加上材料有很多裂纹和裂缝，活性炭的表面积可以大于1000 m²/g，是负极石墨材料 1000倍，当然，这一数值还达不到石墨烯的比表面积程度。石墨烯的理论比表面积为2630 m²/g，而石墨材料粒径D_{50}约为10～20μm，比表面积约为1 m²/g。导电剂粒径比石墨小，其粒径D_{50}从纳米层级到微米层级，比表面积一般都大于50 m²/g。

负极石墨的表面张力高达485达因/厘米（对比一下铜箔、铝箔等固体的表面张力仅为30～40达因/厘米），所以名家字画上的墨迹可以浸润吸附在纤维上（例如纸张和纤维类黏结剂）千年不掉。固体颗粒的比表面积越大吸附能力越强，所以表面效应和吸附能力极强的粉末活性炭可以用来做很多净化装置的滤芯。石墨容易被非极性物质污染，被污染的石墨疏水性更强，对水的亲和性更低，更容易团聚，通过烘烤可去除其表面油性物质。

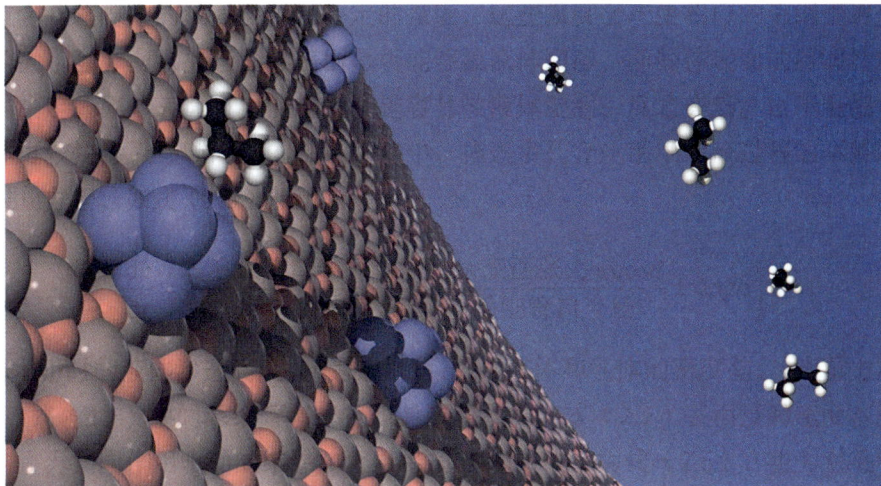

图3-6 固体对气体的吸附作用示意图——纳米级形貌

五、如何保障固体表面的吸附能力

固体的吸附力不是无限的，以下有许多生活中的例子可说明：

1）在口罩被佩戴了一天后，其已经吸附了大量灰尘、病毒和水分，表面吸附能力下降；此时不能用水清洗口罩只能更换，因为用水清洗会导致口罩表面的静电消失而失去吸附能力。

2）金属表面吸附了油污后，或清洁度不足也会造成表面能的下降，所以在车间中要严格遵守规范，不要用表面带有油污的手随意接触材料，这样会降低金属的表面张力，造成电芯金属外壳包蓝膜不良、铜箔/铝箔跟浆料黏结力下降等问题。

3）如果手机的屏幕表面有指纹等油污，手机屏幕的表面能降低，此时如不清除表面脏污往往会发生贴膜缺陷。

4）为了确保铜箔/铝箔对活性物质的黏结力，需要对铜箔/铝箔来料做达因值检测。有时也通过物理法（等离子体处理、电晕放电处理等）处理铜箔/铝箔表面，这样可铜箔/铝箔的表面能至原本的两倍左右。

5）为了提高电芯与结构胶的黏结力，电芯各黏结面都可以采用等离子清洗。等离子清洗是利用等离子体的高能量，将表面的高分子有机物的分子链打断，使其形成小分子链，而后进一步断裂形成H_2O与CO_2，最终使得分子气化的过程。在此过程中残留的分子将产生一些极性基团，增加其表面能。故等离子清洗工作过程可认为是将有机物气化的过程，其可有效提高电芯外壳金属或铜箔/铝箔的表面能。

3.1.4 气体吸附量正比于表面积：测量粉体表面积大小的气体吸附法

温故而知新、构建知识图谱：

3.1.3小节：物体为降低自身体系能量，总会去吸附一些表面张力比自己低的物质。

对于固体多孔材料来说，单位质量的表面积（即比表面积）是重要的物理参数，比表面积是如何进行测量的呢？现实中比表面积的测试方法主要有吸附法和透气法。吸附法的吸附质可以是碘、汞和气体，也可以是两种吸附质（例如气体和汞）的结合以提高多孔材料表面积测量的精度和范围，目前广泛应用的吸附质是氮气。

气体吸附法测量粉体表面积是物理吸附过程，对应的逆过程是脱附。防毒面具对有毒气体的吸附也是这个原理。在脱附过程中，如果温度提高，分子热运动增加，能量大的气体分子可以挣脱掉束缚力脱离粉体表面，吸附量逐渐减小；如果气体压力提高，气体分子也会以更加剧烈和频繁的无规则热运动碰撞固体表面，表面吸附量会以非线型曲线增加。故固体表面对气体的吸附量不仅仅是粉体表面积的函数，还是温度、压力、气体（吸附质）和表面（吸附剂）作用能的函数。我们在恒定温度下，可以用平衡压力对单位质量吸附剂的吸附量作图，吸附量对压力变化的曲线就是特定固-气表面的吸附等温线，如图3-7所示，从吸附等温线中可以获取吸附剂和吸附质的性质信息，也可以计算粉体的表面积和孔径分布（类似的图表显示方式还有吸附等压线、吸附等量线等）。

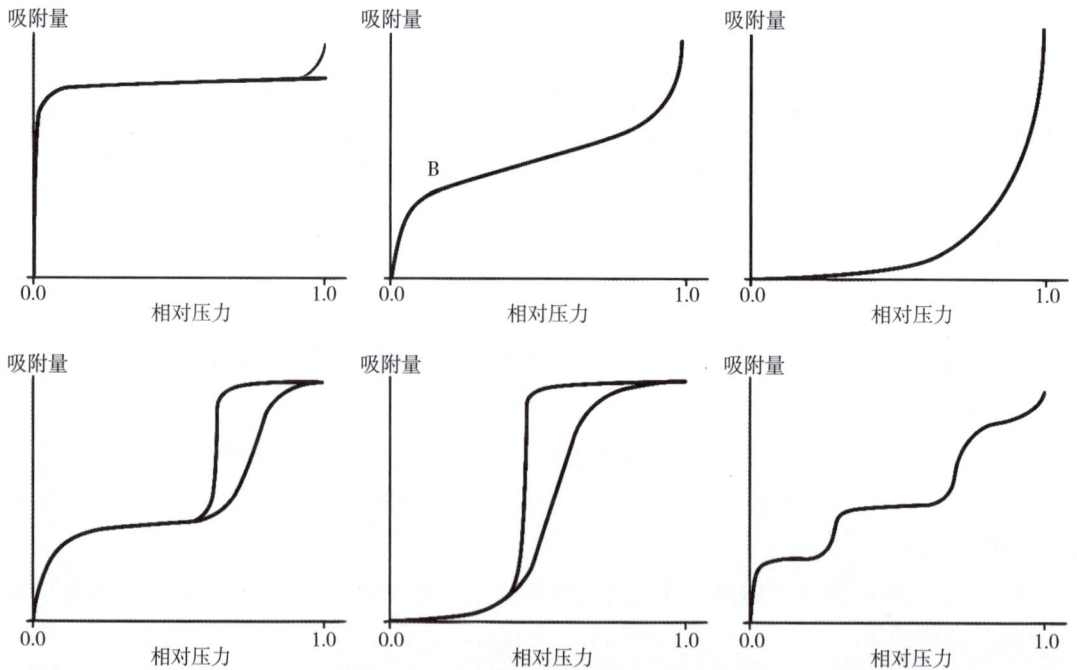

图3-7 吸附量与相对压力构成的吸附等温线

因为多数气体和固体之间的相互作用微弱，为使其吸附量足以覆盖整个表面，必须将表面充分冷却到气体的沸点温度以下。如图3-8所示，当气体以一个原子厚度全部覆盖表面后（单分子层气体），对冷气体的吸附并没有停止，因为任何分子间都存在作用力。随着相对压力的提高，超量的气体被吸附从而构成"多分子层"，进而可能进一步液化而填满整个孔道，多层吸附与气体的凝聚相似。多分子层吸附理论最著名的是BET方程（有兴趣的读者可自行查阅）。

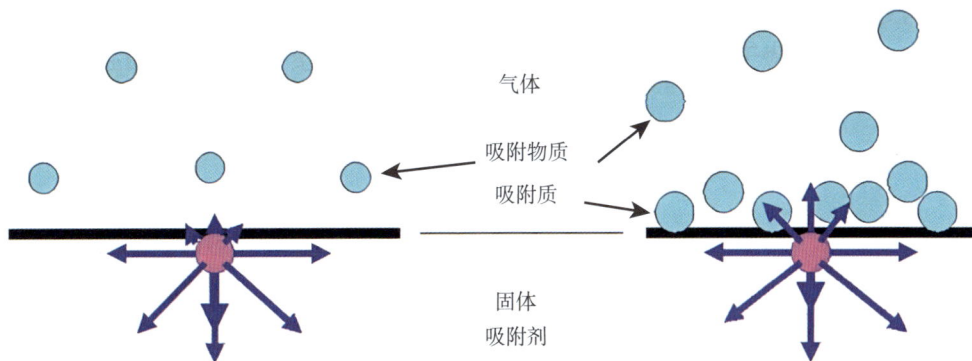

图3-8 吸附剂与吸附质作用示意图

为了达到上述目的，首先要将粉体样品进行真空脱气，对样品表面进行清洁：如果用氮气作为分子探针（尺子），需要随后将样品连同样品管称重后放入液氮中（-273℃），有控制地通入已由压力传感器计量的氮气，用压力计测量吸附达到平衡时的平衡吸附压力，同时测量样品吸附的气体量（图3-9）。最后将平衡吸附压力和吸附的气体体积代入BET方程式，计算求出粉体试样的表面积。因此又叫液氮BET法，此测试方法和步骤参考GB/T13390—2008。

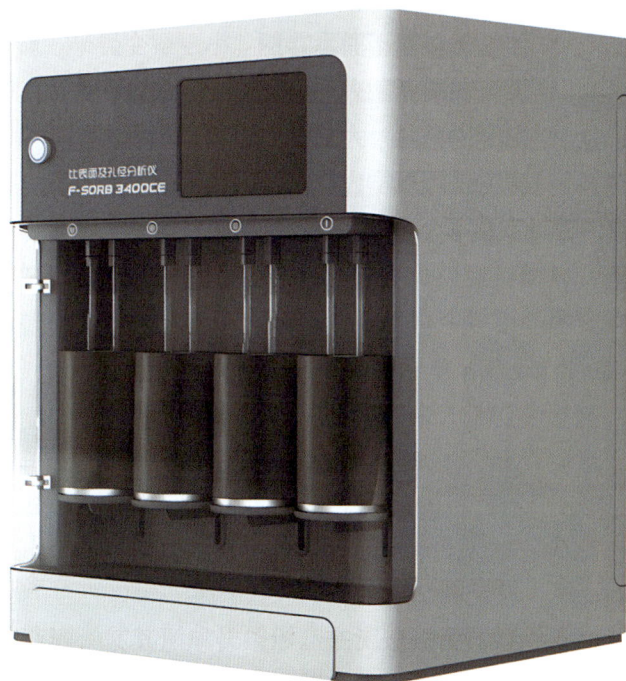

图3-9 全自动氮吸附比表面测量仪

这里特别说明一下，由于氮分子能进入到很小（纳米以下）的孔中，而电解液却不能进入如此小的孔。所以由BET法测试的锂电材料比表面积中往往包含有一部分对电化学反应无用的表面积，该数值通常比有效表面积大。

3.2　固体颗粒间在空气中的静电作用力

3.2.1　颗粒间静电作用力及锂电制造中的静电现象

一、接触起电与摩擦起电

原子由带负电荷的电子和带正电荷的质子构成。在正常状况下，一个原子的质子数与电子数相同，正负电荷平衡，所以对外表现出不带电的性质。但是电子环绕于原子核周围，容易受到外力作用脱离轨道，造成原子电荷不平衡，这个外力包含各种能量（如动能、位能、热能化学能等）。在日常生活中，任何两个不同材质（即原子核对电子束缚力不同）的物体接触后再分离，会使得一个物体失去一些电子使其带正电，而另一个物体得到一些电子带负电。若在分离的过程中电荷难以中和，电荷就会积累使物体带上静电，如图3-10所示。

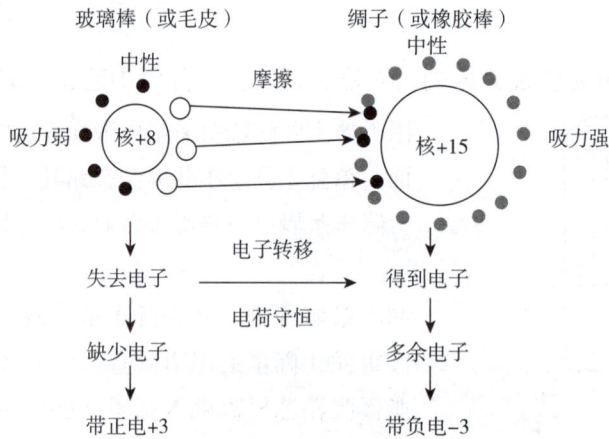

图3-10　摩擦后的玻璃棒和橡胶棒间的电荷转移

值得注意的是，颗粒间的静电作用力是可以通过一定距离相互作用的；而前面所论述的吸附等分子间作用力通常也具有类似静电作用力性质，但分子带电荷量有限，故构成表面能的分子间相互作用力只有在很小的作用距离内起作用。

在日常生活中，冬天脱衣服产生的静电是"接触分离"起电的实例。固体、液体甚至气体都会因接触分离而带上静电。我们都知道摩擦起电而很少听说接触起电，实质上摩擦是一个不断接触与分离的过程，因此摩擦起电实质上是接触分离起电的连续化过程。摩擦的速度越快或分离的速度越快，电荷的积累就越大，因为分离缓慢可能导致不同表面上的电荷部分相互中和。

当两个不同的表面分开时就会形成电荷。如果表面没有接地，电荷就会积聚到很高的水平。静电问题在空气干燥的冬季比在相对湿度较高的夏季要普遍得多，许多行业的产品性能因此会在冬季会下降。这是因为空气中的湿度会导致湿气吸附在固体表面，从而提高其导电性，表面静电荷也因此消除。而冬天室内干燥，物体容易保持表面静电，故冬天里的静电能让人经常在家里"触电"。

粉体的剧烈运动，尤其是在混合过程中颗粒间以及颗粒与器壁、工具间发生非常频繁的碰撞时，都会发生表面电荷的传递。如果各颗粒间的接触点在粉体层的运动中遭到破坏，分离的颗粒会分别带上正负电荷。此后带电颗粒再次碰撞时，颗粒间的接触点正好落在同一位置而电荷中和的概率相当小，因此每次或几乎每次碰撞都会产生颗粒间新的电荷传递。此过程连续进行，可导致颗粒表面上所带电荷的连续增加，所以粉体的剧烈运动会造成静电累积，如图3-11所示。

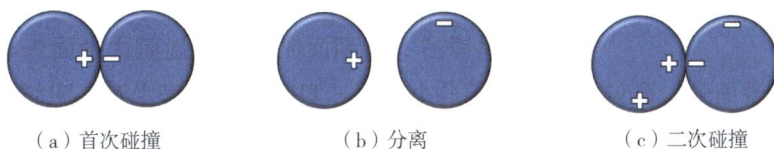

（a）首次碰撞　　　　　　（b）分离　　　　　　（c）二次碰撞

图3-11　粉体摩擦中电荷的形成与累积

二、锂电制造中的静电现象

当物体产生的静电荷越积越多，形成很高的电位时，与其他不带电的物体接触时，就会形成很高的电位差，并发生放电现象。当电压达到300 V以上所产生的静电火花，即可引燃周围的可燃气体、粉尘。静电现象大量存在于我们的生活及锂电制造实践中（图3-12），一些锂电制造中常见的静电现象或静电作用有：

1）粉体在研磨、搅拌、筛分等工序中高速运动时，粉体与粉体之间，粉体与管道壁、容器壁或其他器具、物体间产生碰撞和摩擦而产生大量的静电，轻则妨碍生产，重则引起爆炸。

2）设备受到大面积摩擦和挤压，如传动装置中皮带与皮带轮之间的摩擦，致使静电荷聚集放电，造成火灾危险。

3）一般可燃液体都有较大的电阻，在灌装、输送、运输或生产过程中，由于相互碰撞、喷溅，或者与管壁摩擦或受到冲击时，都会产生静电。特别是当处于液体内没有导电颗粒、输送管道内表面粗糙、液体流速过快等情况下，都会产生强烈摩擦，所产生的静电荷如果再没有良好的导除静电装置，便积聚电压发生放电现象，极易引发火灾。

4）静电会妨碍生产或降低产品质量。静电使薄薄的隔膜打皱或黏附；使电芯制造的套膜工序（Mylar）可能一次抓取多张塑料包胶薄膜；在BMS等电子产品的生产和组装过程中，静电容易导致半导体被击穿而损坏电子器件；在粉体加工和投料过程中，静电使粉体吸附于设备上，影响粉体的过滤和输送。所以车间里需要使用离子风、静电毛刷、除静电棒、静电手环、防静电服、防静电帽等措施来消除静电影响。

图3-12　车间工服与劳保鞋上的防静电标志

5）有时候我们也要利用静电的证明影响。例如干法电极静电喷涂沉积工艺（见1.2节）就是利用静电的吸附原理，通过增大颗粒表面静电增加喷涂颗粒在金属箔材上的吸附力。湿法电极工艺中的活性物质、黏结剂和铜箔/铝箔（涂布的基材）的表面静电，也能够提高一定的基材附着力。

三、固体颗粒的静电作用力与大气"晴天霹雳"的原理完全一致

打雷和闪电都是一种自然现象，人们都已经习以为常，一个中等强度雷暴的功率可达一万千瓦，相当于一座核电站的输出功率。其实打雷闪电的形成原因，也跟空气中水蒸气与灰尘的表面静电有关，与我们本小节介绍的颗粒间静电作用力现象原理是完全一样的，对大气中雷电现象的理解有利于我们认识固体颗粒间的这一"晴天霹雳"。

大气中水汽凝结凝华而形成的微小水滴、过冷水滴、冰晶、雪晶等，单一或混合将组成形状各异飘浮在天空中可见的混合体——云。云的宏观特征、量的多少，在天空中的分布状况和演变，都能够显示出当时大气运动、温度状态、稳定程度和水汽状况，也是预示未来天气演变的主要征兆之一。

气流在雷雨云中也会因为水分子的摩擦和分解产生静电。这些电分两种，一种是带有正电荷粒子的正电，一种是带有负电荷粒子的负电。正负电荷会相互吸引，就像磁铁一样。正电荷在云的上端，负电荷在云的下端，吸引地面上的正电荷。云和地面之间的空气都是绝缘体，会阻止两极电荷的电流通过。当雷雨云里的电荷和地面上的电荷变得足够强大时，两部分的电荷会冲破空气的阻碍，相接触形成强大的电流。正电荷与负电荷就此相接触，当这些异性电荷相遇时便会产生中和作用（放电）。激烈的电荷中和作用会放出大量的光和热，这些放出的光就形成了闪电。

3.2.2　粉体投料中的流动性差异与结拱现象：颗粒在管道内的"交通堵塞"

温故而知新、构建知识图谱：本小节涉及的前述章节较多，在具体内容中进行插播论述。

一、影响粉体流动性的因素

粉体之所以流动，其本质是粉体中的颗粒受力不平衡。对颗粒受力分析可知，催动粉体流动的力主要是重力、旋转离心力等外力；阻碍粉体颗粒流动的主要是表面吸附力（见3.1.3小节）、桥联力（见2.3.2小节与3.1.3小节）、静电作用力（见3.2.1小节）。故粉体流动性与构成粉体的粒径大小与分布、形貌、表面粗糙度、粉体的孔隙率密度、温度、水分含量、表面电荷等性质有关。

1）粉体的堆积因子与粒径分布。由于粉体的运动过程其实是巨量孔隙和巨量颗粒不断向前"腾笼换鸟"的过程，需要孔隙来让后面的颗粒和前面的颗粒交换位置，故孔隙率越大，粉体流动性越好。而孔隙率太小就如同道路上行驶车辆太多，反而会堵死道路。有科学家用直径1/8英寸的钢球十分谨慎地进行填充实验，结果证实在可能获得的最紧密填

充中，单一粒径钢球的孔隙率为36.3%，后来人们将这种填充称为等大球的不规则填充，如图3-13所示。粒径分布越宽，小颗粒会填充在其余颗粒堆积的孔隙中间（填充效应），从而减少孔径和降低孔隙率，而大颗粒会占据较大位置，从而减少颗粒堆积的孔隙（占位效应），因此"大球之间的孔隙用小球填充"是最密实的粉体堆积状态，故粉体的粒径分布（PSD, Particle size Distribution）越大，其流动性越差。因此往粒径较大、流动性较好的粉体中加入粒径较小的粉末，能使其流动性变差。

图3-13　等大球的不规则填充示意图

2）粉体颗粒的粒径大小。粒径对粉体流动性有很大影响，当粒径减小时，表面能增大，颗粒间的相互接触面也会增大，粉体的附着性和聚集性增大，此时粉体的流动性主要取决于粉体颗粒间的静电与吸附作用力。粉体性质不同，流动性各异，颗粒内聚力大于自身重力所需的粒径被称为临界粒径，控制粒径大小在临界粒径以上，可保证粉体的自由流动。

3）粉体颗粒的形貌及表面粗糙度。当颗粒较大时，粉体流动性主要取决于粉体的形貌，球形颗粒的光滑表面能够减少摩擦力，表面粗糙的粉体颗粒往往流动性较差。

4）温度。热处理可使粉末的松装密度和振实密度增加。但是当温度升高到一定程度后，高温下粉体的黏附性明显增加，粉体的流动性会下降。当温度超过粉体熔点时，粉体会渐变成液体，使黏附作用更强。

5）吸收的环境水分。粉末处于干燥状态时，流动性一般较好；但如果过于干燥，则会因为静电作用增强导致颗粒相互吸引，流动性变差；水分的存在使粉体颗粒间的毛细管力增大（见2.3.3小节），使颗粒间的相互作用增强而产生黏性，流动性变差。

6）表面电荷。表面电荷的吸引和排斥力，会让本来重力或惯性力起主导作用的粉体，变得表面电荷作用起主导型作用，从而流动性变差。

在粉体材料的输送和装袋过程中，流动性强的粉体颗粒容易跑到前面去，将流动性差的粉料颗粒落在后面。上述的粉体流动性差异，会导致不同袋或同袋不同区域的粒径和质量比例出现偏析和误差。偏析就如同炒大锅菜的时候，肉和青菜由于运动特性而出现不同区域的分类聚集，大家打菜的时候每一勺的肉和菜比例会发生偏差。那些一个胶囊很多各种小颗粒的药厂，一般也会特别小心成分偏析导致药物出问题。有时为了避免成分偏析差异，可以先运用空气分级机对粉体粒径进行分级，然后再重新根据客户粒径要求进行二次粒径搭配装袋，空气分级机的原理类似于龙卷风对不同质量物体的分级。

二、粉体的结拱现象与改善措施

粉体材料有足够强度支持自身质量而固结在一起，使得流动中断，这种现象被称为结拱。结拱是粉体输送时的常见问题，会直接导致卸料口堵塞，阻止粉体持续流动。由于重力随着粉体在料仓中下落而逐步减少，而重力作用是投料仓中粉体下落的主要作用力，故投料仓中的最后的一部分尾料不容易在重力作用下克服粉体流动阻力，就如同"交通堵塞"一样各颗粒都彼此"卡位"不让后面的颗粒流动，如图3-14所示。

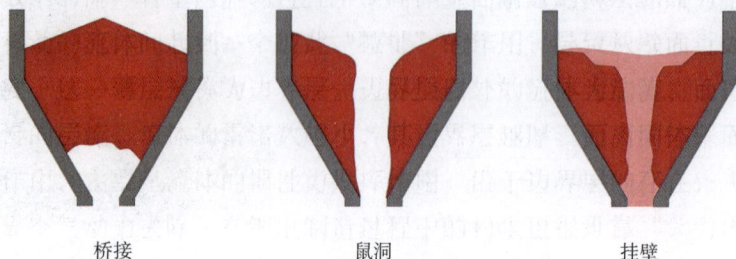

桥接　　　　　　　　鼠洞　　　　　　　　挂壁

图3-14　粉体流动性差的常见表现形式示意图

改善粉体流动性、避免结拱的解决措施主要有：

1）生产过程中物料不要存放太久，因为压实后，容易成拱。

2）物料不要受潮，受潮容易产生结拱。

3）流料仓设计时，料斗必须足够陡峭以便粉体能够沿斗壁流动，而且开口也要足够大，以防止形成料拱；另外，任何卸料装置必须在全开的卸料口上均匀卸料，避免颗粒流动偏向于出料口的一侧。

4）针对容易成拱的料仓可采用双曲线结构，因双曲线料仓壁为等截面收缩率，其壁面的变化呈指数曲线轨迹，壁面倾角是变化的，越接近出口倾角越大，粉料在下落流动的过程中阻力基本不变，从而可形成均匀的连续流不易起拱。

3.3　颗粒间吸附与静电作用力在溶液中的平衡

3.3.1　颗粒表面电荷吸引溶液中相反电荷的离子：双电层理论与Zeta电位

温故而知新、构建知识图谱：

3.2.1小节：固体与固体之间容易发生接触起电现象。

固体与固体之间的接触、固体与液体之间的接触均容易产生表面电荷，其根本原理是相同的。粉体颗粒带电荷的一般规律：由金属氢氧化物、金属氧化物所形成的颗粒带正电荷；非金属氧化物、金属硫化物所形成的颗粒带负电荷。颗粒表面所带的一层电荷，在表面附近溶剂中吸引了一层电荷量相等但正负号相反的离子，这些电荷相反的离子与颗粒本身构成了一个整体的电中性构造，如图3-15所示，相关理论称为Stern双电层理论（双电层指吸附层和扩散层）。

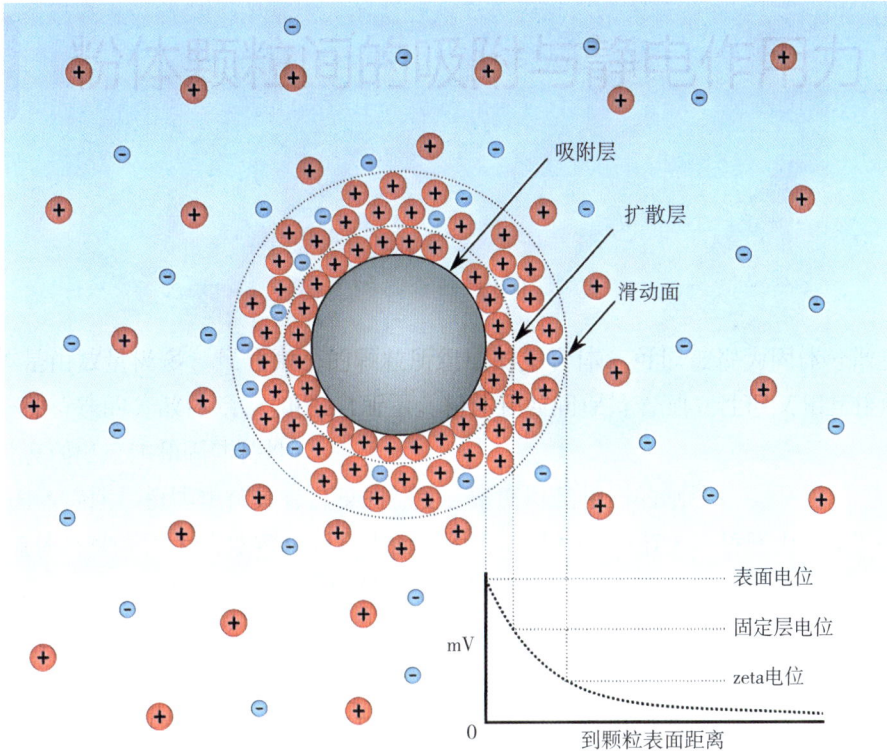

图3-15 Stern双电层模型示意图

1）吸附层

在颗粒表面电荷层的外面聚集了反号离子，其中一部分反号离子被紧密吸引在表面，称为束缚反号离子，形成了紧密的吸附层，亦称Stern layer，其厚度有几个分子厚度，从几纳米到十几纳米不等。吸附层的离子与颗粒表面距离近、密度大、静电吸引力强，与颗粒一起运动难以分离。

2）扩散层

扩散层是从吸附层外围起直到溶液浓度均匀处为止（离子浓度差为零），由水化反号离子所组成的较厚离子层，是颗粒对反号离子的吸附及反号离子的扩散运动两者共同作用的结果。这些反号离子由于本身的热运动和浓度差，自吸附层外围开始向浓度较低处扩散，因而与颗粒表面的距离较远，静电引力逐渐减弱（呈二次方关系减弱）。扩散层厚度一般是几纳米到几十纳米，常将其与吸附层的边界近似作为滑动面。

3）Zeta电位

Zeta电位（ζ-电位或ζ-电势）是指滑动面的电位，Zeta电位绝对值代表其大小，正负代表粒子带何种电荷。Zeta电位是双电层模型中极重要的参数，在实际测量时无法直接测得颗粒的表面电位，故一般采用间接测量方法。间接测量的方法主要有电泳法、电渗法、流动电位法以及超声波法，其中以电泳法（电泳仪）的应用最为广泛（图3-16）。

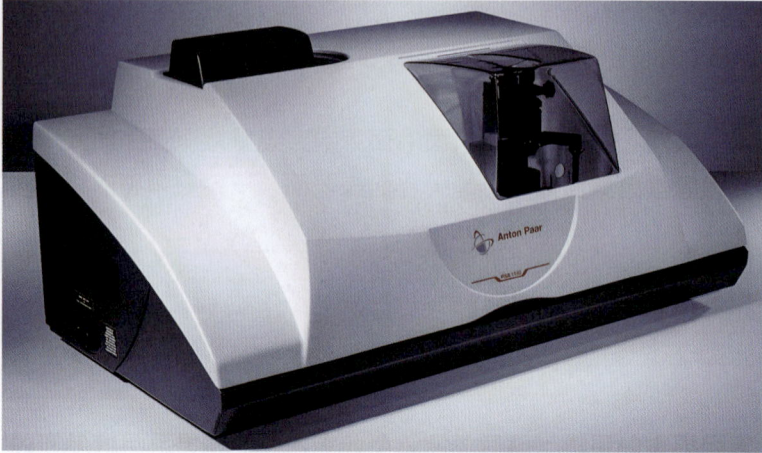

图3-16　Zeta电位分析仪

3.3.2　Zeta电位是颗粒在溶剂中稳定分散的关键：卤水点豆腐的原理

温故而知新、构建知识图谱：

3.3.1小节：颗粒表面的电荷会吸引溶液中相反电荷的离子，构成了双电层与Zeta电位。

同质颗粒的表面电荷符号相同，两个同质颗粒互相靠近时，其电荷层接触会产生一种排斥作用力，静电斥力是颗粒分散的关键因素。Zeta电位让颗粒有足够的静电排斥力，克服颗粒间的范德华力以维持稳定性。因此Zeta电位是对颗粒间相互排斥力强度的度量，是表征颗粒在溶剂中分散稳定性的重要指标。Zeta电位的绝对值（正或负）越高，颗粒表面上的静电荷越多，颗粒间能保持一定距离削弱和抵消范德华引力，分散体系越稳定，可以抵抗团聚。反之，Zeta电位的绝对值越低，即吸引力超过了排斥力，溶剂中的颗粒逐渐靠近，分散被破坏而发生团聚。Zeta电位与体系稳定性之间的大致关系如表3-5所示。

表3-5　Zeta电位与体系稳定性

Zeta 电位 / mV	分散稳定性
0 到 ±5	快速凝结或凝聚
±10 到 ±30	开始变得不稳定
±30 到 ±40	稳定性一般
±40 到 ±60	较好的稳定性
超过 ±61	稳定性极好

除了颗粒在溶剂中的自身表面电荷量影响Zeta电位外（表面电荷量越大，Zeta电位越大），影响Zeta电位的因素还有三个溶液相关的因素：溶液中无机盐提供的反号离子电价、反号离子浓度、pH值。

1）溶液中无机盐提供的反号离子电价

当颗粒吸附高电价反号离子时，由于高电价离子所带的电荷多，当颗粒表面的总电荷达到一定量时，吸附层中被反号离子中和的电量也多，故Zeta电位低，扩散层中的反号离子数目少，颗粒的扩散层更薄，从而粉体颗粒更易团聚。若颗粒吸附的是低电价反号离子，吸附层中被反号离子中和的电量少，Zeta电位高，扩散层中的反号离子数目多，颗粒的扩散层更厚，从而粉体颗粒更倾向于分散。

2）溶液中无机盐提供的反号离子浓度

反号离子浓度大，反号离子挤入吸附层的机会增大，降低了Zeta电位，分散体系由分散转化为团聚。同理，加入与颗粒表面电荷相反电荷的颗粒也能够将分散体系转化为团聚。

3）溶液pH值提供的H^+与OH^-离子浓度

不同pH值溶液提供的H^+与OH^-离子浓度不一样。当pH值为碱性时，OH^-浓度较大，表面带正电荷的颗粒容易被反离子OH^-浓度影响形成团聚；当pH值为酸性时H^+浓度较大，表面带负电荷的颗粒容易被反离子H^+浓度影响形成团聚。

卤水点豆腐就利用了这一原理，卤水是一些含盐的物质（如高电价的$CaCl_2$或$MgCl_2$），电解质在水中电离之后，就会改变反号离子电价和浓度，从而会影响豆浆中蛋白质颗粒的分散性。在豆腐的制作中，黄豆的分离物豆浆是不能形成豆腐的，因为此时的豆浆里的蛋白质颗粒还处于游离状态，这个时候就需用卤水将豆浆中的蛋白质颗粒团聚起来。加了卤水后的豆浆就会变成豆腐花，然后将豆腐花放在定型的容器里，压出水分就得到了我们常见的豆腐。这些钙盐、铝盐、镁盐也是絮凝剂的一种，絮凝剂的不同决定了豆腐的种类[嫩豆腐（南豆腐）和老豆腐（北豆腐）]。鸭血粉丝汤里的鸭血也是用新鲜鸭子血液做原材料，加入一定盐分后即可快速凝聚沉降成豆腐状的鸭血。

同样的道理，锂电制造中的浆料非常害怕电解质。在浆料中，颗粒与颗粒之间由于相互静电作用而处于分散状态。在加入电解质后，电解质将在水中电离出阴离子和阳离子，打破了这种平衡，分子间相互静电作用力减小或者消失，导致浆料聚沉。所以在负极浆料制备过程中，需要加的水必须是去离子水（Deionized Water, DW），其电导率很低（≤1 us/cm）。

3.3.3 溶剂中颗粒间的引力与斥力平衡点：DLVO理论

温故而知新、构建知识图谱：

3.1.3小节：固体为降低其自身体系能量，总会倾向于通过分子间作用力吸附其他物体。

3.3.1小节：颗粒表面的电荷会吸引溶液中相反电荷的离子，构成了双电层与Zeta电位。

前面我们论述了颗粒中的两种相互作用力，分别是：

1）范德华引力，颗粒之间的吸附作用力。颗粒越细，其表面积越大，颗粒间距离越近，范德华引力越显著。

2）静电斥力，溶剂中颗粒表面Zeta电位所造成的排斥力，当颗粒彼此因吸引力接近时，造成颗粒的双电层重叠，由于颗粒表面带同性电荷，因此产生排斥力，如图3-17所示。

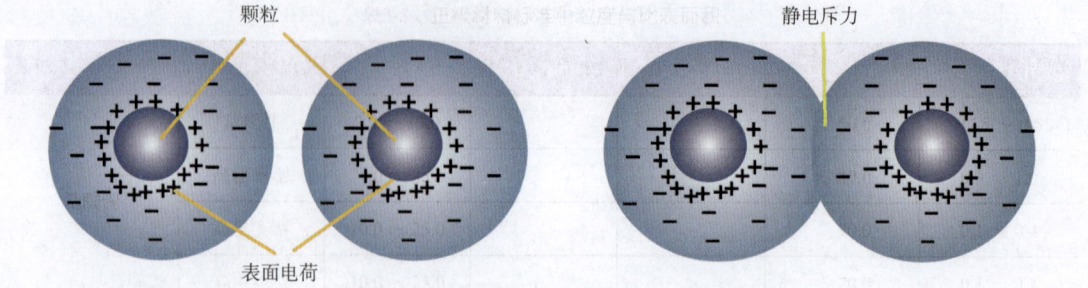

图3-17　静电斥力稳定机理

在颗粒于溶液中分散的过程中，同时存在的引力和斥力，到底哪个更大呢？在不考虑重力的情况下（在5.3节中我们考虑重力），如果引力大于斥力，则颗粒会因为相互吸引而聚集在一起；如果斥力大于引力，则颗粒会因为斥力而保持一定距离，在溶剂中均匀分散。

范德华引力只在10个分子直径距离内发生作用（见2.1.1小节），因此静电斥力的Zeta电位作用范围比范德华引力要大（见3.3.1小节）；但分子个数的数量级比Zeta电位数量级大，故在10个分子直径以内时范德华引力会迅速提高。将两种作用力随分子间距离的变化绘制成一幅图，并进行颗粒间总势能随分子间距的影响分析，就构成了DLVO理论（DLVO是四个外国人名首字母的组合，有兴趣读者自行查阅人名）。

如图3-18所示，随着颗粒距离的减小，颗粒间总作用力先减小，再增大，然后再减小；出现了两个颗粒间总作用力为负值的区间：一个出现在颗粒间距很小的区域，此时颗粒间总作用力为无穷大的引力，称为第一能谷。一个出现在颗粒间距较大的区域，颗粒间作用力为较小的引力，称为第二能谷。第一能谷比第二能谷小很多，而两个能谷之间的极大值则称为颗粒间的能垒。两个颗粒要冲破能垒才能达到第一能谷的区域，产生最大的引力作用。

颗粒在溶剂介质中表现为分散和团聚两种状态。如果颗粒间的吸附作用大于排斥作用，颗粒在溶剂中倾向于团聚；如果吸附作用小于排斥作用，颗粒在溶剂中倾向于分散。如果对两个颗粒施加一定的扩散作用（如搅拌或布朗运动），会出现下列情况：

1）当扩散运动的能量超过能垒时，两个颗粒间的吸力将使他们达到第一能谷处，从此两个颗粒将结成一个颗粒运动，于是出

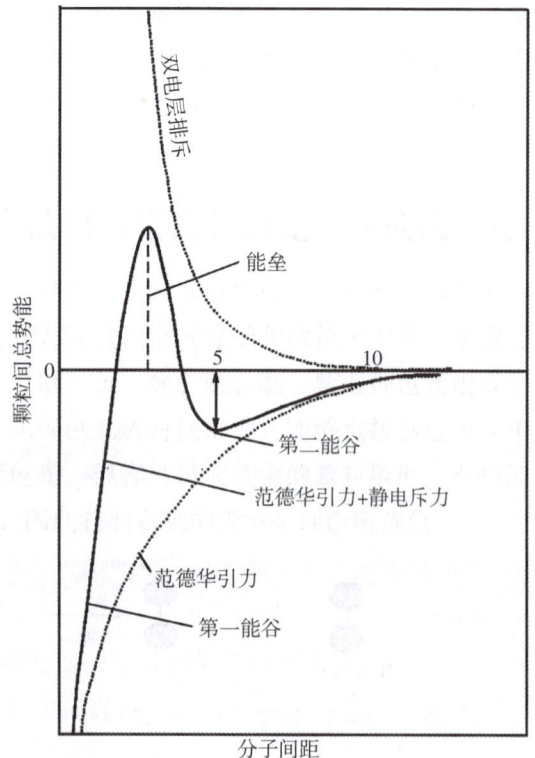

图3-18　颗粒间距对颗粒间总势能的影响——DLVO理论

现团聚现象；

2）当能垒比扩散运动的能量大得多时，两个颗粒不能进入第一能谷。如果扩散能量还比第二极小值大，颗粒将重新扩散，保持原状，这时颗粒在溶液中表现出豆浆、血浆、泥浆、奶粉等悬浮液状态；

3）扩散运动能量不大时，两个颗粒可以通过第二能谷的作用结合在一起，此时处于亚稳态。但这种通过颗粒碰撞引起颗粒团聚的絮凝作用，其所产生的团聚体比通过第一能谷产生的团聚体容易破碎。

4 锂电黏结剂机理：饮料增稠剂、水性漆、油性漆可做黏结剂

正极磷酸铁锂、三元材料、负极石墨材料等储能材料本身都是没有黏结力的粉体，其与金属箔材的接触非常松散（风一吹就将储能材料粉体从金属箔材上吹散了），因此需要依靠一种"胶"将电极片中的储能材料和导电剂黏附在电极集流体上。这种"胶"称为黏结剂（binder），一般都是无电化学活性的高分子化合物，具有增强储能材料、导电剂和金属箔材间接触性以及稳定极片结构的作用，并不在电化学充放电过程中起作用，属于一种工艺添加剂，一般都是无电化学活性的，还会提升电池内阻。严格来说NMP、水、表面活性剂等需要后面挥发去除的溶剂也是一种电池工艺添加剂。

由于锂电黏结剂是一种工艺添加剂，故其物理性质与锂电前工序的制造过程息息相关。但是我们从工艺角度介绍黏结剂，只需要介绍黏结剂的物理性质，严格来说属于《高分子物理》与《高分子材料加工》的课程范围，《高分子化学》只需简略说明黏结剂的合成来源即可。《高分子物理》与《高分子材料加工》在锂电制造中有大量应用，如电芯中的隔膜就是高分子材料进行拉伸成孔后的形态。

4.1 高分子的一般物理特性：松弛、溶胀、位阻、黏弹、流变——"性相近，习相远"

4.1.1 锂电制造中黏结剂的作用与分类：塑料、橡胶和纤维

一般来说黏结剂都是聚合物、即有机高分子材料。接下来我们会重点讲解高分子材料的一些特性，尤其是其在溶剂中溶解后特性与作用。所谓高分子材料一般指相对分子量高达几千到几百万的化合物。与小分子化合物相比，高分子材料的最大特点就是分子量"高"，也就是分子"大"，它由成千上万的简单结构单元以化学键相连而成，而每一个结构单元又相当于一个小分子化合物，相当于成千上万的分子通过聚合反应，结成"长蛇阵"形式的链段（非长蛇阵的高分子成网状结构，叫作交联），而非"长蛇阵"的高分子成交联的网状结就是因为这个"高"和"大"，量变导致质变，引起高分子材料在一系列物理性能上与小分子化合物有着本质的差别，形成了高分子材料特有的结构与性能。

当今世界上使用的大量高分子化合物，是以煤、石油、天然气等为起始原料制得低分子有机化合物，再经聚合反应而制成的。其名称前面一般会有一个"聚"字，例如聚乙

烯、聚丙烯、聚苯乙烯、聚氯乙烯、聚氨酯等，故高分子材料又称为高聚物。此外，高分子在聚合反应后变成了不同分子量大小的许多高聚物的混合物，我们所说的某一高分子的分子量其实都是它的一种平均的分子量。而小分子化合物的分子量固定，都由确定分子量大小的分子组成，这是高聚物与小分子化合物的一个特征区别。黏结剂的相对分子量也会影响其性能，相对分子量较低的黏结剂内聚力（黏结力）较低但黏附性好，相对分子量较高的黏结剂内聚力（黏结力）较高但粘接性能较差。因此，要选择相对分子量合适的黏结剂，才能既有良好的黏附性又有良好的黏结力。

高分子材料的形态和种类极多，天然高分子是存在于动植物内的高分子物质，有天然橡胶、天然纤维、天然树脂等。合成高分子材料主要指合成橡胶、化学纤维、塑料等三大合成材料。其中塑胶是一种以天然树脂或合成树脂作为原料，在填充各种辅料后可任意捏成各种形状并能保持形状不变的可塑材料。车间里的各种工鞋、静电服、托盘、隔膜、电芯外包膜等均由高分子材料制成，表现出了各种迥异和光怪陆离的物理性质。本书只介绍与锂电制造相关的高分子熵弹性、黏弹性、温度、溶液中高分子的位阻效应等物理特性。

高分子材料的塑料、橡胶和纤维三大类在锂电制造中都有对应的黏结剂应用，分别对应着黏结剂中的PVDF、SBR、CMC，本章后续会分别论述它们的结构与物理性质。这些高分子材料的黏结剂起到了将活性物质与箔材、活性物质与活性物质、活性物质与导电剂黏结起来的作用，虽然用量很少，但其作用不可替代。在锂电子电池充放电过程中，锂离子在活性物质中的嵌入和脱出，会引起活性物质的膨胀和收缩，而黏结剂起到了将活性物质粉料均匀"固定"在铜箔/铝箔上的作用。

从电芯设计角度而言，活性物质提供可逆的活性锂，导电剂增加极片的电子电导率，黏结剂保证了粉体颗粒间以及集流体与涂层间的黏结。为了降低成本，提高电池能量密度，选择的黏结剂用量越少越好，越便宜越好，但是越少、越便宜，会带来浆料稳定性、活性物质的脱粉掉料等问题，需要在价格，用量以及性能上达到一个平衡。作为一种工艺添加剂，黏结剂虽然占比很小（质量占比1%左右），可对锂电前工序的工艺加工性能是决定性的。黏结剂可以使极片具有良好的机械性能（如极片剥离强度、极片辊压塑性、极片厚度反弹）、加工性能（过辊时不要脱粉掉料）和循环性能（束缚活性物质在充放电过程中的膨胀），所以前工序的很多极片加工性能与环境粉尘问题，往往都是质量比例为1%左右的小小黏结剂问题。

同时，对于锂离子电池的黏结剂，我们还要求在存储和循环（电池充放电）过程中，黏结剂不与活性物质、锂离子、电解液及其他组分发生副反应，即化学稳定性；同时最好能够具备一定的热稳定性。也就是正极黏结剂需要长期处于高电位下不被氧化，负极黏结剂需要长期处于低电位下不被还原。同时黏结剂还需要具有足够的柔韧性以适应充放电过程中极片的体积变化，脆性的黏结剂将导致极片出现裂纹等失效风险。

PS：诺贝尔奖得主德热纳在《软物质与硬科学》一书中将聚合物形象地比喻为意大利面条，与本书的描述也非常相似。

4.1.2 高分子长链难结晶，是否松弛受温度影响：自由体积理论

温故而知新、构建知识图谱：

2.1.1小节：温度决定了分子间的距离，温度越高分子的无规则热运动越剧烈，从而决定了分子的固液气三态演变。

2.1.3小节：极性分子的表面张力大于非极性分子的表面张力。

一般分子随温度变化而呈固态、液态和气态，但是高分子材料没有气态。因为加热高分子长链时，首先被破坏的是长链本身，而不是让长链在空中"群魔乱舞"，破坏了长链后就不是高分子了。高分子材料的分子链长短不一，无法达到全结晶状态，高分子长链本身所占体积与分子链无规则堆砌占有的空隙形成了高分子能运动的自由体积，而高分子的链段活动需要占有一定的自由体积，这就是高分子自由体积理论。这是由于分子结晶态的排列都非常规则，而高分子的长链"群魔乱舞"，变成规则状态非常困难。不过高分子材料没有气态、也不易结晶，但也呈现出来三种形态：分别是玻璃态、高弹态和黏流态。

1）玻璃态

温度是分子做无规则热运动剧烈程度的宏观表征。温度越低，高分子长链活动能力就越弱，如果"贪吃蛇"周围的蛇都基本不动，"贪吃蛇"活动范围受限，意味着高分子能活动的自由体积就越少。当低于某一温度（玻璃化温度）时，所有高分子长链连基本的"扭动"都无法进行，无法提供足够空间供"贪吃蛇"活动，高分子链段运动被冻结，在外力作用下只会发生非常小的形变，高分子材料随温度变化的收缩或膨胀基本由分子链间距的振幅变化引起。其外在形态跟玻璃相似，所以称这种状态为玻璃态。

2）高弹态

随着温度升高，分子热运动能量增加，当高于某一温度（玻璃化温度）时，分子热运动能量已足以克服内旋转位能，这时高分子长链可以进行"扭动"，甚至链段可以产生"部分滑移"，但整个高分子"贪吃蛇"仍不可能发生"整体移动"，只能做"蜷曲"运动和"扭动"。如果这时给高分子材料一个外力，高分子不能"移动"，只能做小范围"伸展"，外力一旦去除高分子又会回到"蜷曲"状态（见4.1.5小节），材料整体呈现出一种对外力的弹性，故被称为高弹态，高分子的高弹形变为100%～1000%，比普通固体分子间的受力形变0.01%～0.1%大得多。

有一个特别反直觉的知识，即高分子材料处于高弹态时，其弹性模量很低。因为弹性模量是表示固体刚性的一个性质，弹性模量越大刚性越强。

3）黏流态

温度继续升高，高分子能进行的"扭动""滑移""伸展"形变量又逐渐增大，此时"贪吃蛇"的形变不能恢复，材料变得和液体一样可进行自由"流动"，又保持了分子相互之间的凝聚状态，此状态即为黏流态。

在黏流态下，随着温度的升高，高分子材料的链段运动能力不断增强，故黏流态下的黏度还随温度上升呈指数下降关系。有学者专门研究了不同质量分数甘油-水混合溶剂的

CMC高分子溶液，其黏度与温度的关系如图4-1所示，而CMC恰好就是后续4.2.1小节所论述的重要锂电浆料分散剂。

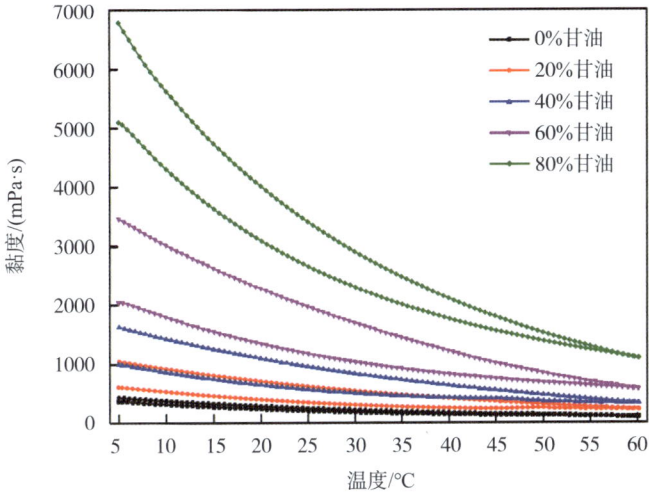

图4-1　不同质量分数甘油-水混合溶剂的CMC溶液的黏温曲线

4）玻璃化温度与黏流温度

玻璃化温度（Glass Transition Temperature）即高分子材料由高弹态转变为玻璃态的温度，通常用T_g表示。黏流温度（Viscous Flow Temperature）又叫作软化温度，即高分子材料由高弹态转变为黏流态的温度，通常用T_f表示，如图4-2所示。玻璃化温度与黏流温度是高分子材料重要的耐热性工艺指标。用注塑机进行工装夹具加工前，须将高分子材料加热至黏流温度以上才能注入模具；在玻璃化温度以上黏流温度以下的状态下，高分子材料表现出弹性，可以用来做手套、轮胎等；在玻璃化温度以下，高分子材料表现出脆性，可以用来做安全头盔和工装夹具等。在锂电车间中，大量高分子材料都需要在玻璃化温度以下进行加工，一旦高于玻璃化温度，那些塑料筐和塑料工装夹具就会变形。

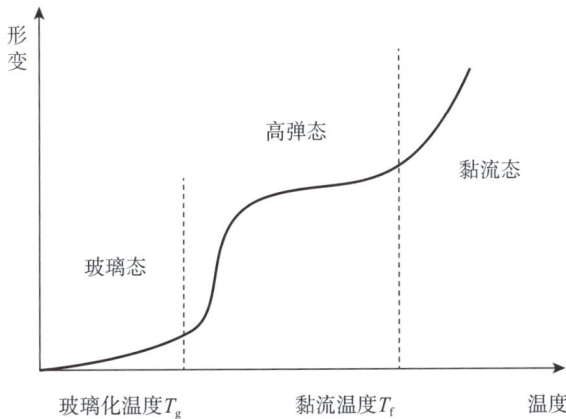

图4-2　高分子的玻璃态、高弹态、黏流态变化

软包电芯的热封工艺就是利用上下两层铝塑膜中的高分子材料在温度、压力、时间的共同作用下扩散融合，当加热到热封温度以上，塑料薄膜封口受热成为黏流态，借助一定的热封压力，处于黏流态的塑料薄膜界面分子由于分子的布朗运动和链段的摆动产生了扩散，两层薄膜界面熔合为一个整体，具有一定的强度和密封性。

高分子材料能否容易进入高弹态或黏流态，主要与高分子的链段构型有关，其中有两点特别介绍一下：

① 极性高分子材料的玻璃化温度高

若高分子材料有一定极性，其分子间作用力更大，其链段越难运动，玻璃化温度和黏流温度越高。例如：聚氯乙烯（PVC）的分子极性就很大，故PVC的分子间摩擦力大，黏度也极大。

② 交联后的高分子玻璃化温度高

交联是高分子链通过化学键同时与几个分子链相联结。高度交联后的高分子呈网状交联，即变成大分子，具有不溶、不熔的性质，交联点数目越多，交联间距越短，这种现象越明显。例如橡胶本来是可以流动的天然高分子材料，但经过硫化交联，使其天然的分子链段交联为网状结构，分子链之间不能滑动，呈现可逆高弹性形变特性，使其成为耐磨、弹性和不漏气的橡胶轮胎。

4.1.3 高分子在溶剂中的自由体积溶胀与柔韧性

温故而知新、构建知识图谱：

3.1.3小节：固体为降低其自身体系能量，会倾向于通过分子间作用力吸附其他物体。

4.1.2小节：根据自由体积理论，高分子的链段活动需要占有一定的自由体积。

一、高分子材料在溶剂中的自由体积溶胀

高分子的溶解过程要经过两个阶段，先是溶剂分子渗入高分子内部，使高分子体积膨胀，称为"溶胀"。然后才是高分子均匀分散在溶剂中，形成完全溶解的分子分散的均相体系。高分子与其溶剂分子的尺寸相差悬殊，两者的分子运动速度差别很大，故溶剂分子能较快地渗入高分子材料中。

高分子材料与溶剂接触初期，由于高分子链段长、相互缠结、相互作用力很大，不易发生位移。所以高分子不会往溶剂中扩散。但是高分子链具有柔性，链段因热运动而产生空穴，这些空穴很快就被从溶剂中扩散而来的溶剂小分子占据，高分子材料体积胀大（即溶胀）。此时，整个高分子链无法摆脱相互作用力而在溶液中自由扩散。

随着溶胀的持续进行，溶剂分子不断向高分子材料内层扩散，使得高分子链间的距离逐渐增大，链间的相互作用力逐渐减少，致使越来越多的分子链单元可以松动，当整个高分子链中的所有单元都摆脱相邻分子链间的作用，整链松动后就缓慢向溶剂中的扩散，最终形成均一的高分子溶液。溶胀的过程有点类似于胖大海变"胖"的过程，胖大海遇水后会膨胀变成海绵状，正是由其内部植物纤维的高分子结构决定的。大米在煮过后溶胀吸饱

了水分才变得可口，也是类似过程，隔夜的米汤感觉被泡烂即如此。

加热有时候并不能克服高分子间的相互作用，往往只能使高分子材料气化，但是溶剂却能将一个个高分子拆散。高分子材料在溶剂中先溶胀后溶解的过程，可以理解为高分子的自由体积扩大后才能实现真正自由。因此溶剂对高分子的"春风化雨"比外力作用下的"大力金刚掌"，反而更能够有效克服高分子间的相互缠绕作用。

补注1：补充一个极性与非极性的影响：亲油的高分子材料会吸附油性溶剂分子而体积膨胀；亲水性的高分子物质也会吸收水分子而体积膨胀。黏结剂和固体分子的极性与否也会影响着彼此间的黏结强度，在高分子的侧链上引入极性基团，可以改善其亲水性和黏结力。

补注2：电池黏结剂最好不溶于电解液或溶胀系数较小，因为一旦黏结剂在电解液中溶胀，会带动极片膨胀反弹（见8.3.1小节），从而导致电池极片的规则排列产生不确定形变。

二、高分子链段的柔韧性

高分子材料的柔韧性反映了高分子链段运动的难易程度。高分子材料分子链上的取代基团极性越大、极性基团越多，相互作用力越大，分子链运动受阻，柔韧性越差，例如聚四氟乙烯就因柔韧性极差而号称铁氟龙。高分子材料的相对分子量越大，其链段越长，相对来讲链段越难以运动，链段柔韧性越差，其玻璃化温度和黏流温度都相对较高，黏度也都相对较高，在有机溶剂中也相对更难以溶解。高分子相对分子量较低时，一般具有较低的玻璃化温度、黏流温度、黏度，其可溶解性和柔韧性也较高。

高分子在溶剂中的溶解性会随着分子量的增大（即分子链的增长）而变得更差，所以高分子的完全溶解往往需要几个小时，并不像盐那样能迅速溶解。如果高分子链段的柔性较大，则其溶解现象如同自某一表面剥取胶布，可以从某一端逐步撕离而不需要一次克服全部黏附力；若链的柔性小或链是刚性的，由于需同时拆散高分子链间的大部分或全部作用力，其溶解度必然很小甚至不溶解。而若干高分子链通过化学键交联在一起的高聚物，在与溶剂接触时也会发生溶胀，但因有交联的化学键束缚，不能进一步拆散交联分子，只能停留在溶胀阶段，不会溶解。

4.1.4 高分子在溶剂中的位阻作用与架桥作用

温故而知新、构建知识图谱：

2.1.3小节：极性分子的表面张力大于非极性分子的表面张力。

3.1.3小节：固体为降低其自身体系能量，总会倾向于通过分子间作用力吸附其他物体。

4.1.2小节：根据自由体积理论，高分子的链段活动需要占有一定的自由体积。

一、高分子在溶剂中对颗粒的位阻作用

一杯水里如果泡了好几个胖大海，几个胖大海都溶解化开后，会产生什么现象？答案

是几个胖大海的各自"长毛"会相互排斥，这种作用称为位阻作用。同样，高分子黏结剂在颗粒界面上吸附能形成致密的吸附层，活性物质表面的吸附层厚度通常能达到数十纳米，几乎与双电层的厚度相当，甚至更大；导电剂由于粒径较小，吸附层厚度会相对较小。

溶剂中的固体颗粒吸附高分子或长链有机物后，当两个表面带有高分子吸附层的颗粒相互靠近时，便会产生一种颗粒间吸附的高分子"长毛"位阻作用，两个颗粒吸附的高分子层间将产生压缩，致使弹性自由能上升，因而排开颗粒、阻止颗粒接近并支撑颗粒的重力，达到分散效果，如图4-3所示。同时，颗粒之间缝隙的高分子浓度能产生较强的渗透压，周围溶剂进入两颗粒之间，排开颗粒间的彼此距离，也能达到分散稳定的效果。

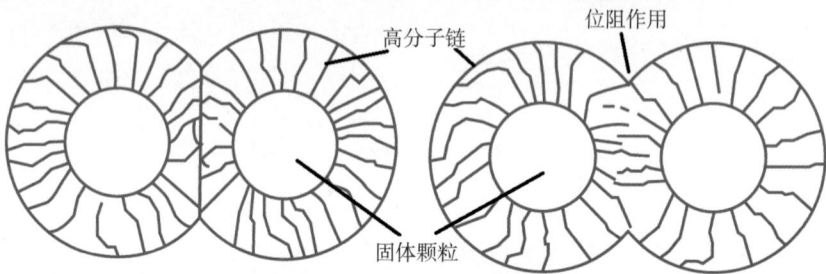

图4-3　高分子的空间位阻作用

要想让高分子的位阻作用更好地分散溶剂中的粉体颗粒，最好有以下几个条件：

1）理想的空间位阻稳定通过高分子链在溶剂中的良好溶解性和伸展性实现；在高分链段溶解不好的系统中，高分子链段倾向在颗粒的表面相互紧挨着，其排斥力不足以克服颗粒间的吸引力，会导致颗粒团聚。

2）高分子的分子量（贪吃蛇长度）要在合理范围，因为高分子的链段太长了容易折叠，太短了位阻作用距离太短，如图4-4所示。

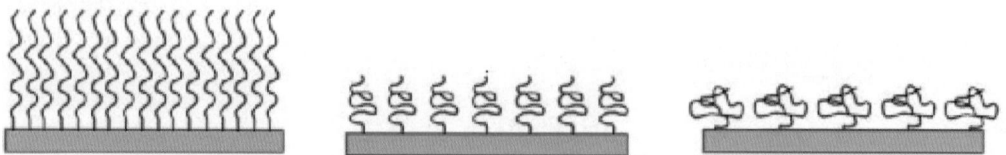

图4-4　高分子的链段折叠对位阻作用影响

3）高分子的浓度不能太低，浓度太低了颗粒表面上有足够的空间容纳高分子，并允许高分子长链保持蜷曲的形态，胖大海的"长毛"彼此根本碰不到。因此吸收在颗粒表面的高分子链形态会随着颗粒表面可用空间而变化，在颗粒表面覆盖度接近100%或更大时，胖大海的"长毛"只能通过伸展打开的方式才能不彼此干涉，这时形成具有一定机械强度的吸附层，以较强的位阻效应阻碍颗粒互相接近。如果高分子长链个数与颗粒的表面积总量的比值太小，则达不到最佳位阻作用效果，反而会发生接下来要介绍的架桥作用，如图4-5所示。

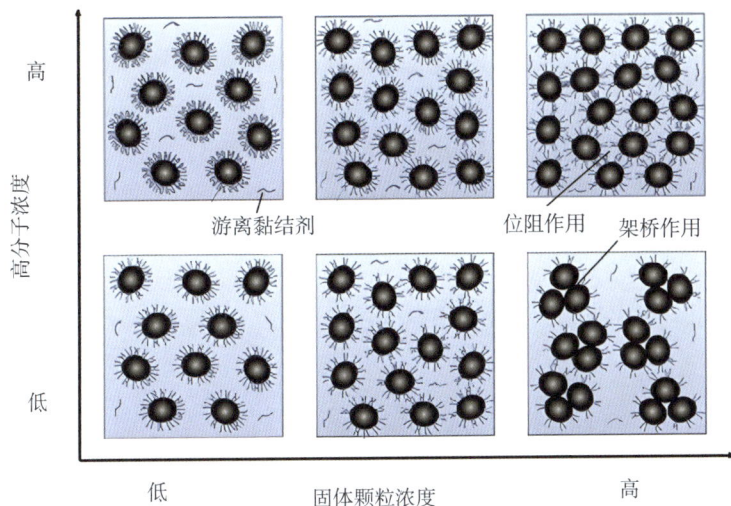

图4-5 不同高分子与颗粒浓度比例的位阻作用

二、高分子在溶剂中对颗粒的架桥作用

在分散体系中加入高分子，高分子的一端首先吸附于一个颗粒上，而另一端随时可以通过碰撞接触吸附其他颗粒，同一个高分子在吸附了多个颗粒后在颗粒间起了联系的作用，这种作用称为架桥作用。由于高分子的架桥作用可以将许多颗粒联结在一起形成一个絮团，絮团不断增长，加快了颗粒的团聚速度，如图4-6所示。由架桥作用形成的松散絮团，因外部作用力的不均匀，产生机械脱水收缩，这个不规则的松散絮团将被压缩成絮团小球。

图4-6 高分子浓度对架桥作用与位阻作用的影响区别

因此，高分子的位阻分散和架桥团聚作用是可以转化的，转化条件与吸附层高分子的含量有关，即与高分子浓度、颗粒固含量密切相关。即高分子在极低浓度下，可以起到絮凝剂的作用，而在一定浓度下，其可以起到分散剂的作用。当高分子浓度低、颗粒数量多时，高分子主要在颗粒间起架桥作用，使多个颗粒聚团长大，颗粒间形成弱絮凝网络结构，不利于分散稳定，没有位阻效应。而当高分子浓度高时，每个颗粒都吸附了足量的高分子，已没有空余表面吸附起架桥作用的其他高分子，当然也就不可能再实现架桥作用。

4.1.5　熵弹原理引起的黏弹性与流变性：橡皮筋与搅面条

温故而知新、构建知识图谱：

4.1.2小节：高于玻璃化温度时，高分子长链可以进行一定范围内的蜷曲运动。

一、高分子的弹性力

弹性是指物体在外力作用下发生形变，当外力撤销后能恢复原来大小和形状的性质。弹性的大小可以从最大弹性形变来判断，是材料在可恢复的范围内能达到的最大长度与其原本长度的比例。高分子材料弹性一般都比金属材料、无机非金属材料等的弹性高了不止一个量级，例如分子链交联的橡胶材料能拉伸300%～400%后恢复原状，线性高分子材料要小一些，但也有30%～50%的弹性形变。究其原因，我们从熵增原理开始讲解。

为什么热水不会自己主动变得更热，而是趋向于跟环境温度一致？为什么灰尘、病毒会自发向世界各地扩散，而不是自动向一个地方聚拢？这都是可以由热力学第二定律即"熵增原理"解释。可以理解为大自然天然的趋势就是变得更加混乱，而不是变得更加层次分明。（熵增原理与统计物理中的各态历经假说、涨落等相关，此处的相互证明关系省略）

对于高分子材料而言，"贪吃蛇"蜷曲成"一团乱麻"是天然的混乱状态，而将线条"捋直了"并不是一种熵增状态。一般高分子材料的弹性由熵增原理驱动，因为高分子材料分子链被外力作用产生形变后，相当于线条被"捋直了"，在外力作用下熵值由大变小后的形态其实是一种不稳定状态，如图4-7所示。只要各线条间的相互缠绕状态未被改变，拉长了的分子链会自发蜷曲成无序线团，而蜷曲回路的结果就是被拉伸后的形变在外力去除后就会自发地恢复到初态，这就说明了橡皮筋在拉伸后为什么会产生这么强大的恢复力。

图4-7　高分子被拉伸从蜷曲状态到捋直状态

生活中，在搅拌锅里面条的时候，我们会发现一开始搅拌面条的阻力特别大，但是之后搅拌面条的阻力就会大大减小（可以简单理解为流体力学力的剪切力，此处省略复杂的张量矩阵数学公式）。可一旦搅拌面条停下来，由于熵增原理，面条天然喜欢自动变成"一团乱麻"，于是又相互纠缠在一起，搅拌的阻力又会大大增加，这就是所谓剪切变稀现象，也就是搅拌阻力随搅拌速度变慢现象，我们称为流变性。

塑料瓶、热塑膜等高分子材料在成型温度和成型压力下，会影响高分子材料分子链的排布情况，但在室温下这种成型后的材料不会释放应力。高分子材料在被加热到一定温度后，高分子链的运动能力增强，内收缩应力使"解冻"链段发生"熵弹性"收缩，并非像一般材料那样"热胀冷缩"。

二、高分子的流变性

高分子材料的流变性与上述面条搅拌的流变性一样，由于熵增原理，高分子材料在搅拌时会被搅拌的漩涡"捋直"，其线条走向也跟运动轨迹保持一致，随着搅拌速度增大，这种分子链的定向排列越完全，分子间的作用力越小。因此会逐步减少搅拌阻力；而一旦停下搅拌，高分子被"捋直"的长链又会蜷曲在一起，因此黏度增加。这就是高分子材料流变性的原理。但是在很高的速度梯度下，当分子排列已经完全后，显然黏度不再降低，即在定温下其黏度为常数。

一般情况下，高分子材料溶液的黏度还会随着高分子材料的分子量增加而增加，由于分子量增加使分子链段加固，分子链重心移动越慢，分子链的柔性加大缠结点增多，链的解脱和滑移困难，使流动过程中的阻力增大，"捋直"所需要的时间和能量也增加。

综上所述，高分子溶液同时有弹性和黏性，即黏弹性。事实上，所有的高分子溶液和高分子熔体都或多或少地具有黏弹性，高分子溶液的黏性还会随着搅拌的速度加快而减少黏度，这就是流变性。同时还随着分子量的增加而黏度增加。蛋清就是一种常见的黏弹性流体。

4.2 用蜘蛛网和糖豆堆叠篮球：CMC与SBR的水乳交融

为了形象地比喻粉体颗粒在浆料中的情况，我们将铺平在负极片上直径为1 mm的负极浆料放大100万倍，浆料直径变为一公里。在这一公里的范围内那些微生物会变得跟人差不多大。

此时水分子有多大呢？1埃米放大100万倍，变成了0.1毫米，和很细的沙粒差不多大。而磷酸铁锂或三元材料颗粒直径一般为$0.1\sim50\,\mu m$，放大100万倍差不多是0.1米到50米，从"篮球"到几层楼高的"巨球"大小不一，这些大大小小的球直径服从正态分布。纤维素高分子就跟"蜘蛛网"差不多粗细，而橡胶粒子就和"糖豆"一样大小，后续用"篮球、蜘蛛网和糖豆"来分别形容放大100万倍以后的导电炭黑/石墨、纤维素黏结剂和橡胶粒子黏结剂。

第四章第一节讲述了高分子材料的一般性能，CMC与SBR作为锂电负极所用的水性黏结剂，除了上述一般性能外，还有一些特别的性质和功能特点。

4.2.1　纤维素上不溶于水的基团被溶于水的基团取代：膏药和食品添加剂CMC

温故而知新、构建知识图谱：

2.1.3小节：极性物质间相亲，非极性物质间也相亲，极性与非极性物质间不相亲，极性与非极性也影响了材料的溶解性。

3.3.1小节：颗粒表面的电荷会吸引溶液中相反电荷的离子，构成了双电层与Zeta电位。

4.1.3小节：高分子具备一定柔韧性，在溶剂会发生自由体积溶胀。

一、CMC的合成来源与物理性能

纤维素是三大天然高分子材料之一，主要来源于自然界中的棉花、麻、麦秆、甘蔗渣和树木等植物纤维，是大自然中可以取之不尽的可再生资源。在高分子化学发展的初期，纤维素曾是主要的研究对象。纤维素的分子结构中存在着大量亲水性的基团（羟基），按理应当溶解在水中。但纤维素不仅不溶解在水中，也不溶解于酸性、碱性水溶液，甚至不溶解于大部分有机溶剂，化学稳定性与热稳定性极好，主要原因就是纤维素的分子链之间堆砌排列，形成了"复瓦式"结晶结构，属于半刚性的高分子链，致使几乎所有种类的纤维素都表现出较差的溶解性和化学反应性能。但也正是这种结构，才能使得富含纤维素的木材既有强度又耐老化，作为屋梁百年顶天立地、经受住风吹雨打日晒，不溶不腐，还能以洁白的形态供人们纺丝织衣，造福人类。

自然界的棉花、秸秆、木材等等天然纤维素，经过碱化和醚化处理后，纤维素脱水葡萄糖单元上3个不易溶于水的基团被易溶于水的基团部分或全部取代，就会从"油盐不进"变成一种"高分子可溶性钠盐"（学名为聚阴离子纤维素化合物），即羧甲基纤维素钠（Carboxymethyl Cellulose Sodium, CMC-Na），经过了一些改性处理后降低电池内阻的CMC-Li，在本书中都简称为CMC。取代度（Degree of Substitution, DS）指纤维素上不易溶于水基团被易溶于水基团的取代程度（CMC取代度理论最大值为3.0），故取代度越高，亲水性越强，也越容易吸水，不易溶于水基团的引入还会增加分子链之间的相互作用力，使得分子更加难以滑动，从而增加了CMC的黏度。故低取代度的CMC在水中由于黏度低和不溶于水，其胶液悬浮能力较差，但过高的取代度会减弱对石墨的亲和力，且浆料吸湿性增加，因此根据需要选择合适取代度的CMC作为负极浆料的黏结剂。同时由于CMC取代部分亲水，未被取代部分疏水，符合表面活性剂的作用特性（见2.1.3小节），故可作表面活性剂。

作为高分子材料，CMC葡萄糖聚合度为100～2000，其溶解前是白色或微黄色絮状纤维粉末或颗粒状粉末，溶于水后其高分子长链上的各个官能基团间往往会因接触发生反应"耦合"在一起，即CMC溶液静止时高分子长链间相互缠绕，与水作用形成网状结构，从而变成无色透明的黏稠胶液；当受到外力时，如搅动后网状结构被破坏，当静止时又能恢复网状结构。CMC在酸碱度方面表现为中性或微碱性，没有特殊的气味。CMC不易腐蚀、对人体无害，变色温度227℃，炭化温度252℃，具有较好的光稳定性和热稳定性，在干燥环境中可长期保存。CMC可溶于水，但不溶于一般的乙醇、乙醚、氯仿及苯等有机溶液。

一方面CMC原材料廉价，成本极低，且对环境无污染；另一方面，其具备许多极有价值的综合性质，故我们选取CMC是作为负极浆料中的水性黏结剂，其性质有：

1）特别能吸水和保湿，可吸水溶胀几十倍——保湿剂、膨化剂

一般的钠盐溶于水后就化开看不见了，可"高分子可溶性钠盐"溶于水后，分解为钠离子（阳离子）和羧酸根聚阴离子纤维素。其阴离子是聚合物，故其溶于水后还具备一定可观测的聚合物部分。CMC直接溶于水中速度较为缓慢（高分子溶解的"舒展"过程不会很快），但溶解度较大，故CMC跟钠盐一样特别能吸水，能通过吸水使其自身粉末体积扩大很多倍。从而造成负极极片吸水溶胀的问题。

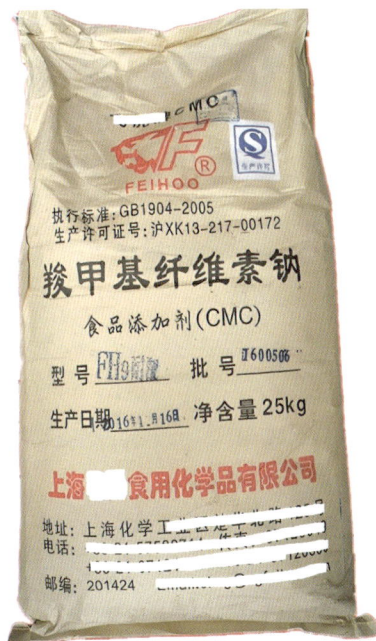

图4-8 作为食品添加剂的羧甲基纤维素钠

2）能给液体增稠、增黏，制成胶状物或果冻——增稠剂、胶凝剂

为什么我自己用榨汁机榨出来的番茄酱这么稀，而超市里的番茄酱这么黏稠？因为一般常见的乳制品、浆状食品、软饮料、流态食品、胶冻食品等，为了使食品具有黏滑适口的口感，会放入1%左右的增稠剂，即CMC（图4-8），这样制品便具有了令人满意的稠度。由于CMC特别能够吸水溶胀，在水中溶胀后就会让纤维"骨架"充满整个溶液，从而使液体变得黏稠。

3）让黏液里的颗粒保持分散稳定——分散剂、稳定剂

CMC的纤维"骨架"布满整个黏液空间后，可以将黏液中的不同小颗粒充分阻隔开来。可以简单理解为本来在清水中容易沉下去的小石子，由于CMC的存在，可以让石子很容易漂浮在"淤泥和乱麻"中。负极浆料主要就是利用CMC的这个性能来分散负极材料颗粒，并使其分布稳定、均匀。

二、CMC的应用领域与使用价值

由于CMC有着上述保湿剂、增稠剂、分散剂等的很多特性。CMC杂质控制的好坏，直接决定其应用范围，譬如食品用、药剂用、电池用、涂料用等等。其主要使用行业有：

1）食品加工业

联合国粮农组织和世界卫生组织确认：人一日允许CMC摄取量为不超过30毫克每公斤体重（吃多了在CMC溶胀后会胃胀）。GB2760—2024《食品添加剂使用卫生标准》中规定CMC在各种饮料中的最大添加量是每公斤1.2克（跟负极浆料里用的比例在一个数量级）。为什么食品企业这么喜欢用CMC添加剂，因为CMC对保持食品的色、香、味等稳定性可以

起到很好的作用。食品行业的应用举例：

① 面包房里制作面包时经常放进去一部分CMC，这样面团可大量吸收和保持水分，可使面包的蜂窝均匀、体积增大、减少掉渣现象，改善面包的纹理结构，使面包不塌陷（这样也让面包房里的面包一口一个都吃不饱），也可防止水分蒸发导致淀粉老化、脱水，延长面食制品的货架期、提升松软的口感。

② 雪糕、冰激凌里也有CMC，因为CMC的分散稳定性能使食品在冻结过程中生成的冰晶更加细微均一，并包含大量微小气泡，防止生成过大的冰晶，避免食品粗糙有渣使其结构细腻均匀，口感绵滑。

③ 生鲜果蔬用含CMC的溶液涂覆，可以保鲜、防霉和保持风味。

④ CMC在酱油、醋、植物油、果汁、肉汁、蔬菜汁、啤酒、豆奶、果冻、罐头等食品饮料里均有应用。

2）医药行业

CMC的很多性能往往可以从《药剂学》教材里找到。在医疗行业中，CMC可以作为针剂的乳化稳定剂、医用敷料水凝胶和膏药制备、医用黏结剂等；眼睛干涩疲劳也可以来一滴羧甲纤维素钠滴眼液；很多女士美容面膜也是利用CMC来保湿。

3）石油、化工、日化行业

在涂料、牙膏、沐浴露、化妆品以及农药等行业中CMC都有应用，钻井使用的钻井液中也有CMC，泡沫灭火剂中CMC也可起到稳定泡沫作用。工地上的水泥也经常撒上一些CMC用来吸收空气中水分，避免工地浆料过早干燥。

三、CMC在电极浆料中的作用

CMC常用作非亲水材料的分散剂、增稠剂，分散石墨和导电剂等。石墨、炭黑属于非极性和表面疏水性物质，容易被非极性物质黏附，易在非极性物质中分散，很难在极性的水系中分散，被黏附的石墨在水中即使分散后也会重新发生团聚（想象一下将石墨颗粒倒入水中能亲和吗？）。CMC对石墨的分散作用是综合性的，具体有：

1）疏水端和亲水端的共同作用，增强了石墨的润湿性

CMC在水溶液中会分解出钠离子和羧酸根聚阴离子，一方面通过疏水的未被取代的聚阴离子主链吸附在石墨颗粒（包括硅颗粒）表面，另一方面亲水的被取代的部分使吸附有CMC的石墨悬浮在水中，同时CMC作为表面活性剂可以降低水的表面张力。故CMC增加了石墨颗粒的润湿性，使得石墨粉体顺利进入水中（见5.2.3小节）。

2）立体网状骨架的位阻作用，提高了石墨的分散性

CMC伸展后吸附于石墨颗粒表面，如同篮球黏附在蜘蛛网一样，通过CMC立体网状骨架的较强位阻作用使石墨颗粒分散。但CMC的比例太大或太小时，其位阻作用会减弱。在CMC比例很高时，CMC会相互结合导致相互之间的引力大于吸附后石墨颗粒之间的斥力，最终会形成的石墨颗粒团聚。

传说邢夷发明墨时发现碳粉和水怎么都融合不起来，恰好他夫人叫他吃饭没听见，夫

人就将煮好的糯米粥倒在他实验的碳粉里，碳粉就在糯米粥里融合起来了，原因就在于糯米粥这种高分子胶体溶液提高了石墨颗粒在水中的分散度。

3）增强石墨的Zeta电位静电排斥力

以水为介质时，石墨表面往往带较微弱的负电荷，但CMC也带负电荷。于是在吸附CMC后，石墨颗粒表面的负电荷增强，Zeta电位增大，颗粒相互靠近时静电斥力显著增强，石墨颗粒表面的负电荷与水中游离CMC的负电荷也相互排斥，提高了石墨颗粒的稳定性。如图4-9所示，随着CMC用量的增大，Zeta电位绝对值不断增大，绝对值最大可达56.81 mV。但后续继续增加CMC的用量，Zeta电位变化区域平缓，这说明石墨颗粒对CMC的吸附已达到饱和。但是如果CMC分子因受热或者氧化而发生脱羧减碳反应，会导致负离子基团的损失而减弱Zeta电位的绝对值。

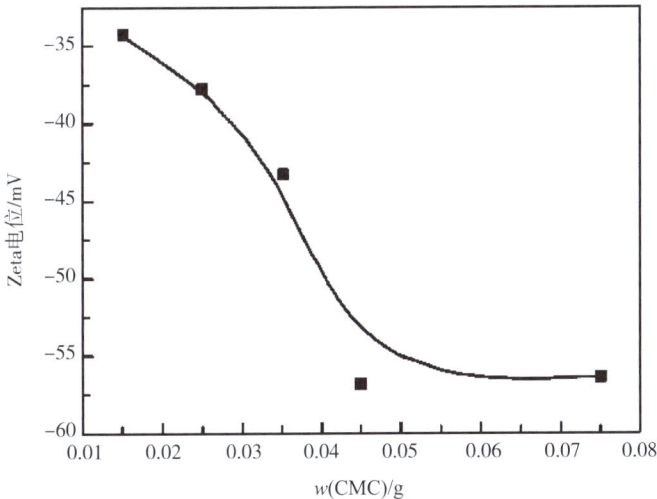

图4-9　CMC含量对石墨Zeta电位的影响

4.2.2　建材市场的第一代室内乳胶漆：溶于水后的SBR橡胶漆

温故而知新、构建知识图谱：

2.1.3小节：*极性物质间相亲，非极性物质间也相亲，极性与非极性物质间不相亲，极性与非极性也影响了材料的溶解性。*

聚苯乙烯（Polystyrene）这一物质，读者可能会熟悉，可以用作常见的PS发泡塑料（各种包装物上随意扔的白色部分），聚苯乙烯这种发泡塑料在常温下基本没有任何黏性（玻璃化温度100℃），而如果合成中加入一种聚丁二烯的黏性物质（聚丁二烯黏流温度30℃，常温下处于黏流态和高弹态的交界处），其学名为聚苯乙烯丁二烯共聚物（Styrene-Butadiene Rubber, SBR），其既有刚性又有柔性，与橡胶的物理性质很一致，所以叫丁苯橡胶，故SBR的合成单体S-苯乙烯和B-丁二烯，分别叫S-硬单体、B-软单体，如图4-10和表4-1所示。

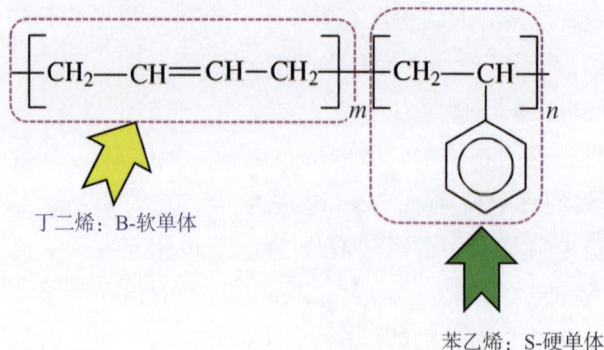

图4-10   SBR构成的软单体与硬单体

通过控制二者不同的比例可以调节SBR的黏结力、弹性等物理性质，例如公司配发劳保鞋的软底和大部分其他鞋的硬鞋底都是由SBR家族生产的，只不过S-硬单体、B-软单体的混合比例不一样。

表4-1   SBR构成单体的玻璃化温度与黏流温度

样　　品	玻璃化温度	黏流温度
聚苯乙烯（S- 硬单体）	100℃左右	240℃左右
聚丁二烯（B- 软单体）	-50℃左右	30℃左右
聚苯乙烯丁二烯共聚物（SBR）	-50～100℃	30～240℃

SBR是一种小分子线性链状乳液，由非极性和极性两部分键合而成，是亲水性和疏水性平衡的产物。SBR能够在水溶液中由于疏水基减少与溶液接触表面的作用，自我组装成核壳结构。胶乳颗粒壳内是分子链的交联结构，外壳是亲水性的极性基团，这些极性基团与水相溶，所以有机物合成的苯乙烯和丁二烯聚合体能够稳定存在于水中，如图4-11所示。

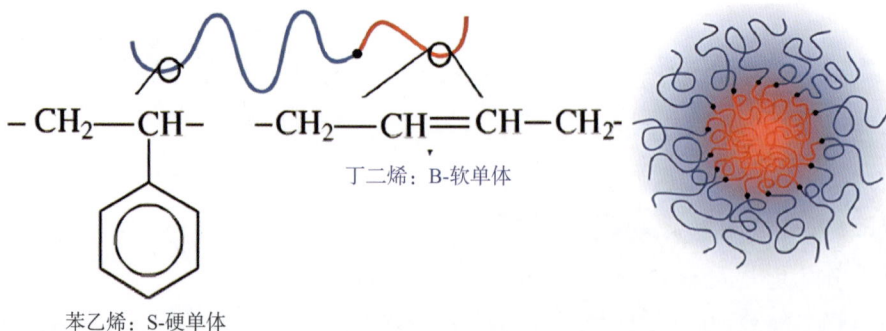

丁二烯：B-软单体

苯乙烯：S-硬单体

图4-11   SBR在水中浓缩成球状的形成机理

SBR疏水的非极性链段与非极性的负极石墨颗粒相结合形成黏结力，从而达到黏结石墨颗粒的效果。SBR颗粒粒径只有150 nm左右，还不足石墨颗粒粒径的十分之一，所以与石墨颗粒嵌入CMC网络的黏结方式不同，SBR对石墨颗粒的黏结作用更多是点对点的连接，将石墨与石墨、石墨和导电剂黏结在一起。在SBR浓度较低时，SBR吸附在石墨表面，降低了石墨颗粒之间的疏水力；随着SBR浓度进一步增加，石墨颗粒的疏水力转变为SBR之间的排斥力，并能很好地分散在水中。同时，SBR表面的极性基团可与铜箔表面的基团发生缩合反应形成化学吸附。

1933年德国法本公司采用苯乙烯（Styrene）和丁二烯（Butadiene）单体进行共聚得到了丁苯橡胶，由于苯的加入使得橡胶分子链具备了一定的刚性，橡胶的材料性能得到了提高。同年德国法本公司又将丁二烯与丙烯腈共聚得到了丁腈橡胶，这两种合成橡胶的出现使得德国在二战期间即使面临着物资封锁也能保证橡胶的供应。丁苯橡胶耐磨和抗老化性能都非常有优异，虽然材料性能不及天然橡胶，但是可以与天然橡胶任意比例混合，减少天然橡胶的使用量。而合成丁苯橡胶的单体苯乙烯与丁二烯都很容易大规模生产，这也使得后来的丁苯橡胶成了产量最大的合成橡胶。根据法本公司和美国新泽西美孚石油公司的共享专利协议，美孚公司从1938年起也开始生产这种合成橡胶。1939年第二次世界大战爆发后，美孚公司被迫向美国政府交出丁苯橡胶的生产专利。第二次世界大战后，丁苯橡胶生产过剩，于是制成加入50%左右的水，成为乳胶涂料转民用（称为丁苯乳胶，图4-12），成为应用最早的乳胶漆，乳胶漆改行用来当粘贴颗粒材料的"胶水"当然也合格了。

图4-12　丁苯乳胶里充满如同牛奶一样的橡胶颗粒

补注1：SBR橡胶粒径一般从几十纳米到几百纳米粒径不等，相对于石墨颗粒的微米级粒径来说，放大100万倍后就如同"糖豆和篮球"的比例大小。

补注2：橡胶树的"眼泪"本来就是乳白色的，丁苯橡胶其实也是乳白色的，但我们经常看到的橡胶轮胎是黑色的，是因为要提高轮胎刚性在白色橡胶里掺入了炭黑填充剂而已。

4.2.3　蜘蛛网CMC的分散稳定与糖豆SBR的黏结韧性：琴瑟之和、缺一不可

温故而知新、构建知识图谱：

4.1.3小节：高分子材料具备一定柔韧性，在溶剂会发生自由体积溶胀。

4.2.1小节：CMC的纤维"骨架"可以起到对浆料固体颗粒的位阻阻隔分散作用。

4.2.2小节：SBR的非极性链段与非极性负极石墨颗粒结合形成黏结力。

CMC和SBR在锂离子电池石墨负电极制备中缺一不可，这是工业界长期实践积累的结果。

1）单独使用CMC行不行？不行，在辊压过程中会脱粉掉料

在合浆和涂布工序中可以单独使用CMC，在这两个工序中CMC类似蜘蛛网的纤维骨架

完全可以托着"篮球"大小的石墨颗粒。但CMC水性黏结剂因具有较强的刚性和脆性，单独用CMC作为浆料的极片一旦被辊压，必然会结构坍塌，出现掉粉、裂纹、漏箔等现象。

2）使用SBR行不行？不行，石墨无法在水中有效分散

单独使用SBR作为黏结剂的话，固然SBR有亲水基和疏水基，能起到表面活性剂作用；但SBR只有在很大用量时才具备悬浮分散功能。单独使用SBR会使得合浆都很困难，想象一下"篮球"和"糖豆"在水里能有效分散吗，负极浆料会因此发生石墨颗粒沉降。且SBR不能长时间高速搅拌。如果合浆时加入SBR再长时间搅拌，SBR容易被结构破坏（俗称破乳）而降低其黏结性。在实践中，一般选择在搅拌前期先加入CMC对石墨进行分散，在搅拌后期加入SBR并低速搅拌。同时SBR和"糖豆"一样溶胀程度较高，太多的SBR也会使得极片在电解液注入后溶胀。所以不单独用SBR作为黏结剂。

3）同时使用SBR和CMC，两者的分工如何？

SBR与CMC共同作用时，"糖豆"SBR的主要作用是黏结（黏附颗粒至铜箔上），辅助作用是提高极片韧性，因为SBR粒子的弹性和柔性极大，辊压后的极片黏结强度更高、不会掉粉；而"蜘蛛网CMC"的主要作用是分散（稳定浆料避免沉降），让石墨和SBR分散均匀、悬浮稳定，辅助作用是帮助SBR一起黏结。而且CMC分子上的亲水基还可以与SBR的亲水基黏结，以便更好地固定住SBR，防止其在烘干等过程中不受控制地上浮，如图4-13所示。

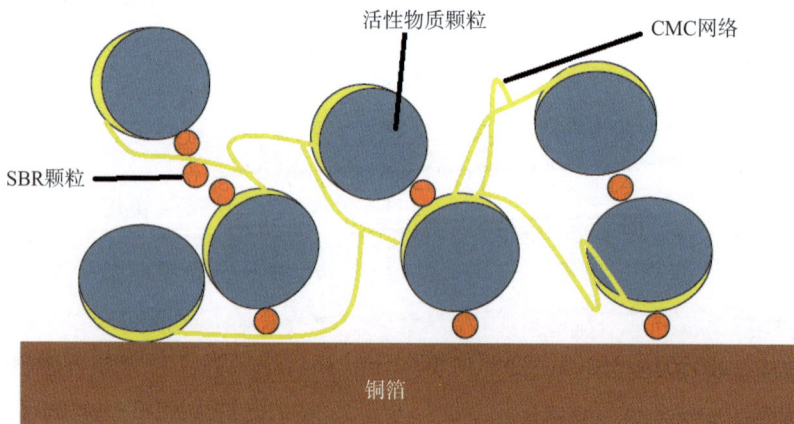

图4-13 SBR与CMC的联合黏结作用机理

在CMC、SBR构成的负极浆料体系中，由于CMC比SBR更容易吸附在石墨表面，石墨颗粒表面会优先与CMC吸附，而SBR则是一颗一颗覆盖于颗粒之间或者颗粒表面，SBR如同篮球表面黏附的"糖豆"一样起到黏结作用，因此石墨颗粒的分散主要受CMC的影响跟SBR的关系不大，通过"蜘蛛网"与"糖豆"的共同作用，可以让石墨颗粒既稳定地分散在浆料中又牢牢黏附在铜箔上，解决了浆料黏度不稳定、极片溶胀、脆性大等问题。因此只具备黏度而不具备黏结力的增稠剂CMC，必须与具有黏结力的SBR相结合才能发挥效用，在微米级层面的CMC与SBR黏结剂网络结构如图4-14所示。

图4-14　SBR与CMC共同构成的黏结剂网络结构

4.3　油漆干了会粘屁股：PVDF与NMP的如胶似漆

介绍完了负极材料的CMC与SBR"东邪"黏结剂，本章第三节介绍锂电正极所用的油性黏结剂PVDF与其溶剂NMP。

4.3.1　表面能低的含氟高分子家族：聚四氟乙烯VS聚偏氟乙烯

温故而知新、构建知识图谱：

3.1.3小节：物体为降低自身体系能量，总会去吸附一些表面张力比自己低的物质。

氟原子具有最高的电负性和较小的原子半径，氟碳键能大。高分子碳氢化合物中的氢原子被氟原子取代后，碳链上的氟原子排斥力大，碳链呈螺旋状结构，且被氟原子包围形成屏蔽效应，故氟聚合物具有极高的化学稳定性和极低的表面能，例如氟橡胶就比一般的橡胶耐腐蚀，在注液嘴等地方使用氟橡胶方能避免电解液腐蚀。因含氟黏结剂的可降解性环境问题，也有无氟正极黏结剂在进行相关验证工作。

1）聚四氟乙烯的性质与干法电极应用

大家都特别熟悉铁氟龙，其学名为聚四氟乙烯（Polytetrafluoroethylene, PTFE），是一种氟取代聚乙烯中全部氢原子的人工合成高分子材料。聚乙烯高分子链上的氢原子被取代为极性极大的氟原子后，分子链相互作用力极大，形成了很强的内聚缠绕作用，其分子链很难运动，因此具备很强的刚性。同时，铁氟龙具备良好的耐温性、耐腐蚀性、耐候性和优越的电绝缘性、化学稳定性和抗氧化性。铁氟龙的摩擦系数极低，是固体材料中表面能最低的物质（与$-CF_2-$的表面张力一样为18达因/厘米），几乎不黏附任何物质，不溶于任何溶剂，故可用来做不粘锅的表面涂层，因此其作为黏结剂的黏附性也较差。但聚四氟乙烯能够形成高长径比的纳米纤维结构，纤维直径只有几纳米，长度几十微米，通过形成三维网状结构使活性物质和导电剂聚合在一起，因此，聚四氟乙烯常用于干法电极工艺。

所以，车间地面往往涂覆着一层高分子材料（聚氨酯等）制成的地坪漆，除了防护擦碰外，目的也包括通过高分子的低表面能减少灰尘吸附。由于高分子具有防腐蚀性、防静电等优良性能，人们常在汽车车身表面进行打蜡处理，石蜡的表面能是20达因/厘米，除了防护擦碰也可以让汽车车身减少灰尘吸附。

2）聚偏氟乙烯的性质与黏结剂应用

聚偏氟乙烯PVDF（Poly vinyl dene fluoride）分子结构介于铁氟龙和聚乙烯之间，比聚四氟乙烯的基本单元多了两个氢原子少了两个氟原子，由—CH_2—CF_2—重复单元共聚形成，如图4-15所示，分子量一般为30万～300万，分子链中氟原子与氢原子分别位于链段两侧。其分子—C—F—键具有很高的键能（497 kJ/mol），C—C键被外面的氟原子所包围，分子排列对称、规整、紧密或部分结晶，是一种线形半结晶部分氟化聚合物，与铁氟龙一样为白色塑料。与完全氟取代的聚四氟乙烯（PTFE）相比，PVDF表现出更高的拉伸强度和黏附力。

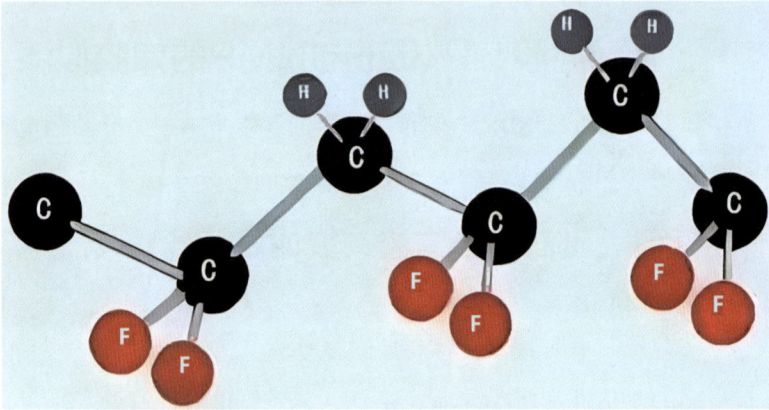

图4-15　PVDF的分子结构示意图

聚偏氟乙烯（PVDF）不仅继承了铁氟龙优异的热稳定性、化学稳定性（耐化学品）和机械稳定性（硬度、冲击强度、良好的耐磨损性和弹性），还具备出色的压电性、热电性、介电性能、良好的加工性能。其玻璃化温度约为-39℃，黏流温度约为170℃，热分解温度在316℃以上，长期使用温度为-40℃～150℃。由于—CF_2—的表面张力为18达因/厘米，基团—CH_2—的表张力为31达因/厘米，故PVDF的表面张力介于两者之间，为25达因/厘米。PVDF非常低的表面张力为其提供了独特的不黏性和低摩擦性，对油和水等污垢的排斥性使其容易清洗维护、有很强的疏水性、极低的可润湿性和可渗透性。根据食品及药品监督管理局规定，PVDF可用作食品接触级材料，故用PVDF做成的塑料水管PVC管和PP管等对人身体健康没有负面影响，PVDF塑料管如图4-16所示。

图4-16　PVDF制成的塑料管

与完全被氟取代的铁氟龙（PTFE）相比，PVDF的黏附性能更为优异，故被用为电极的黏结剂。但PVDF一般不适用1.2节所述的干法电极工艺。原因是 PVDF较活性物质颗粒粒径太大，削弱了黏结效果。选择PTFE作为干法电极制备的黏结剂，是因为其聚合分子量较大，可以纤维化成直径只有几纳米、长度几十微米的高长径比纳米纤维结构。

4.3.2　耐腐蚀、耐脏污、耐候性的室外好面漆：溶于NMP的PVDF氟碳漆

温故而知新、构建知识图谱：

2.1.3小节：极性物质间相亲，非极性物质间也相亲，极性与非极性物质间不相亲，极性与非极性也影响了材料的溶解性。

涂料俗称油漆，其涂覆在物件表面，形成黏附牢固、具有一定强度、连续的固态薄膜。氟碳漆又称"含氟涂料"，常见的材料包括PVDF（聚偏氟乙烯、PTFE聚四氟乙烯）等高分子材料。氟碳漆价格高，但具备出色的户外耐久性、出色的弹性和柔韧性、耐腐蚀、化学稳定性、抗粉化、防水性、高耐候性、自清洁性，用紫外灯照射一年性能基本不变，长期使用涂层不褪色，其薄膜置于室外一二十年也不会龟裂。用于建筑屋顶、外墙和铝窗框、桥梁、管道、钢结构等大型工程项目的面漆，户外耐候防腐年限长达十几年，甚至能加上颜料让涂了油漆的建筑物看起来金光闪闪（跟镀了金一样），如图4-17所示。

图4-17　PVDF外墙涂料效果

补注1：一般很少用水性乳胶漆（例如SBR）做外墙面漆，这是因为外墙乳胶漆的防水性能要求比室内乳胶漆要高，只能选用不溶于水的油性乳胶漆。

补注2：我们为什么要给金属表面刷油漆，因为金属表面的化学活性大、物理表面能大。故要刷的油漆一定是PVDF等化学稳定性好、表面能小的材料。

PVDF具有很好的碳酸酯等电解液溶剂吸收能力，使干燥的极片在电解液溶剂充分吸收后发生溶胀，这对于电解液的浸润是非常有必要的，但溶胀要适度，不然会引发电芯厚度膨胀超标问题。

由于PVDF的—CH_2和—CF_2键交替出现，分子链呈现出较强的极性（见2.1.3小节），因此常温下只可溶于几十种特定的极性有机溶剂，例如N-甲基吡咯烷酮（N-Methyl-2-polyrrolidone, NMP）。NMP是由非极性和极性两部分键合而成的极性物质（其还有一个甲基长歪了的兄弟N-乙基吡咯烷酮，NEP），其结构如图4-18所示。当PVDF和非极性物质混合时，多个NMP分子的极性端可以靠到一起，而非极性端（NMP中的有机五环部分）和非

极性物质（例如石墨、PVDF）接触。NMP可溶解包括橡胶在内的大量高分子材料，是一种大多数涂料的优良溶剂，也可利用NMP溶解石墨制作印刷油墨。在一定温度下，溶解了PVDF的NMP胶液中，NMP将会挥发，PVDF浓度在超过77%时就会结晶析出（60℃时），PVDF又会变成"面漆"状的一层薄膜裹在相关容器上。

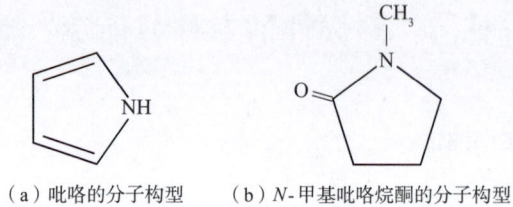

　（a）吡咯的分子构型　　（b）N-甲基吡咯烷酮的分子构型

图4-18　NMP的结构

　　涂料及各种有机溶剂里都含有苯，苯是一种无色具有特殊芳香气味的液体。而NMP中含有吡咯（五环部分，比苯少了一环），是在电池正极车间中能闻到油漆味（氨味）的来源（茶叶中的芳香类物质也有吡咯）。NMP具有高沸点（204℃）、强极性、低黏度、强溶解能力、无腐蚀性、化学稳定性好、热稳定性好（闪点95℃）、易回收、选择性强等优点，应用于涂料（图4-19）、锂离子电池、塑胶、化学生产药剂、农用化学制品、脱脂去污等领域。这些特点有利于干燥涂料，让油漆提高流动性和覆盖力，使涂料更均匀、无孔、无裂纹。但NMP易挥发，操作不当可能导致闪爆，且成本较高。2020年欧盟对NMP下了限制令，确保工人皮肤接触的NMP的数量限制在4.8毫克/千克体重/天，因为NMP的接触达到一定阈值会影响生殖系统。

图4-19　使用NMP做溶剂的涂料

　　当NMP和水混合时，NMP的非极性端聚集在一起，露出NMP极性端中的C=O双键，因此NMP能与水以任何比例混溶，几乎与所有溶剂（乙醇、乙醛、酮、芳香烃等）完全混合。NMP亲水又亲油，而PVDF只亲水。PVDF溶于NMP后，由于PVDF不溶于水，而NMP吸水，因此会发生非溶剂致相分离，导致PVDF从NMP中析出，影响浆料的稳定性、分散性、流动性和流平性，不利于浆料的涂布。故一般要求NMP来料纯度＞99.8%、比重1.025～1.040、含水量要求＜0.005%（500ppm，1ppm=10^{-6}）。

涂料分为水性涂料和溶剂性涂料两种，产生污染的主要是溶剂性涂料，而使用环保的水性涂料便可以完全免除对涂料污染的担忧。黏结剂也分为水性和油性两种。CMC与SBR是极性物质，属于水性黏结剂，PVDF是非极性物质，属于油性黏结剂。油性黏结剂效果比水性黏结剂更好，一般来说，既可以用作负极又可以用作正极；但水性黏结剂成本更低且环保，在涂布烘烤过程只需将水分蒸发而无需经过NMP冷却塔冷却回收，所以负极使用水性黏结剂可以减少成本。那么为什么正极材料就偏偏要用PVDF油性黏结剂这种价格昂贵的"特级胶水"呢？主要因为以下三点：

1）正极材料更怕水，如同"铁锈"一样，正极材料表面容易与水反应产生"锂锈"，还会引起活性物质"活性锂"流失到水溶液中，故选用溶剂为有机物的油性黏结剂更好，有机溶剂干燥后的些许残留对锂离子电池性能没有显著影响。例如将NCM粉末在水中浸泡一个小时，表面Li_2CO_3和LiOH的含量比其在空气中放置一年还要高。

2）正极和负极的电位不一样，SBR在正极高电位下会发生氧化反应而失去黏结性，极片掉粉，循环变差，这也是建材市场第一代乳胶漆SBR后来被取代的原因，因为SBR漆膜易氧化变黄变脆；故选用更加耐高电位的PVDF作为黏结剂更好。

3）水性浆料溶解了正极浆料表面的残碱后也会变成碱性，铝箔会发生铝碱反应被侵蚀。

4.3.3　化学稳定性好的PVDF被碱攻击后会链段交联，分子链难松弛

温故而知新、构建知识图谱：

4.1.2小节：高分子链段通过化学键交联在一起后，与溶剂只能停留在溶胀阶段，不会发生溶解。

与其他高分子材料一样，PVDF会在NMP中溶胀，产生网络结构，将浆料里各种粒径的颗粒"网"住，起到干燥后"黏结"导电剂和活性物质的作用，在锂电行业主要用来做黏结剂。

PVDF的化学稳定性一直是一个标志性的特点，然而与铁氟龙这种"全身盔甲"的全氟化聚合物相比，PVDF分子链中具有酸性的"H"原子是其"致命软肋"，在强碱、强氧化环境下具有反应活性，所以虽然PVDF耐腐蚀，但PVDF怕强碱。PVDF一旦遇到强碱，比方说正极材料表面的LiOH、NMP中的游离氨，强碱会攻击PVDF的C—F、C—H键，发生双分子消去反应，会在分子链上形成一部分的C≡C双键，PVDF脱C—F、C—H键反应如图4-20所示。PVDF的C≡C双键很不稳定，容易和相邻PVDF的链发生交联，由4.1.2小节可知，高分子一旦发生交联，其高分子链段的可运动性能就会减弱，高分子的黏度、黏结力和黏流温度提高。这时PVDF在常温下即可形成凝胶，凝胶可以被定义为一个非流动态溶剂填充的网状的聚合体，其变成像果冻一样的胶体，而不是正常流体（将凝胶内的液体在不破坏凝胶结构的情况下抽出替换为气体，就变成了当前炙手可热的新材料——气凝胶），无法正常进行涂布。

水泥也是一种凝胶与固体颗粒的混合物，即水泥胶凝体，水泥胶凝体具有很强的黏合力和硬度。

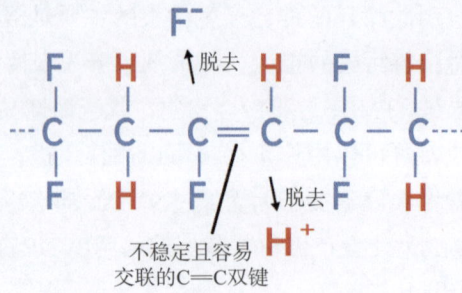

图4-20 PVDF脱C—F、C—H键反应

当PVDF因强碱攻击的双键发生高分子交联，导致黏度、黏结力和黏流温度提高的同时，其玻璃化温度也随之提高，故PVDF在常温下发生交联会变脆（更像玻璃），涂布涂出来的极片脆性增加，故在极片辊压、模切、卷绕等工序过程中特别容易发生黏结剂高分子脆裂，导致脱粉掉料甚至断带停机，这样加工得到的卷芯会发生容量不足和安全隐患。上述消去反应、交联反应是不可逆反应，凝胶状浆料很难通过添加溶剂等方法降低黏度，而且会随着搅拌时的温度升高而加速反应形成凝胶，正常浆料和凝胶化浆料的外观区别如图4-21所示。

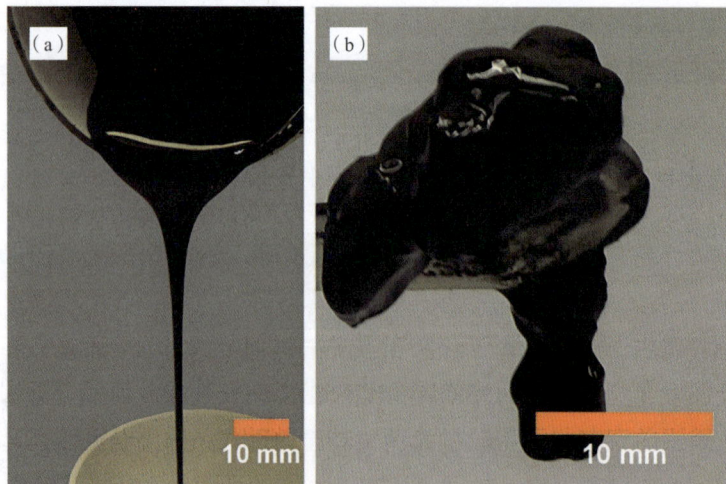

图4-21 （a）正常浆料和（b）凝胶化浆料的外观

在电芯制造中的正极材料比表面积大，材料表面上极易吸收水分并发生反应，反应的结果就是生成LiOH、Li_2CO_3，故正极材料的pH值一般都较大，特别是高镍的三元材料。而这些正极材料表面反应生成的强碱就会攻击PVDF，导致其发生上述脱C—F，C—H键消去反应。正极材料与空气的反应会在原材料保存、电极制备、极片存储等过程中进行，因此从原材料到整个锂电生产过程都需要严格的环境控制，特别是水分控制，比方说用铝塑膜对运输中的正极材料进行包装等。如果水分与材料已经发生了化学反应，通过常规干燥过程根本无法再次去除水分的影响。

5 颗粒、高分子与溶剂混合后的浆料自组装重构：黏度、团聚与沉降

电极浆料是由黏结剂、溶剂、固体颗粒共同组成的混合溶液，故其物理性质既不同于水流也不同于泥石流。本章将详细讨论高分子材料、粉体无机颗粒与溶剂相互混合后的一般浆料性质，主要论述浆料的运动特性（即黏度）和稳定性，其中浆料的稳定性又分为"聚集稳定"和"动力学稳定"，即抗团聚特性和抗沉淀特性。

聚集稳定性（微观稳定性，抗团聚特性）是指粉体颗粒表面同性电荷相斥而不能相互聚集的特性。颗粒很小时，比表面积大，故表面能很大，在布朗运动相互碰撞时会发生表面能吸附，因此有自发相互聚集的倾向，粒子表面同性电荷的斥力作用的存在使这种自发聚集不能发生。如果颗粒表面电荷消除，便失去聚集稳定性，小颗粒便可相互聚集成大颗粒，动力学稳定性也随之破坏，随机发生沉淀。本书将之称为团聚与分散这一对相互作用。

动力学稳定（宏观稳定性，抗沉淀特性）是指颗粒布朗运动对抗重力影响的能力。大颗粒悬浮物如泥沙等，在水中的布朗运动很微弱甚至消失，在重力作用下会很快下沉，故称其动力学不稳定性；小颗粒悬浮物，其布朗运动剧烈，所受重力作用小，布朗运动足以抵抗重力影响，故而能长期悬浮于水中，故称其动力学稳定。颗粒愈小，动力学稳定性愈高。本书将之通俗称为沉降与悬浮这一对相互作用。

5.1 粉体与流体间的作用力抵制形变：黏度的本质

第五章第一节依次讲述溶剂的运动特性、溶剂中加入高分子黏结剂变成胶液后的运动特性、胶液加入粉体颗粒后的运动特性，包括浆料流动特性随温度的变化，最后对固体和液体的黏弹性和弹塑性进行一下对比分析。

5.1.1 纯溶剂的黏度本质：流动中分子拉拉扯扯作用力能化解外力

温故而知新、构建知识图谱：

2.1.1小节：分子间存在着引力，引力维持着固体和液体间的凝聚作用。

浆料黏度是鉴定浆料是否合乎工艺规格和适合涂布的关键参数之一。什么是黏度？顾名思义指的是液体的黏稠程度，就像炼乳和蜂蜜一样，是体现液体"稀/稠"的程度。黏度的官方定义：（动）黏度是流体对形变的抵抗随形变速率的增加而增加的性质，是剪切应力与剪切速率之比值（牛顿黏度定律）。

任何固体、液体甚至气体材料受到外力作用，都会沿外力方向发生相对错位变形，我们称之为剪切，能够使材料产生错位变形的力称为剪切力，而剪切速率就是材料变形的速率。各个分子间的相互作用力处于稳定平衡状态，分子间的作用力会力图使物体保持不变形，或者从变形后的位置恢复到变形前的位置，错位变形要想破坏这种稳定平衡状态就需要一定的力。这里的剪切应力和剪切速率在搅拌过程中可以理解为搅拌强度和搅拌速度，即：

$$黏度 = 搅拌强度 / 搅拌速度 \tag{5.1}$$

搅拌强度=搅拌轴力矩/叶浆面积，单位为N/m。故黏度的国际单位为（N/m）（m/s）=Pa·s（帕斯卡·秒）。

通俗点说就是，搅拌的时候费力（很大搅拌强度才让搅拌叶浆运转了一点点），流体黏度就大；搅拌的时候轻松（一点搅拌强度就让搅拌叶浆运转非常丝滑），流体黏度就小。因此黏度是流体阻碍其变形（流动）的内部应力大小，是流体运动阻力即内部摩擦力的一种表征。黏性力做功产生的影响之一就是引起流体升温，即摩擦生热，比如各种机械上的液压缸用久了，液压油会发热就是这么个道理，故液压油必须有一定的黏度。

因此，在合浆和涂布工艺过程中，同样流量和运动距离的浆料，黏度越高所需的驱动力越大。流体为什么会有黏度？因为流体的分子间会有分子引力，分子引力会对我们的分子流动产生"拉扯作用"，因此所有流动都必须克服此分子引力"拉扯作用"，这个"拉扯作用力"的大小就用黏度来表示。

至此，我们以水为例，系统讨论一下这个分子间作用力导致的外在物理性质。一方面分子间有引力"拉扯作用"，另一方面分子间有斥力"拥挤作用"，引力与斥力的内部平衡让水保持凝聚，引力与斥力的表面不平衡产生了表面张力，斥力促使水受外力，相互拥挤向前运动；引力促使水不抵抗形变，产生黏度；斥力促使水偏离平衡位置，返回收缩产生弹性。

水之所以能够"以柔克刚"，就是因为水遇到外力的作用时，其不是直接如固体那般采用"硬杠"的方式对抗，而是让外力在水的黏度这种运动阻力作用下逐渐减弱，通过剪切应力这种"四两拨千斤"但又持续存在的方式让剪切速率慢下来，甚至可以利用水的弹性给予施力物体一个反作用力。因此说流体化解外力"以柔克刚"的能力就是黏度。

在锂离子电池制造工艺文件定义的浆料黏度单位是毫帕斯卡·秒（mPa·s）或厘帕·秒（cPs），但黏度的国际标准单位是帕斯卡·秒，这几个黏度单位的换算关系如下：

1帕斯卡·秒（1 Pa·s）=1000毫帕斯卡·秒（1 mPa·s）

10毫帕斯卡·秒（1 mPa·s）=1厘泊·秒（1 cPs）

100厘泊（100 cP）=1泊（1 P）

黏度规格可以从几千到几万不等，可能很多读者觉得这个黏度单位太抽象没概念，用一些具象的东西来描述我们的浆料黏度。20℃下（黏度随温度变化，具体详见表5-2），水的黏度差不多是1 mPa·s，蜂蜜的黏度差不多是3 000 mPa·s，而口香糖黏度是十万

mPa·s，部分锂电制造中的常见流体（包括注液中的电解液溶剂流体）表面张力和黏度数值如表5-1所示。

表5-1　部分锂电制造中的常见流体表面张力和黏度

类　　型	液体名称	表面张力 /（dyn/cm）	黏度 /（mPa·s）
日常液体	25℃酒精	22.39	1.09
	25℃水	72	0.89
	25℃ NMP	40.7	1.65
高分子溶液	2%CMC 水溶液	71	1000+
	25℃丁苯乳胶	72	80 ~ 350
	PVDF 混合 NMP	25	6400
有机溶液	20℃ NMP	41.3	1.65
	电解液溶剂 EC	41.6	1.9
	电解液溶剂 PC	30	2.5
	电解液溶剂 DEC	26.9	0.74
	电解液溶剂 DMC	24.6	0.59

由表5-1可以看出，水的表面张力比酒精和NMP大，但黏度比酒精和NMP低，不同物质表面张力和黏度的关系，还没有文献给出经验法则或相关性。但通常情况下，随着温度的升高，分子间偏离平衡距离程度提高，导致"拉扯作用"降低，流体的黏度和表面张力均会下降。

5.1.2　溶剂中加入黏结剂后的"胶水"黏度：黏结剂含量、分子量、搅拌速度的影响

温故而知新、构建知识图谱：

4.1.5小节：高分子黏结剂具备一定的黏弹性与流变性，分子量越高黏度越高，黏度随剪切速率发生变化。

4.2.1小节：CMC取代度越高，分子链运动难度越大，其胶液黏度也越大。

高分子黏结剂的含量与分子量提高，都会对加入高分子黏结剂后的胶液黏度产生增大的影响，此外胶液黏度还会随搅拌速度增大发生黏度降低等变化。

1）溶剂本身的黏度会影响胶液黏度

不同的溶剂具有不同的黏度，使得浆料的黏度也将随之变化。

2）黏结剂含量越大，胶液黏度越高

有学者专门用榨汁机测量梨汁黏度与浓度的关系，梨汁中含有大量的多糖和纤维，与CMC溶液的性质部分相似，可以看出梨汁浓度越高，果汁黏度越高。也有学者测量了CMC溶液黏度随CMC浓度的关系，最后发现CMC溶液与梨汁一样，其黏度都随着高分子浓度的

增加呈指数增长关系，如图5-1所示。因为胶液的高分子浓度较低时，每根高分子长链有足够的运动区间，高分子长链之间的相互作用很小，其流动状态与水流相似；随着胶液浓度的提高，高分子长链相互碰撞并相互交织的机会也增加了，容易形成高分子长链网络，高分子浓度越高则由高分子长链絮聚交织形成的网络越稳定。

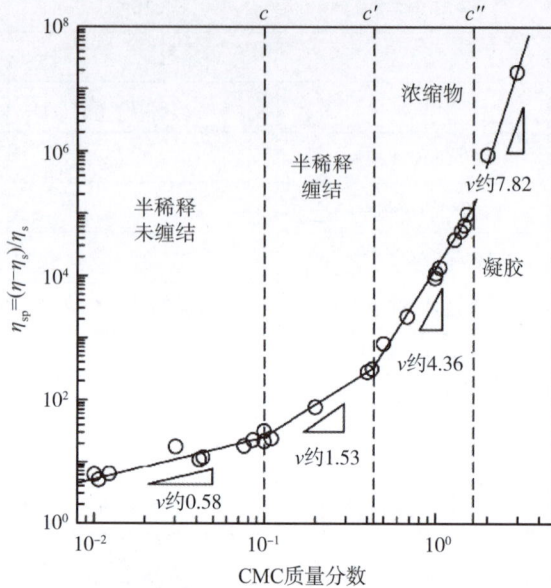

图5-1　CMC浓度与浆料黏度的关系

另外，高分子在溶剂中的溶解需要一个过程，所以在溶解过程中胶液的黏度会逐渐增大。

3）黏结剂分子量越高，CMC取代度越高，胶液黏度越高

高分子的相对分子量越大，其链段越长，相对来讲其链段也越难以运动，同时CMC的取代度越高，浆料的表观黏度也会增加。

4）搅拌速度越快，胶液黏度越低

流体的搅拌性质一般有以下几种，一是随着搅拌速度的变化，流体的黏度不发生变化，称为牛顿流体（即符合牛顿黏度定律，1687年牛顿首先提出）；二是随着搅拌速度的提高，流体的黏度发生增大的现象，称为膨胀性流体；三是随着搅拌速度的提高，流体的黏度发生降低的现象，称为假塑性流体。膨胀性流体和假塑性流体统称为非牛顿流体。从实用性角度读者没必要去记这些名词，只需要听到这几个名词不被人唬住即可。

最常见的是牛顿流体，水、酒精等大多数纯液体、轻质油、低分子化合物溶液以及低速流动的气体等均为牛顿流体；固液混合和高分子的浓溶液一般为非牛顿流体。电极浆料中的高分子材料，其大分子链在长期静置条件下会缠结在一起，而流动起来后其高分子链又会逐渐开始拉直，故属于非牛顿流体中的假塑性流体。故胶液静置过程中黏度增大，此时如果对其进行逐步搅拌，其黏度可以降低，不同质量分数甘油-水混合溶剂的CMC溶液的黏度曲线如图5-2所示。

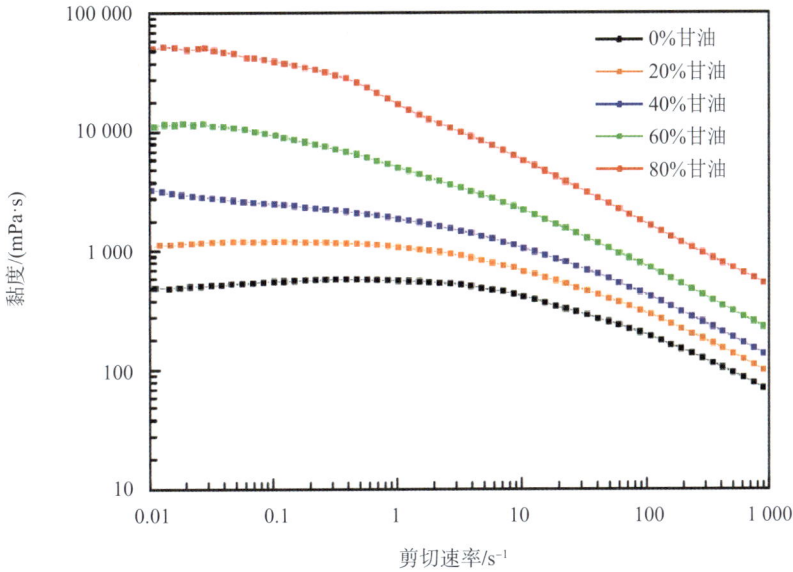

图5-2 不同质量分数甘油-水混合溶剂的CMC溶液的黏度曲线

有些非牛顿流体在低搅拌速度和高搅拌速度下都呈现出牛顿流体现象，这是因为在低剪切速率下，分子的无规则热运动占优势，体现不出剪切速率对流体颗粒重新排列所导致方黏度变化，当剪切速率增高到一定限度后，剪切定向达到了最佳程度，也表现出黏度不随剪切速率而变化。

5）搅拌速度过大，黏度不再随搅拌速度变化，还会破坏高分子长链

当搅拌速度持续增加时，高分子的物理交联点完全被破坏且来不及重建，高分子长链具有完全的方向性，使黏度值降至最低值且不再变化，在高剪切速率下胶液可能接近牛顿流体性质，此时的黏度被称为极限合浆黏度。

同时，浆料在搅拌和传输过程中受到强搅拌力，会导致高分子的长链结构被"扯断"。例如CMC的脆弱"蜘蛛网"很弱，极易被搅拌力破坏。高分子长链构被破坏后会导致浆料沉降，浆料上层与下层的黏度随固含量不同发生差异。

5.1.3 胶液中加入粉体后的浆料黏度：屈服应力、触变性与粉体流动的影响

温故而知新、构建知识图谱：

3.2.2小节：粉体的流动性随粉体颗粒大小、粒径分布、粉体形貌发生变化。

5.1.2小节：溶剂中加入黏结剂后的胶液黏度受到黏结剂含量、分子量、搅拌速度的影响。

电极浆料由多种不同比重、不同粒度的原料组成，浆料的黏度与运动性质是典型的固液两相流问题，通俗点说就是"沙子泡在胶水"里的黏度与运动性质。对固体或"沙堆"的作用力只有大于一定值才会发生形变。当浆料浓度足够大时，即可出现类固体性质，其

在静止时黏稠，甚至呈固态；其在很小的搅拌应力下不会流动，只有受到超过一定数值的搅拌应力后才能具有流动性；这种性质被称为浆料的屈服性。这个使浆料流动的最低搅拌应力，称为屈服应力或屈服值（通俗点说即倔强系数）。屈服应力是浆料微观结构的凝聚力的函数，是使材料凝胶结构被破坏时所需的能量。当浆料颗粒间以排斥力为主时，流动性好，不存在屈服应力。

补充一个与屈服应力相反的概念，触变性即一个体系被破坏及其恢复的能力。高分子黏结剂是线性或网状结构，搅动时，这些结构被破坏，流动性就好；静止后，它们又重新恢复网状结构，流动性变差。也就是施以外力至系统时具有结构变化，除去外力后，系统结构会有恢复现象。触变过程也是胶链结构的破坏和恢复过程。随着高分子黏结剂含量的增加，触变恢复率先变大后变小，即只有添加适量的黏结剂，才能够使得浆料中的颗粒形成均匀稳定的分散结构。触变性流体也称胶变性流体，其必然是具有时间依赖性的假塑性流体，但假塑性流体并不一定是触变性流体。由触变性流体的流动特性曲线（图5-3）就可看出，随着搅拌速度的增大（上行线）和减小（下行线）这样一个循环，形成了一个滞回环，表明了流体的黏度会随着时间的变化而发生改变，并且搅拌速度减慢时的曲线位于搅拌速度增加时的曲线的上方。

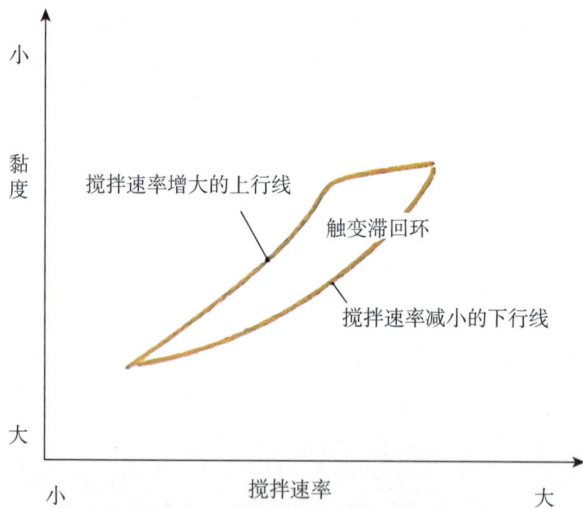

图5-3 黏度与搅拌速率的高分子溶液触变滞回环

黏结剂的高分子长链在形成网络结构后，有抵抗被分散压缩的能力，即具有一定的固体性能。浓度越高，高分子网络的稳定性就越好，抵抗变形和分散的能力就越大。高分子网络的强度还受到高分子柔韧度、长度等因素的影响。高分子越长、越柔韧，所形成网络的强度就越大，反之就越小。当浆料中黏结剂含量较低的时候，粉体颗粒间的黏结力较弱，容易发生分离团聚，导致触变恢复性较差。

对静置浆料施加搅拌力时，溶剂首先流动，并在碰到静置悬浮颗粒时在颗粒周围引发偏离和扰流。如图5-4所示，这同时在颗粒与流体之间产生了速度差，两者之间产生的内摩擦力带动颗粒跟随运动。因此搅拌浆料运动不但要提供使溶剂流动的搅拌力，还要额外提供使溶剂在颗粒附近偏离和扰流的搅拌力，这就导致了浆料黏度的增加。也就是说，由于扰流和偏离存在，浆料黏度均大于相应纯溶剂的黏度。

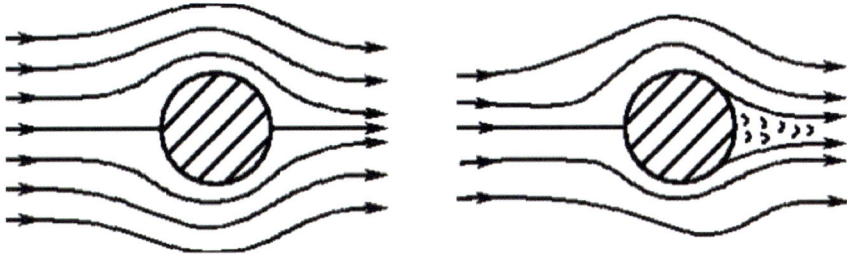

图5-4　浆料中颗粒对溶剂的偏离和扰流

长链结构的CMC和PVDF等高分子黏结剂一旦接触到浆料中的固体颗粒就会改变其弯曲形状，也可能会在几个固体颗粒间"牵线搭桥"形成桥接作用，而这些桥接作用能否形成主要取决于颗粒间的距离。固含量增加会导致颗粒间的分散距离变得非常小，这种桥接作用很可能会形成；浆料的屈服应力、黏弹性等也会增加。搅拌力可以克服颗粒间的相互作用力，一旦浆料流动起来，屈服应力的降低可以归因于颗粒增强的动能，从而撕裂一些高分子材料的桥接作用，浆料中的微观结构被破坏。而这种桥接作用微观结构被破坏后需要一段时间来恢复，即颗粒与高分子间的网络破碎和重整是可逆过程，当降低搅拌速度，颗粒与高分子会重新形成相互连接的网络结构，黏度升高。

悬浮液颗粒的微观结构及颗粒间的吸附层作用、静电作用等，会使悬浮液的流变特性变得复杂，1905年爱因斯坦也曾经提出了硬球颗粒形成的稀悬浮溶液黏度模型，但此模型直接用到电极浆料这一浓悬浮溶液上存在很大问题。总的来说，在电极制备的高分子胶液中，黏度影响因素只能寻找一些经验性的公式证明，对浆料黏度产生影响的粉体性质因素就有：

1）固含量越大，浆料黏度、弹性和屈服应力越大

固含量的增加，一方面可以缩短固体颗粒间的距离，增大桥接作用的力度，另一方面固体颗粒充当高分子分子流动和排列的"钉扎点"，浆料流动性也会受到阻碍。所以固含量越大，浆料黏度、弹性和屈服应力越大。

在日常的锂电生产工艺中，我们常常采用质量分数配置浆料。其实，只要颗粒能够在溶液中悬浮，影响浆料黏度是颗粒的体积百分比而非质量分数，只不过计量一大堆粉体颗粒的细小体积和远不如称重来得快速准确，所以一般浆料的评价指标是固含量。当年爱因斯坦用平衡态的统计物理计算了稀悬浮溶液的颗粒布朗扩散系数问题，得到的稀溶液黏度随颗粒体积百分比 Φ 的增加比例为 2.5Φ，后人进一步修正得到新的订正公式是 $(2.5\Phi+6.2\Phi^2)$（其对电极浆料的浓溶液同样不适用）。

2）粉体形貌越粗糙，浆料黏度、弹性和屈服应力越大

颗粒间作用力通常产生于颗粒表面，表面越粗糙其相互间作用力越大，而且表面越粗糙对溶剂的偏离和扰流也越大。因此黏度、弹性和屈服应力随着颗粒球形度变差而

增大。

3）粉体粒径越小，浆料黏度、弹性和屈服应力越大

颗粒粒径减小，其总的表面积增加，表面能和静电作用导致颗粒间的相互作用力增加，粉体的流动性变差。同时，颗粒外层吸附了一层高分子黏结剂，随着颗粒粒径的减小，所吸附的黏结剂愈多，即高分子对颗粒的附着面积和"结网"程度也随着颗粒总表面积的增加而增加，高分子与细小颗粒组装成高度支链的聚集体或絮状物。而相对较大的颗粒不容易形成相互连接的分形结构，高分子的桥接作用也越差。故因而浆料的黏度、弹性和屈服应力随着粉体粒径减小而增加。

4）粉体粒径分布越大，浆料黏度、弹性和屈服应力越大

粉体的粒径分布越大，流动性越差，形成的浆料黏度也越大。对于更宽的粒径分布，存在更多的小颗粒，它们可以填充更粗颗粒之间的间隙，并且颗粒可以更有效和更密集地堆积（堆积密度提高），浆料也越类似于固体的性质。

5）颗粒的沉降及团聚会使黏度由上而下忽高忽低

如果搅拌分散不均匀导致浆料中固体物质大面积沉降，缓存罐中浆料上层与下层的黏度随固含量和颗粒大小不同发生差异，自然导致浆料黏度由上而下忽高忽低。同时，活性物质、黏结剂、导电剂等溶质发生团聚，也会导致浆料不稳定而沉降。

5.1.4 温度提高会降低浆料的溶剂和高分子黏度，但也会对PVDF造成破坏影响

温故而知新、构建知识图谱：

4.1.2小节：温度越高，高分子的链段运动越活跃。

4.3.2小节：正极浆料溶剂NMP会吸水会导致PVDF非溶剂致相分离。

4.3.3小节：PVDF黏结剂会与碱性材料发生消去反应和交联反应，导致溶胀效应。

温度对黏度的影响是综合性的，一般情况下温度越高黏度越低，但在过高温度下也可能因为化学反应导致相反的黏度增大现象。

1）温度越高，溶剂黏度越低

在2.2.3小节中论述了温度越高表面张力越低。同样的道理，黏度也来自分子间的引力，温度升高意味着分子无规则热运动增加，即偏离图2-2所示的平衡位置越多，故其密度和分子间力也越小，溶剂的黏度也越小。表5-2展示了水的密度、黏度和表面张力随温度变化情况。

表5-2 水的密度、黏度、表面张力随温度变化情况

温度 /℃	密度 /(kg/m³)	黏度 /(mPa·s)	表面张力 /(dyn/cm)
0	9.999	1.781	75.6
5	1000.0	1.518	74.9
10	999.7	1.307	74.2

续表

温度 /℃	密度 /(kg/m³)	黏度 /(mPa·s)	表面张力 /(dyn/cm)
15	999.1	1.139	73.5
20	998.2	1.002	72.8
25	997.0	0.890	72.0
30	995.7	0.798	71.2
40	992.2	0.653	69.6
50	988.0	0.547	67.9
60	983.2	0.466	66.2
70	977.8	0.404	64.4
80	971.8	0.354	62.6
90	965.3	0.315	60.8
100	958.4	0.282	58.9

2）温度越高，高分子的链段运动越活跃，胶液黏度越低

温度越高，高分子胶液流动会更容易，黏度降低。故改变胶液黏度的一个简单方法是改变其温度。

3）温度越高空气水分越大，容易NMP吸水会导致PVDF固体溶出增大黏度

不同的温度也对应着空气中水蒸气的相对含量，衡量湿度的露点就是使所含的水蒸气达到饱和状态而开始凝结时的温度，而水分也会影响正极浆料的黏度。由于正极浆料溶剂NMP吸水会导致非溶剂致相分离，也会通过溶出固态PVDF的方式增加浆料黏度。

4）高温也可能加剧PVDF与强碱的消去反应和交联反应，胶液黏度增大

温度越高车间里水分越多，正极的三元材料等活性物质暴露在空气中易吸收空气中的水分，导致粉体表面残碱增多，PVDF黏结剂发生消去反应和交联反应，使得浆料黏度有所增大。此外，温度越高分子平均动能越高，更多分子达到了"活化"程度，即发生化学反应的一个必要条件"活化能"条件更容易达到。一般的化学反应速率都与温度（这里的温度是从绝对零度开始计数的开尔文温度）呈指数关系。因此温度会加速PVDF内双键反应，从而急剧浆料形成凝胶。

5.1.5 浆料黏度小结："黏度如此多娇，引牛顿和爱因斯坦竞折腰"

综合第五章第一节前面所述内容，锂离子电极浆料是由高固含量粉体和溶剂混合分散形成的高度悬浮体系，黏度就是悬浮液颗粒之间的相互作用产生的，颗粒间的相互作用决定了颗粒的自组装、自重构行为，同时由于高分子黏结剂的作用呈现出非牛顿流体的一些

典型特征，例如搅拌变稀性质、触变性、屈服特性和黏弹性，同时温度等都会对浆料黏度产生很多复杂影响。

电极浆料的"以柔克刚"内在机理与水相似，但和水流相比，电极浆料的流动机理更为复杂，连牛顿和爱因斯坦这两个大神都深陷其中，他们也只能总结出一些特定条件下的规律。本书对浆料黏度的机理论述也是尽可能对国内外相关文献进行了辨别和总结，且结合锂电现场工艺实践进行了展开论述。黏度在后续的合浆和涂布两个工序中是非常核心的工艺参数，通过黏度这个宏观工艺参数可以表征出很多电极微观内在世界的变化。

5.1.6　固体分子的拉拉扯扯作用力也能化解外力：弹塑性固体VS黏弹性流体

温故而知新、构建知识图谱：

2.1.4小节：当外力、湿度、温度等物理场发生变化时，固体的内部应力会发生变化。

4.1.5小节：高分子黏结剂具备一定的黏弹性与流变性。

一、弹塑性固体与黏弹性流体

与黏弹性流体相对应，大多数固体材料也同时具有弹性和塑性性质，称为弹塑性材料。在外力作用下固体会发生变形，而外力卸载之后变形不一定能完全恢复，其变形中可恢复部分称为弹性变形，不可恢复部分称为塑性变形。弹性越大的固体，能够承受更大的外力而不发生永久形变；塑性越大的固体，能发生永久形变所需的最小力越小。

流体的反义词应该是刚体，刚体是指在运动中和受到力的作用后，形状和大小不变且内部各点相对位置不变的物体，绝对刚体和完美刚体实际上是不存在的，因为任何物体在受力作用后，都或多或少地变形，如果变形的程度相对于物体本身几何尺寸来说极为微小，在研究物体运动时变形就可以忽略不计。

举个例子，沥青在常温的条件下通常是一种胶质的状态或者是半固体的状态，但其有着非牛顿流体的一些特性。沥青的黏度大约是蜂蜜的200万倍，是水的200亿倍。为了证明沥青是一种流体，著名的沥青滴落实验持续了近一个世纪，中间熬死了两位教授，甚至在2005年获得了搞笑诺贝尔物理学奖。帕内尔教授花了8年的时间记录到了第一滴落入烧杯中的沥青，第二滴落入烧杯中的沥青花费了9年的时间，帕内尔教授还没等来第三滴沥青落下，便在1948年去世了。

将许多固体视为刚体，所得到的结果在工程上一般已有足够的准确度。但要在电芯制造过程中进行微米级的精度控制，就必须研究这些固体的微米级应力和应变，考虑弹性力学、塑性力学，这些问题在锂电制造的设备和工艺过程中造成了很多困扰。

固体弹塑性与流体黏弹性的原理也类似。固体在外因（受力、温度场变化等）作用下变形，相邻原子间距大于平衡原子间距，吸引力降低，同时排斥力降低，但吸引力大于排斥力，两原子间的合力表现为吸引力，在该吸引力的作用下，原子力图恢复到原来的平衡位置；反之，当相邻原子间距小于平衡原子间距时，两原子吸引力和排斥力都有所增加，但排斥力大于吸引力，两原子间的合力表现为排斥力，在该排斥力作用下原子力图回到原来的平衡位置。当外力较小时物体发生弹性形变，当外力超过某一数值，物体产生塑性形变，因此固体分子间的拉拉扯扯作用力也能够"以柔克刚"化解外力，在物体内各部分之间产生相互作用的内力，以抵抗这种外因的作用。

二、胡克弹性定律与牛顿黏度定律

流体的应力与应变关系体现为牛顿黏度定律，因为流体的弹性（即触变性）很小，所以弹性的应力与应变关系不易度量；而固体的应力与应变关系体现为胡克弹性定律（弹性系数的单位是牛顿/米），也是因为固体分子间的非断裂位移（即塑性形变的位移，断裂后的位移不在此列）很小，塑性的应力与应变关系也不易度量。

因为凝聚态物质（液体和固体）抵御形变的能力不同，在凝聚体物质某一瞬时进行塑性变化或流动所需的真实应力叫作该瞬时的屈服应力，屈服应力是一个由形变速度、形变温度、形变程度决定的凝聚体物质微观凝聚力的函数，是使凝聚态分子间作用力平衡被完全破坏所需的能量。当浆料黏度足够大时，即可出现类固体性质，静止时黏稠，甚至呈固态，只有受到超过一定数值的搅拌应力后，才能具有一定黏度的流动性。温度升高，凝聚态物质的屈服应力会下降。随着温度上升，分子热运动能量和范围会增大，分子间距离增加，分子间引力减小，从而降低了能够使凝聚态物质"屈服"所需的外力。

屈服应力与弹性模量是不同的概念，屈服应力是一个阈值，当应力超过这个阈值时，材料不再恢复到原来的形状，此时弹性模量的定义不再适用。

而液体不仅仅可以如同固体一样承受一定的压应力，也可以如同固体一样承受一定的拉应力，其所能承受的拉应力等于拉伸黏度乘以拉伸速率。简单流体的拉伸黏度是其正常黏度的三倍。当高分子溶液被缓慢拉动时，高分子只是相互滑动；但是当高分子溶液被快速拉动时，分子没有时间"放松"，它们仍然纠缠在一起，很难被拉开，此时拉伸黏度会大幅上升，聚合物溶液可以跟橡胶轮胎一样承受很高的拉伸应力。因此，蜂蜜这种黏稠的高分子溶液，能够比水承受更大的拉应力。

三、弹塑性固体与黏弹性流体的储能模量消除

储能模量是纯液体、高分子溶液、固体在发生形变时因可逆的弹性形变而储存能量的大小，反映了凝聚态物质的弹性大小；而损耗模量是指凝聚态物质在发生形变时，由于不可逆的黏性形变而损耗的能量大小，反映了凝聚态物质的黏性大小。外力对于凝聚态物质所做的功，有一部分会在分子间作用力中转化为分子自身动能，即因为损耗模量转变为热能散失，另一部分会在分子间作用力中转化为分子间距离的变化，即因为储能模量转变为能量存储起来。黏弹性流体和弹塑性固体的对应关系见表5-3。

当储能模量＜损耗模量时，高分子溶液受外力时主要发生黏性形变，呈现类似流体的黏性状态；当储能模量＞损耗模量时，高分子溶液受外力时主要发生弹性形变，呈现类似固态的状态；当储能模量＝损耗模量时，高分子溶液受外力时发生黏性形变与弹性形变相

当，呈现典型的凝胶状态。储能模量又称为弹性模量，可视为衡量材料产生弹性变形难易程度的指标，其值越大，使材料发生一定弹性变形的应力也越大，即材料刚度越大。弹性模量包含杨氏模量（拉伸模量）、体积模量和剪切模量，杨氏模量是弹性模量中最常见的一种，衡量的是各向同性弹性体的刚度。损耗模量又称为黏性模量，与储能模量一样都是应力与应变的比例系数。

表5-3　黏弹性流体和弹塑性固体对应关系表

指　　标	流　　体	固体（不完美刚体）
分子间吸引力	小，不能将分子固定住	大，可以将分子固定住
变形的宏观能力表征	黏度越高，变形能力越差	塑性越大，变形能力越强
应力与应变关系	牛顿黏度定律，流体弹性应力与应变关系不易度量	胡克弹性定律，固体塑性应力与应变关系不易度量
同时具备两种性质时的名称	黏弹性流体	弹塑性固体
分子间吸引力化解外力方式	有黏度的流动、弹性回复	塑性、翘曲变形、弹性回复、自然时效消除残余应力
温度变化引发分子间作用力变化	冷热对流、马兰戈尼效应	温度不均引发材料应力、热处理消除残余应力
抵抗形变的弹性能力	纯液体＜触变性流体＜凝胶＜纯固体	
抵抗形变的屈服应力	纯液体＜触变性流体＜凝胶＜纯固体	
储能模量／损耗模量	纯液体＜触变性流体＜凝胶＜纯固体	

由于凝聚态物质应对外力"以柔克刚"的过程中，总有一部分外力做的功没有随损耗模量而在塑性流动耗散掉，而是转化为内部储能模量存储起来，这部分存储起来的储能模量体现为大量分子间作用力的不平衡状态，这些不平衡的分子间作用力有一种恢复其平衡位置的动力，如果很快释放就成了材料的弹性，而如果不能很快释放就成了材料内部的残留应力。

固体残留应力的释放在自然条件下，往往需要几年的时间。在残留应力释放的过程中，固体分子间的距离逐步从不平衡位置变成平衡位置，所以机械加工的产品会在应力残留位置产生翘曲或者变形，或发生尺寸的变化。自然时效就是通过将零件暴露于室外，经过几个月至几年的残留应力释放，使其尺寸精度达到稳定的一种方法。

而温度越高分子间的运动能量越大，分子间从不平衡位置回复平衡位置的速度就越快。如果机加工后送货时间很短，来不及做自然时效，可以通过让所有部位统一温度加热的热处理方式来释放应力；但是如果固体不同部位的温度不平衡，也会因为不同部位的分子间距离不一样产生应力。

流变仪利用震荡剪切来检测浆料的动态黏弹性性质，黏性模量和弹性模量相等时，表示浆料流变性质的转变，此时观察曲线可以得知是由固体转变为流体还是由流体转变为固体。转变交点处的频率越小说明特性时间越大，流体趋向于黏性流体，其值越大越说明流体趋向于弹性。

5.2　粉体与流体间的作用力导致粉体抱团：团聚与分散

5.2.1　固体颗粒团聚在一起可以降低表面能：颗粒越小趋势越明显

温故而知新、构建知识图谱：

3.1.3小节：粉体颗粒因为降低表面能而产生吸附力，可能会在颗粒间重结晶形成固体桥。

4.1.3小节：特定浓度下的高分子对固体颗粒间起到了连接团聚的架桥作用。

将面粉放在水里的搅拌过程中，会有很多面粉颗粒团聚在一起，团聚的结果就是"面疙瘩"。团聚的相反描述是分散，所以颗粒在溶剂中可以分为团聚体和分散体，如图5-5所示。在涂布过程中经常挂断带或刮出漏金属的"软颗粒"就是一种团聚，浆料的团聚跟面粉的团聚是一样的。活性物质通常为$2\sim10\mu m$的粒子尺寸，而团聚体尺寸可达$50\sim90\mu m$。

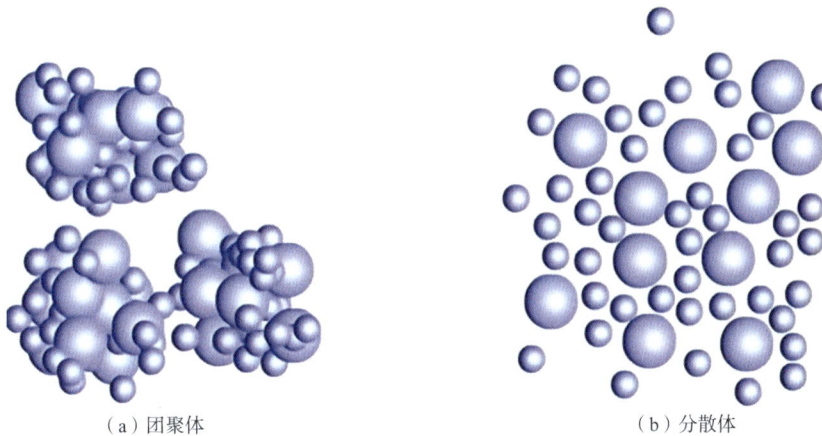

（a）团聚体　　　　　　　　　　　　（b）分散体

图5-5　浆料中的团聚体与分散体示意图

为什么这些粉体颗粒会团聚？根本原因为矿物材料在粉碎过程中，表面积迅速增加，吸收了大量的机械能或热能，因而使新生的超细颗粒表面具有相当高的表面能，颗粒处于极不稳定状态。颗粒越小，比表面积越大，克服表面能所需要的粉碎能量越大，粉体自身携带的表面能越大。颗粒在表面张力的作用下倾向于能量低的较小比表面积状态，就如同高处的水有向下流的趋势，颗粒为了降低表面能往往通过聚集达到稳定状态，这是引起粉体团聚的根本原因。宏观上表现为浆料分散性差。

浆料里颗粒的团聚，根据其作用机理可分为三种状态：

1）凝聚体：指以面相接的原级颗粒，其表面积比单个颗粒组成之和小得多，分散需要克服的表面能也大得多，这种状态再分散十分困难。

2）附聚体：指以点、角相接的颗粒团聚或小颗粒在大颗粒上的附着，由于表面粗糙，颗粒间的机械啮合也会产生附聚体。其总表面积比凝聚体大，但小于单个颗粒组成之和，再分散比较容易。凝聚体和附聚体也称二次颗粒或"软颗粒"。以石墨颗粒为例，其形貌多为不规则的球形、片状、纤维状，对石墨表面棱角进行修圆处理有助于避免浆料团聚。

3）絮凝体：由于浆料里高分子造成的架桥作用将颗粒串联成结构松散似棉絮的团状物，能够降低颗粒间的表面能。在这种结构中，颗粒间距离比凝聚体或附聚体大得多。

对于微米级和纳米级颗粒，其在浆料中很容易发生团聚，浆料制备费力、困难而且工艺时间长。物料的粒径越小、形状越不规则就越难以分散。特别是比活性物质粒径还小的纳米级颗粒——导电剂炭黑，其经常在搅拌过程中二次团聚，不仅没有起到良好的导电作用，还会影响电池的比能量。因此纳米材料的团聚是限制纳米材料发展的关键技术问题，对纳米材料的制备和存储造成了一定的难度。粉体颗粒粒径越小，其流动性越差、团聚性越强，且颗粒越细，粉体颗粒的堆积越松散、可压缩性越强。

小的颗粒团聚后，有可能通过表面反应、表面扩散或体积扩散，在颗粒间搭建了"固体桥"，"软颗粒"成为"硬颗粒"；也可能只是在颗粒之间局部接触团聚，形成一个大的多孔颗粒团聚体。颗粒部分团聚后，表面能也可能随着颗粒粒径增加而减少，团聚速率下降，最终与斥力相互达到平衡。

5.2.2　电极浆料里的静电斥力影响因素：DLVO理论继续延伸

温故而知新、构建知识图谱：

3.3.2小节：影响颗粒在溶液中静电斥力（Zeta电位）的因素主要有三个：溶液中无机盐提供的反号离子电价、反号离子浓度、pH值。

3.3.3小节：颗粒在溶剂中存在范德华引力和静电斥力两种竞争机制，其受力平衡与稳定情况使颗粒在溶剂中表现出分散和团聚——DLVO理论。

根据DLVO理论，制备好的浆料能否稳定分散，主要取决于悬浮颗粒之间引力与斥力的合力情况。当颗粒间的净作用合力为引力并足以克服布朗运动时，浆料将发生团聚，需要对颗粒的受力情况进行调控。当颗粒间的斥力（静电斥力、空间位阻斥力等）大于范德华引力时，颗粒能处于平衡位置最低能谷。由于颗粒间的静电引力主要受粒径影响，这里特别介绍几个实际分散过程中的静电斥力影响因素：

1）颗粒表面电荷不纯，会导致浆料团聚

矿物材料在研磨粉碎过程中，由于冲击、摩擦及粒径的减小，在新生超细颗粒的表面积累了大量电荷，或者矿物颗粒里被杂质所掺杂，即存在其他不同Zeta电位的颗粒。由于上述这些异种电荷的相互吸引力，使静电斥力被破坏为静电引力，颗粒间的尖角之间或与杂质颗粒之间互相接触吸引，导致浆料产生团聚。

2）溶剂内有杂质离子电解，导致浆料团聚

浆料非常害怕电解质的"卤水点豆腐"。如果浆料颗粒或溶剂携带无机盐或其他电解质杂质，在水中电离出的阴离子和阳离子会影响静电斥力的平衡距离，导致浆料产生团聚。

3）溶剂的pH值影响，会导致浆料团聚

浆料颗粒表面残碱或溶剂自身可能会影响溶剂pH值，颗粒表面的Zeta电位受溶剂pH值影响。以石墨为例，如4.2.1小节所述，石墨和CMC表面都带有负电荷，故石墨和CMC都会对H^+产生强烈的选择性吸附，H^+浓度越大，石墨和CMC双电层的扩散层越薄，负电荷基团的水解越多。如图5-6所示，当pH值较小时（H^+浓度较大），石墨和CMC的Zeta电位绝对值被H^+浓度影响变得较小（为30 mV），不能使颗粒依靠静电斥力稳定存在，pH值低于2时CMC自身也会析出。当pH值较大时（H^+浓度较小）石墨和CMC的Zeta电位绝对值被H^+浓度影响变得较大（达到60 mV），仅靠静电斥力作用就能使颗粒稳定存在。另外，丁苯乳胶本身的pH值为4～7，其pH值对石墨和CMC的Zeta电位绝对值有增大作用；pH过高也会增加浆料体系的电解质浓度，压缩带电颗粒表面双电层，降低石墨颗粒表面Zeta电位。

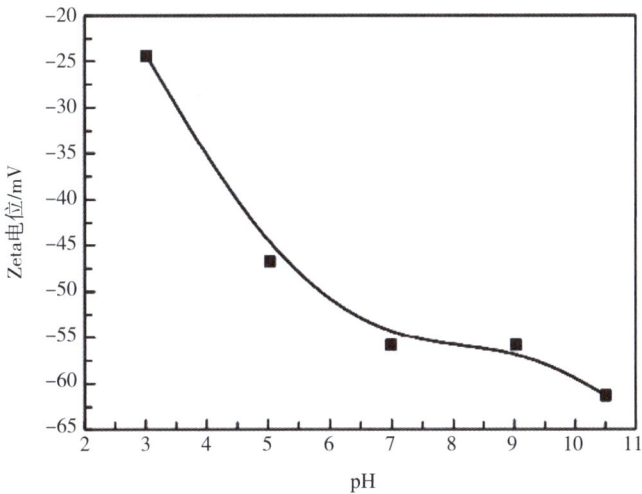

图5-6　pH值与Zeta电位关系图

5.2.3　疏水颗粒会被表面活性剂分散：静电斥力和润湿性均增强

温故而知新、构建知识图谱：

2.2.1小节：固液界面的接触角大小取决于固液表面吸附力与液体表面张力孰大孰小。

2.1.3小节：石墨和导电剂等非极性材料对极性水的亲和力很低，含有亲油基（非极性）和亲水基（极性）两个基团可构成表面活性剂。

2.2.2小节：颗粒外的溶剂化"别扭水分子结构"会自发破裂将两个颗粒挤到一起，或者将颗粒挤出水面。

石墨和导电剂对水的亲和力很低，由于颗粒表面非极性对水的极性排斥作用，使得水分子的极性一端未直接指向颗粒表面，而是尽量与颗粒表面平行，这种很不稳定"别扭水分子结构"总想让石墨颗粒团聚在一起，以缩小水分子"别扭"的表面积。而CMC和SBR作为一头亲水一头疏水的物质，实际上起到了表面活性剂的作用。所以一头亲水一头疏水的表面活性剂，对溶液中的疏水粉体颗粒都有如下抵抗团聚的作用机理：

1）极性基团朝向溶液，从而增大静电斥力

表面活性剂的疏水基包覆在疏水颗粒表面，表面活性剂的亲水极性基团朝向溶剂，如果颗粒完全被表面活性剂所包裹，原先的非极性颗粒表面会随着吸附的进行而变成极性表面，极性表面对溶液中电荷吸附能力增强，形成的Zeta电位提高，颗粒间的静电斥力增大，从而有效防止了粉体颗粒团聚。在表面活性剂的选择上，具有长亲水部分（极性基团）的表面活性剂更有利于分散颗粒；相反，有太长疏水部分（非极性基团）的表面活性剂分散效果相对较差。

2）增强了颗粒润湿性，辅助团聚体分散

粉体颗粒是亲水还是疏水的评价指标之一是接触角，当液—气的表面张力低于固—液界面的表面张力时，接触角很小，液体能够在该固体表面随意铺展和润湿而表面活性剂能够减小液—气的表面张力，从而减小接触角。缩小团聚体内部作用力和颗粒-溶剂作用力的差值，辅助溶液渗透进入团聚体的颗粒内部（这是实现分散的第一步），因此利于团聚体分散。但即使表面活性剂降低接触角至0，也只能增强粉体颗粒的润湿性，并不会消除粉体分散所需要克服的表面能增大效应，因此表面活性剂的润湿性增强只能辅助团聚体的分散，并不能通过润湿性对分散起到决定性作用。

表面活性剂的应用有利于浆料的分散。但表面活性剂存在最佳浓度，如果把握不好，表面活性剂会在浆料中产生泡沫（见2.2.5小节论述）。表面活性剂在浆料干燥后仍然存在于活性物质/导电剂表面，且这些烘干后相当于杂质的表面活性剂还可能溶于电解液中，表面活性剂的阴离子/阳离子还可能引起金属箔材的腐蚀，从而影响电池性能。因此小分子表面活性剂在锂电制浆中很少采用，多采用不能溶于电解液的高分子黏结剂兼做表面活性剂，或者采用电极干燥过程中会消失的挥发性表面活性剂（例如乙醇、丁二醇、磷酸二异辛酯等）。

5.2.4 分子间引力VS位阻作用+静电斥力：团聚的缘起缘灭

温故而知新、构建知识图谱：

3.3.3小节：颗粒在溶剂中存在范德华引力和静电斥力两种竞争机制，其受力平衡与稳定情况使颗粒在溶剂中表现出分散和团聚——DLVO理论。

至此，我们可以对电极浆料颗粒间不同作用力的种类与特性，即对2.1.2、3.3.1、4.1.4三个小节内容进行总结，结果如表5-4所示。

当浆料体系中只有范德华吸引作用时，粒子总是会无规则地黏附在一起，很难形成规则有序的复杂结构，而当浆料体系中存在着范德华引力、静电斥力、位阻作用力等多种引力与斥力时，颗粒可自发地构筑成一个稳定而又分散的悬浮体系。电极浆料的稳定机制其实是在DLVO理论基础上，增加了空间位阻作用，形成的静电空间位阻稳定作用，如图5-7所示。

表5-4　浆料颗粒间作用力的种类与特性对比

指　　标	范德华力	静电力	位阻作用力
作用距离决定因素	10 个分子距离	Stem 扩散层厚度	高分子吸附层厚度
随距离衰减规律	与距离的 6 次方成反比	与距离的 2 次方成反比	大于作用距离不起作用
有效作用范围	几纳米	几十纳米	几十纳米
引力 / 斥力	大于分子直径时为引力；小于分子直径为斥力	同电荷为斥力；异电荷为引力	浓度高时为位阻作用；浓度太低为架桥作用
性质主要体现为	引力	斥力	斥力
大小决定因素	颗粒的粒径 / 比表面积	Zeta 电位大小，颗粒或溶剂杂质、pH 值	高分子链段柔性，高分子浓度
本书论述章节	2.1.2 小节	3.3.1 小节	4.1.4 小节

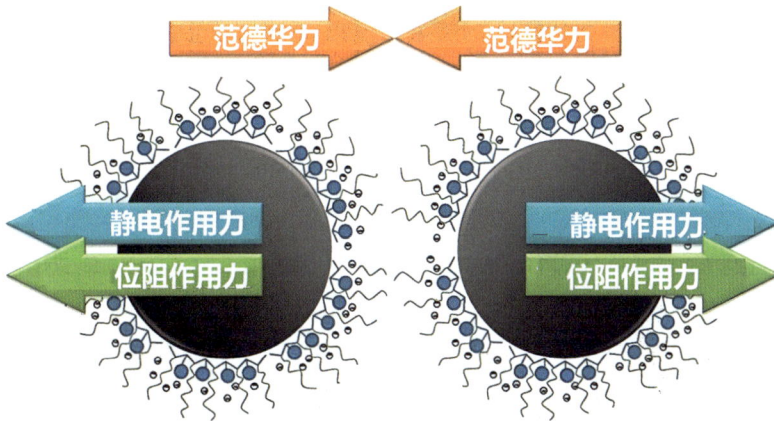

图5-7　静电空间位阻稳定作用

　　单纯的DLVO理论静电稳定机制，可能由于对电解质浓度、pH 值非常敏感等问题失效；单纯的空间位阻作用，可能由于固含量和黏结剂比例等问题失效。而静电空间位阻稳定作用同时具有静电稳定机制与立体障碍，使两种不同稳定机制加成，可让颗粒具有良好的分散稳定性。

　　补注1：在油性黏结剂中的固体颗粒Zeta电位一般非常低（约为-10 mV），因此静电斥力相对较小，防止颗粒团聚的排斥力主要来自空间位阻作用。

　　补注2：除了上述常规团聚诱因，电极浆料还会出现一些偶发团聚诱因，例如NMP吸水导致PVDF的非溶剂致相分离（见4.3.2小节），因此需要控制调浆环境水分。在高分子黏结剂变成固体析出后，一方面析出的PVDF本身为大颗粒；另一方面溶剂中高分子浓度下降也会从位阻作用变为架桥作用，从而导致电极浆料团聚。

　　补注3：水性黏结剂中，分子量最高的CMC提供了更强的空间位阻相互作用，因此对黏度和浆料稳定性的影响比浆料其他组分更大。

　　补注4：2.2.2小节中的溶剂化作用，其作用距离为10 nm左右，但主要是颗粒与溶剂间的相互作用。

5.3　粉体与流体间的作用力可克服重力：沉降与悬浮

5.3.1　溶剂分子热运动碰撞引起的颗粒运动：布朗运动

温故而知新、构建知识图谱：

2.1.1小节：分子间存在无规则热运动，温度越高无规热运动越剧烈。

在电芯浆料中，活性物质、导电剂通过静电空间位阻稳定作用，分散悬浮在溶解了有机物黏结剂中。从微观角度观察活性物质、导电剂颗粒，会发现这些颗粒并非处于恒定状态，悬浮在溶剂中的颗粒表现出无规则运动，这种运动称为布朗运动。布朗运动的机理是什么呢？因为溶剂分子的热运动，做布朗运动的粉体颗粒在浆料里受到来自各个方向溶剂分子的碰撞，每个颗粒在溶剂中受周围溶剂分子的碰撞频率约为100次/s，但这些大大小小的颗粒在各个方向上受到的碰撞不相等，在各个时刻受到的碰撞力度大小也不相等，由于这种不平衡的冲撞，颗粒的运动不断地改变方向而使颗粒出现不规则运动。因此，布朗运动是大量溶剂分子做无规则热运动对悬浮的固体颗粒各个方向撞击作用的不均衡性造成的，是大量溶剂分子集体行为的结果，其示意图见图5-8。在绝对零度以上的环境下，颗粒会因溶剂分子热运动而发生布朗运动。

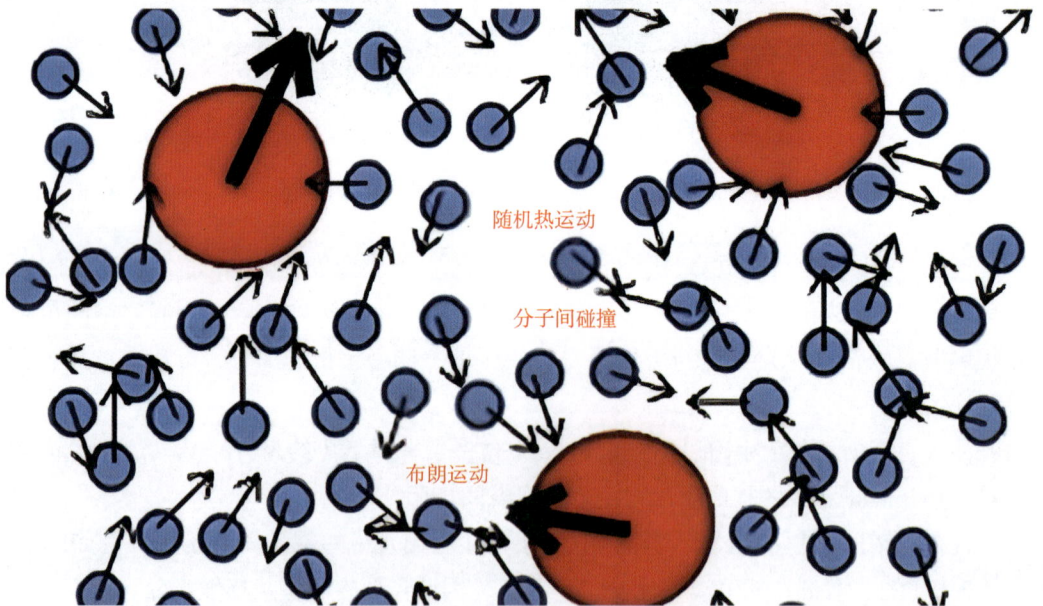

随机热运动

分子间碰撞

布朗运动

图5-8　分子碰撞导致了颗粒的布朗运动

布朗运动的剧烈程度随着溶剂的温度升高而增加，因为溶剂中的分子热运动随着温度升高也增加。温度越高，溶剂分子的运动越剧烈，分子撞击颗粒时对颗粒的撞击力越大，因而同一瞬间来自各个不同方向的溶剂分子对颗粒撞击力越大，颗粒的运动状态改变越快，故温度越高，布朗运动越激烈。低温情况下，不仅溶剂分子的热运动减弱，且低温黏度增大，颗粒被碰撞后运动所受的阻力增大，布朗运动减弱。故随着温度的升高，浆料内部溶剂分子的无规则热运动、高分子长链的摆动和悬浮颗粒的布朗运动都会增加。

颗粒越小，其表面积越小；同一瞬间，撞击颗粒的溶剂分子数越少，少量分子同时作用于小颗粒时，它们的合力是不可能平衡的；同一瞬间撞击的分子数越少，其合力越不平衡。颗粒越小，其质量越小，颗粒的加速度越大，运动状态越容易改变，故颗粒越小，布朗运动越明显。大颗粒的布朗运动往往不明显，只有当颗粒粒径小于某一尺寸时，布朗运动效应才变得不可忽略。

5.3.2　颗粒与溶剂密度差引起的颗粒沉降：斯托克斯公式

温故而知新、构建知识图谱：

5.1.1小节：黏度是流体阻碍其变形的阻力，是分子间引力对流体运动的一种内部摩擦力（运动阻抗）。

斯托克斯沉降公式：用来计算固体颗粒在浆料中沉降速度的公式。该公式中同样可以计算气泡在浆料中的上浮速度，计算时将颗粒粒径替换为气泡半径、颗粒密度替换为气泡密度即可。

$$颗粒沉降速度 = \frac{颗粒粒径^2 \times \left(颗粒密度 - 溶剂密度\right)}{18 \times 溶剂黏度} \quad (5.2)$$

如式（5.2）所示，其表明颗粒在浆料中的沉降速度与其粒径的平方成正比，与颗粒和溶剂的密度差成正比，与浆料中溶剂的黏度成反比。

1）颗粒与溶剂密度差对沉降速度的影响

只要颗粒密度不等于溶剂密度，都会自发地沉降或上浮，使悬浮液的溶剂和颗粒分离，颗粒密度与溶剂密度的差值越大，越不稳定。在电极浆料中，通常颗粒密度大于溶剂密度，悬浮颗粒会沿重力方向向下运动，发生重力沉降。特别是正极浆料中镍钴锰铁等元素的密度通常比介质（如NMP）大得多，除非持续搅拌，否则很容易发生沉降。重力沉降会导致颗粒浓度沿重力方向增大，悬浮在其中的颗粒开始分层，质量较大者在下层，而质量较轻者会浮在上层，比如浆料中的炭黑导电剂就会浮在表层，使浆料的悬浮体系遭到破坏。

2）溶剂黏度对沉降速度的影响

颗粒在真空中沉降不受任何阻力，只受重力作用而呈自由落体运动，但颗粒在溶剂中沉降除重力作用外还受与重力作用相反的黏滞阻力作用。黏度较高的浆料具备较大的悬浮力，其对浆料颗粒有更大的托举力。这种特性不仅阻碍固体的沉降，还能起到分散溶液中粉体的作用，即：在高速搅拌中使溶剂里的每个粉体颗粒保持均匀的距离，这就是我们谋求的均匀分散效果。

黏度影响沉降速度最典型的例子就是烹饪时常使用的勾芡，勾芡可以使菜肴汤汁变得浓稠。在加热过程中，淀粉液受热糊化，淀粉分子游离出来并分散于汁水中，淀粉分子结合并吸附了大量水分，体积膨胀，彼此间存在着较强的相互作用，从而使汤汁变得浓稠，汤羹类菜品的主料便能被"托住"而漂浮在表面，使菜品卖相更加美观。CMC等高分子黏结剂倒入浆料中可以使浆料变稠，提高浆料颗粒的悬浮稳定性。但不能简单地通过增加黏结剂含量的方式，提升浆料的抗沉降能力。

3）颗粒半径对沉降速度的影响

从斯托克斯公式可知，对沉降速度影响最大的其实是颗粒粒径，沉降速度与颗粒半径的平方成正比。因此纳米级的导电剂颗粒、微米级的电池石墨颗粒、毫米级的炭黑在浆料中的沉降速度明显存在差异。

5.3.3　布朗运动与沉降运动的对抗结果：颗粒的沉降与悬浮

温故而知新、构建知识图谱：

5.3.1小节：溶剂分子热运动碰撞引起颗粒的无规则布朗运动。

5.3.2小节：根据斯托克斯公式，颗粒与溶剂密度差引发颗粒沉降，而黏度起到了沉降阻尼作用。

在电极浆料中，活性物质、导电剂分散悬浮在溶解了有机物黏结剂的溶剂中，浆料颗粒受布朗力、浮力和重力作用。重力使颗粒发生向下的沉降，而布朗运动使颗粒发生不规则的四处弥散分布，故布朗运动越剧烈（例如温度越高），越能阻止颗粒发生重力沉降。

越是细小的颗粒，其布朗运动越剧烈，而斯托克斯重力沉降越缓慢，故可以长时间悬浮在溶剂中；而越是粒径大的颗粒，斯托克斯重力沉降越快速，而布朗运动越轻微，故重力沉降将成为主要倾向。以石墨为例，石墨在20℃的水中沉降的临界直径67.4 μm，粒径大于67.4 μm的石墨粗颗粒，基本不能悬浮在溶剂中，通常会在搅拌桶或管道底部，形成一层移动的沉积层或浓度梯度。

综合颗粒粒径对团聚与沉降趋势的影响，随着颗粒粒度的减小，虽然颗粒受到的重力减弱，但颗粒之间的范德华引力却增大，从而可能导致团聚。而电极浆料的很多问题是相互关联的，例如团聚也会引发浆料的沉降。固体颗粒哪怕通过搅拌分散在溶剂中，得到的是一个均匀的分散体系，但稳定与否取决于各自分散的固体颗粒能否重新团聚。故锂电制造中应严格监控来料的粒径分布，使颗粒的粒径分布于一个较窄的尺寸范围，并达到吸力与斥力的相互平衡，从而保证浆料体系的稳定（表5-5）。

表5-5　颗粒粒径对浆料稳定性的影响

颗粒粒径	分子引力与斥力比	团聚趋势	沉降趋势	稳定性
越大	越小	越弱	越强	聚集越稳定，动力学越不稳定
越小	越大	越强	越弱	聚集越不稳定，动力学越稳定

下篇

锂电粉体与流体制程

在锂电制造过程中有大量的流体与粉体制造工序，都是通过设备外力对上篇"一花一世界，一叶一菩提"的内部微观作用力进行驱动。这里大家容易忽略掉一个特别重要的细节，就是颗粒和基材在没有液体附着时，其表面并不是真空，总会附着有一层表面气体存在。在教材前言中有提及，《锂电工艺密码：揭秘粉体与流体的微观世界》一书聚焦于锂电制造过程的合浆、涂布、辊压这三道工序，以及烘烤和注液这两个特别环节，这五个工序从上篇的理论观点看，主要是通过各工序设备的外力作用，达成粉体与流体内力作用下的如此反复驱替过程：

1）合浆包括四个过程：粉体颗粒、高分子颗粒与溶剂的投料过程；溶剂液态流体对固体颗粒表面吸附的气态流体进行驱替（液体替代气体，第一次反复）；溶剂流体对团聚颗粒进行流体力分散；颗粒在浆料中的分散稳定形成悬浮液。

2）涂布包括两个过程：浆料悬浮液流体对基材表面吸附的气态流体进行驱替；浆料内部溶剂的烘烤挥发，导致颗粒表面液态流体重新被气体流体"补位"（气体替代液体，第二次反复）。由于涂布过程涉及的上述两个过程机理特别复杂、锂电制造现场也特别容易出现各种问题，该章节也是全书最难的一章，故本书进行了重点描述。

3）辊压过程：粉体颗粒从溶剂烘烤挥发后的自然堆积排列，在外部压力下进行密实填充排列的颗粒重排过程。

4）电芯烘烤过程：由于锂电车间中的环境水分容易吸附到电极材料颗粒表面（液体替代气体的自然吸附过程，第三次反复是自然发生，不属于制造工序）；故在电解液注液前需要进行电芯烘烤避免水分杂质进入电芯（气体替代液体，第四次反复）。由于电芯烘烤涉及的过程机理与涂布烘烤过程相似甚至更简单，且制造现场也较少出现问题，故上述电芯烘烤过程与电解液注液过程合并为一章进行描述。

5）注液过程：辊压颗粒重排后的粉体颗粒，其表面吸附的气态流体被电解液进行流体驱替（液体替代气体，第五次反复），直至颗粒孔隙间全部重新填满电解液的过程。

而锂电制造过程中最关键的就是上述这些粉体和流体的反复驱替过程，用翻来覆去来形容其液体和气体的表面化学行为一点也不为过，其中涉及了大量的表面张力、毛细管力、润湿接触角、吸附理论、静电理论、流变理论、DLVO理论、高分子形变等上篇"一花一世界，一叶一菩提"中讲述过的微观机理，此外还有电解液和浆料输送过程涉及的伯努利定理。由于锂电制造各工序中存在大量设备机械外力与分子间作用内力的相互关系，故本书下篇采用了武侠小说中"七十二绝技"的外功与内功类似关系来做形象比喻。

"他山之石，可以攻玉，"由于锂电制造过程中的工艺添加剂包含SBR水性乳胶漆和PVDF油性乳胶漆，一般的高分子注塑等加工工艺也跟锂电前工序有很多相似之处，故因此除了一般的《粉体力学》《流体力学》及相关的各类参考书籍，本书写作中借鉴了《涂料工艺》《聚合物加工工程》等相似行业的部分原理，以辅助说明很多锂电制造中的流体域粉体物理问题。

6 合浆工序机理：活性物质、导电剂、黏结剂在溶剂中的分散

——搅拌工序对微观颗粒的宏观调控

合浆工序也叫作制浆工序、搅拌工序，是锂电制备开始的第一步，其主要涉及的学科包括《流体力学》《流变学》《固液两相流》《悬浮液》《胶体理论》《搅拌设备原理》等。本章主要讲述了合浆分散的基本原理和各类合浆设备原理。

6.1 合浆的基本过程、测评指标与投料顺序设计——"对微观个体自组织行为的宏观调控"

6.1.1 合浆工序的四个基本过程与涉及的粉体流体问题

温故而知新、构建知识图谱：

2.1.3小节：液固表面的吸附力与液体自身表面张力的大小，决定了两者是否相互浸润。

5.2.4小节：电极浆料的聚集稳定性是在DLVO理论基础上，增加了空间位阻作用，形成的静电空间位阻稳定作用。

合浆过程中需混合的物料包括：导电剂、黏结剂、活性物质、溶剂等。导电剂关系着锂离子电池的充放电能力，黏结剂关系着锂离子电池材料与材料之间、材料与金属箔材之间的附着强度。其中活性物质占总重的绝大部分，一般在90%~98%，导电剂和黏结剂的占比较小，一般在1%~5%。这几种主要成分的物理性质和尺寸相差很大，其中活性物质的颗粒一般在1~20μm，而导电剂绝大部分是纳米碳材料，如常用的炭黑一次粒子直径只有几十纳米，碳纳米管的直径一般在30 nm以下，黏结剂则是高分子材料，电极三维结构形貌如图6-1所示。

合浆工序包括四个过程：粉体颗粒、高分子颗粒与溶剂的投料输送过程，即投料过程；溶剂液态流体对固体颗粒表面吸附的气态流体进行驱替，即润湿过程；溶剂流体对团聚颗粒进行流体力分散，即分散过程；颗粒在浆料中的分散稳定形成悬浮液，即稳定过程，如图6-2所示。这四个过程中涉及的粉体与流体相关问题分别如下：

1）投料过程涉及3.2.2小节所述的粉体流动与结拱问题，而且涉及复杂的投料顺序问题，将在后续6.1.3小节中专门进行论述。

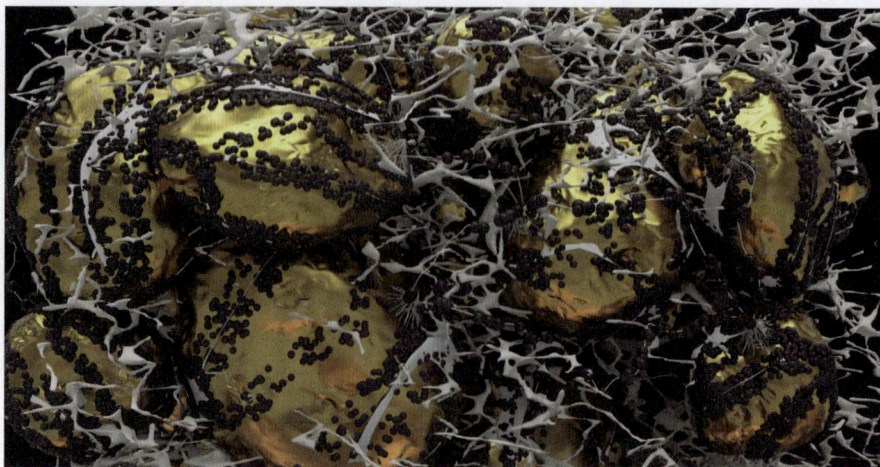

图6-1　微米级世界的电极三维结构形貌

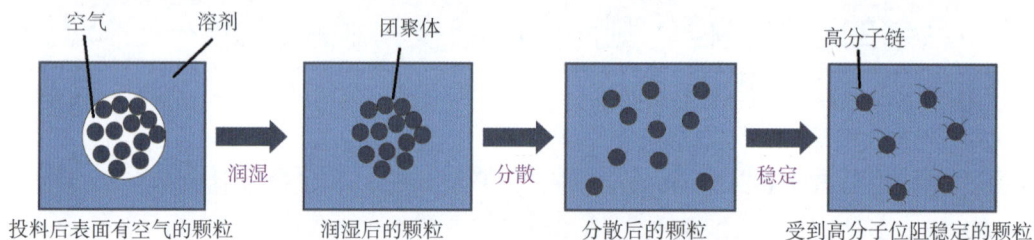

图6-2　合浆分散过程与阶段

2）润湿过程涉及流体力将固-固、固-气界面转变为固-液界面。若要将粉体颗粒均匀地分散在溶剂中，首先必须使每个粉体颗粒表面能够充分接触溶剂。润湿是将吸附在粉体表面的空气被溶剂液体取代并排出的过程。粉体在溶剂中润湿的好坏是粉体能否均匀分散的重要前提，润湿不好会产生团聚、结块，影响到后续进一步的分散混合。润湿的难易和快慢程度主要取决于固体颗粒和溶剂的相对表面张力。固体颗粒放置在空气中，空气分子将吸附在固体表面上，溶剂或胶液加入后，溶剂与气体开始争夺固体表面。如果固体对气体吸附力比其对溶剂的吸附力强，即液-气的表面张力高于固-液界面的表面张力时，溶剂很难靠自身表面张力浸湿固体，只能靠外在机械搅拌力；如果固体对溶剂吸附力比对气体的吸附力强，即固-液界面的表面张力高于液-气的表面张力时，溶剂很容易浸湿固体，将气体挤出。

3）分散过程是利用剪切力、离心力等将大量颗粒细化、团聚体破碎、形成最优颗粒分布的过程，分散的快慢和效果与颗粒粒径、比表面积、颗粒间的亲和力等材料特性有关，同时与搅拌强度与合浆工艺密切相关。

4）稳定过程是颗粒在静电斥力、空间位阻斥力作用下对抗范德华力，使颗粒不再聚集的过程，涉及5.1节所论述的团聚作用与5.3节所述的沉降作用。

根据合浆是连续还是分散的特点，还可以将合浆分为批次合浆工艺和连续合浆工艺。批次合浆工艺中上述合浆过程是严格依次进行的。而连续合浆工艺中，会有浆料的不同部分处于不同过程的情况，比如一部分浆料已经进入稳定过程，另一部分浆料还处于润湿过程。

电极的性能不仅与活性物质，导电剂和黏结剂本身性质有关，还与活性物质/导电剂/黏结剂相接触的相互作用有关。混合程序、颗粒粒度/形貌和温度条件协同作用于电极微观结构，这些因素的最佳组合有助于获得理想的电极微观结构。电极中各材料的理想分布状态：活性物质有效分散，导电剂有效分散并与活性物质颗粒充分接触，形成了良好的电子导电网络，黏结剂均匀分布在电极中并将活性物质和导电剂粘接起来使电极成为整体，从而可以让电极形成良好的锂离子和电子传导路径，具体如图6-3所示。

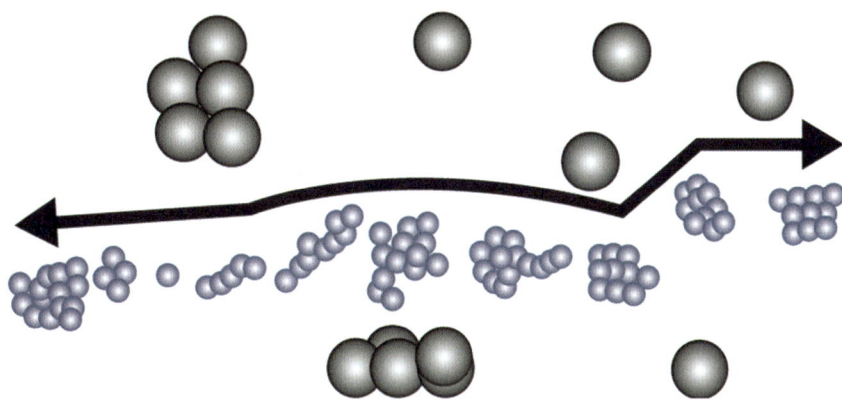

（a）锂离子在极片颗粒的孔隙间传输

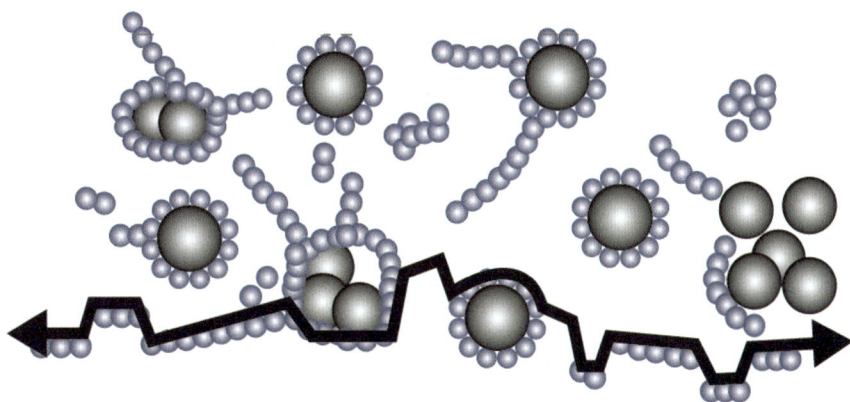

（b）电子沿着极片的导电剂长链传输

图6-3 电极传导路径

从图6-3的锂离子和电子传导路径可以看出，浆料不仅要求在宏观上看起来均匀，更重要的是在显微镜下不能出现团聚体，且需要将活性物质颗粒通过导电剂的连线形成导电通路。如果因为浆料的动力学稳定性和聚集稳定性导致合浆不均匀，局部活性物质、黏结剂和导电剂比例不一，会造成成品电芯性能的一致性问题。例如黏结剂分布不均匀，颗粒之间、颗粒与金属箔材之间黏结剂过少的极片处会因为黏附不好而掉料，黏结剂过多的极片处又会造成活性物质和导电剂缺少。电极浆料各种颗粒可能的各种分散结构如图6-4所示。

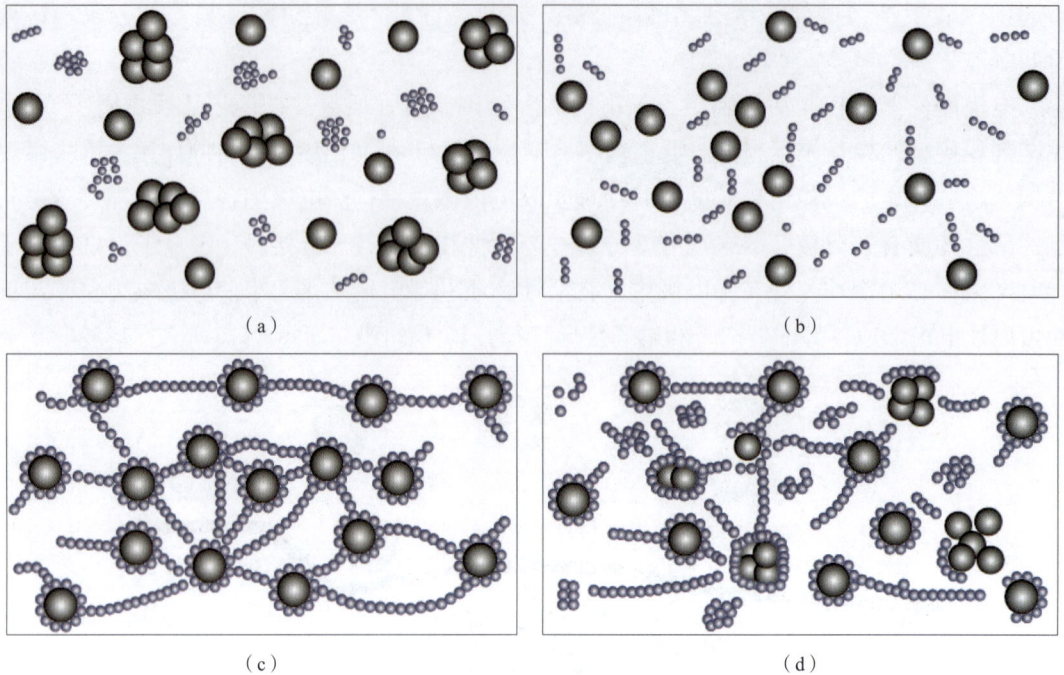

图6-4　电极浆料可能的各种分散结构

（a）导电剂和活性物质颗粒都未能有效分散，形成各自的导电剂团聚体和活性物质团聚体；（b）导电剂和活性物质颗粒有效分散，但彼此分离，未能形成良好的电子传导路径；（c）导电剂和活性物质颗粒有效分散，形成导电剂包覆活性物质颗粒并链接成网络的结构，这是理想的浆料结构；（d）导电剂含量过多时，部分导电剂形成导电网络，还有一部分导电剂单独团聚在一起

6.1.2　合浆后浆料的性能评测——宏观浆料指标能够表征微观组织结构

温故而知新、构建知识图谱：

3.1.2小节：SBR颗粒粒径会散射可见光，因此负极浆料飘蓝说明浆料不稳定，导致SBR上浮。

5.1.6小节：流变仪利用震荡剪切来检测浆料的动态黏弹性性质。

在实验室中，对浆料可以采用扫描电镜（Scanning Electron Microscope，SEM）观察干燥后的微米和纳米层面浆料表面形貌状态。但大规模生产实践中，对锂离子电池合浆情况的判断肯定不能拿着SEM扫描电镜逐个在纳米区域进行观察，这种观察效率无法满足大规模生产效率的需要。故电极浆料的测评主要依靠各种宏观性能指标对浆料的微观组织结构进行概括性评估，其测评指标主要有：浆料外观、固含量（即浆料的浓度）、浆料的黏度（即浆料的流动性是否适合涂布）、浆料的粒度（即是否发生团聚，或颗粒粒径是否符合要求）。涂布后的极片电阻，虽然是在涂布后进行测量，但其主要差异缘由确是合浆造成的，故也在本小节进行介绍。具体各评测指标与方法介绍如下：

1）浆料外观

电极浆料本身大多是深色，用肉眼虽然无法直接观测内部颗粒分布是否分散均匀，但对合浆后浆料形貌的进行观察也能观察出很多合浆问题。例如常见的SBR飘蓝现象就是SBR没有分散好，SBR没有分散好时会上浮到浆料表面，SBR颗粒大小刚好可以散射蓝光被肉眼观测到，导电剂与正极材料相比其色泽较黑，因此导电剂分层上浮后也会产生与未上浮极片的肉眼可见色泽差异，如图6-5所示；同时CMC、PVDF等很多高分子黏结剂如果没有分散好，其白色的高分子长链团聚后会在浆料中形成极为微小的白色花斑，在

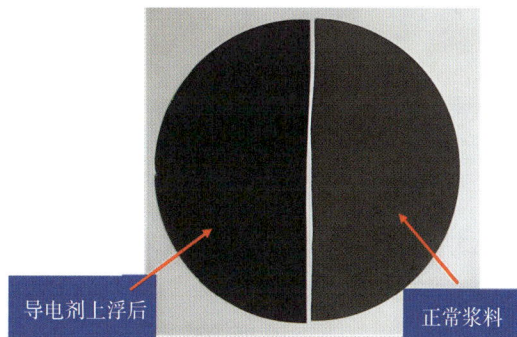

图6-5　正常与异常的电极浆料外观

肉眼仔细观察下亦可看见；当然浆料气泡等缺陷也是可以通过肉眼进行观察。

　　2）固含量测试

　　固含量是指浆料各组分中，活性物质、导电剂、黏结剂等固体物质在浆料整体质量中的占比，将浆料中的液体烘掉烘干后剩下的就是纯干粉了，烘干后纯干粉质量与原浆料质量的比值即固含量，电极浆料的固含量一般大于40%，有的可达60%以上。固含量越高，浆料黏度越高，动力学稳定性越好，固含量低的浆料更容易发生沉降；同时混合浆料所消耗的溶剂也越少，涂布烘烤阶段烘烤这些溶剂的效率提高、能耗降低，因溶剂挥发而导致的导电剂和黏结剂分布迁移也少；但固含量越高，搅拌时的颗粒摩擦造成的设备损耗也越大。

　　固含量的测量可以与投料理论固含量比较，评价投料称量精度，生产中一旦出现错投、漏投、重复投入某种原材料会从浆料的固含量上直接反映出来，造成的后果就是材料配方的改变，这种错误是绝对要避免的。

　　3）流变学测试

　　合浆工序的黏度高低主要影响合浆后续的涂布，日常生产中接触到的一般是旋转黏度计，也称为布氏黏度计，如图6-6所示。旋转黏度计利用转子的扭矩和转速关系来表征转子与流体间的剪切阻力、剪切速度的关系，从而得出浆料的黏度值。由于温度对黏度有很大影响，故测黏度时要保证浆料温度的一致性，才能获得准确的黏度测量结果。

　　电极浆料作为一种典型的非牛顿流体，具有流变特性，流变性测试项目包括浆料黏

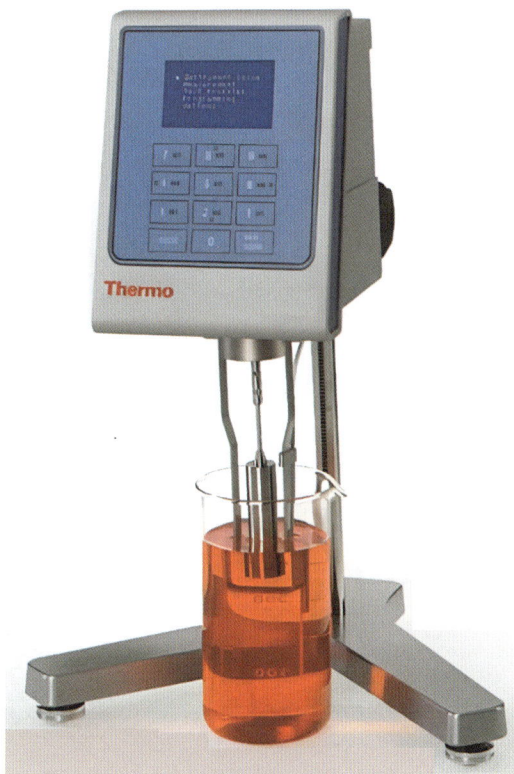

图6-6　旋转黏度计照片

度、触变性、屈服应力、黏性模量和弹性模量等，这些参数对涂布工艺都有重要影响。而旋转黏度计不具有动态特性，只能用于测量非牛顿流体在稳态下的相对黏度。流变仪相当于是旋转黏度计的升级版本，其外观如图6-7所示，不但能准确测量流体稳态黏度，还能准确测量流体的其他动态特性（触变性和黏弹性、屈服应力等指标），得到材料黏度与搅拌速度或搅拌应力的函数关系图（流变曲线）。

4）粒度测试

可以采用激光粒度仪的衍射测量技术表征浆料颗粒的尺寸大小和分布（见3.1.2小节），但实际生产中也可采用便宜的刮

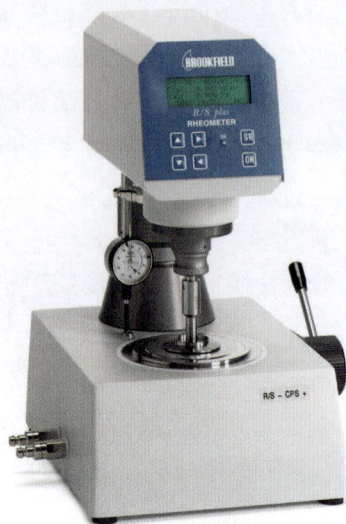

图6-7　流变仪照片

板来表征浆料粒径分布，这种粒径分布也往往称为颗粒度、粒度和细度，参照国家标准《GB/T1724—2019色漆、清漆和印刷油墨研磨细度的测定》，刮板法测粒度使用的工具是$100\sim150\mu m$量程的刮板细度计，一般由细度板和刮刀组成，其外观如图6-8所示，细度板是在不锈钢平板表面刻制一条凹槽，且凹槽的深度从平板一端到另一端由最深逐步变为最浅，凹槽上所标细度数值与凹槽的深度对应。测试时用刮刀在凹槽最深处滴入适量待测样，然后用刮刀从最深一侧向另一侧进行刮涂，刮完样后立即（不得超过5秒钟）使视线与沟槽平面成20°～30°角，对光观察沟槽中颗粒均匀显露处，凹槽中露出不锈钢平板底面的位置对应的细度值即为浆料的细度，细度板的槽由上往下$150\sim0\mu m$，可以理解为颗粒粒径由大到小。

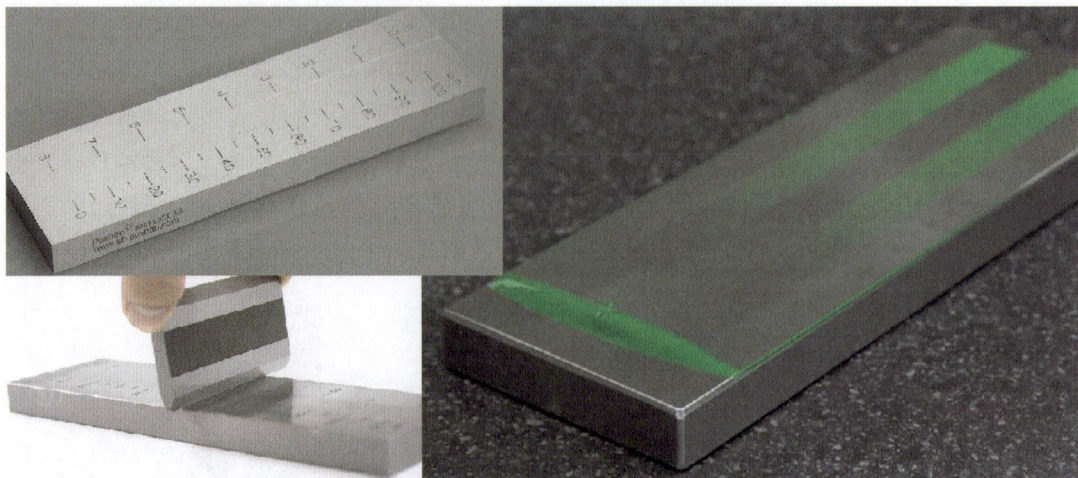

图6-8　刮板细度计与浆料粒度测试（为醒目标识，此处特别将浆料标为绿色）

5）极片电阻测试

纳米级导电剂形成的团聚体被搅拌研磨破裂后，大部分导电剂在干混过程中通过库仑和范德华相互作用与活性物质颗粒附着，在活性物质颗粒表面会包覆一层导电剂薄层，类似于碳涂层或碳包覆。活性物质表面的导电剂薄层增加了活性物质颗粒的电子传导通路，可提高活性物质的导电性。理想的导电剂分布应该是团聚体均匀分散开，并包覆在活性物质颗粒表面，确保电子能够传递到电极/电解液界面每一处，参与电极反应。但在导电剂用量不足或分散不均匀的情况下，会破坏导电剂的长程网络结构，导电剂不能在极片上形成完美通路，极片电阻较大，电导率大大降低。当然合浆工序来料异常也可能导致极片电阻发生变化。

极片电阻分析法（又称膜电阻）是通过分析极片的电阻率，以此来侧面印证导电剂在浆料中的分散状态好坏，膜阻抗测试仪的外观如图6-9所示。极片在固定压力下加电压，遵循欧姆定律，电流从极片中流过（过流面积为集流体和集流体两侧电极材料横截面）。由于锂离子通过颗粒间孔隙传播，浆料中活性物质颗粒粒径较小时，活性物质颗粒间的孔隙扩散路径更加曲折，限制了锂离子的扩散，因此活性物质颗粒越小，离子电导率越低。另外，活性物质颗粒的电导率很低，电子传导主要沿着活性物质颗粒表面的导电剂传导，小粒径的活性物质颗粒能够镶嵌在导电剂三维网络中，而大粒径的活性物质颗粒则容易破坏导电剂网络的连续性，因此颗粒越小，电子电导率越高。

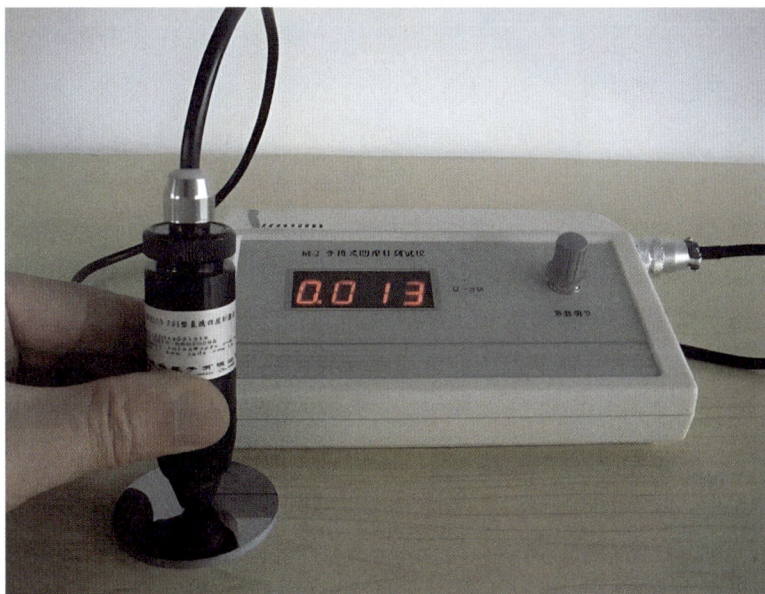

图6-9　膜阻抗测试仪

由于极片电阻分析法与极片在电池中的电子传导方式十分接近，该方法能很好地模拟评价极片的电子导电性，探索浆料的微观结构和微观粒子的相互作用，辅助我们更好地理解浆料中繁杂的微观现象。其可分析的极片包括辊压前正极片、辊压后正极片、辊压前负极片、辊压后负极片，详细的极片电阻机理详见后续8.1.1小节。因此通过极片电阻的测试，发现极片电阻与锂离子电池电阻之间的对应关系，可以实现对锂离子电池电阻进行预评估。除了可用于匀浆涂布工艺及配方的改进，还能够及时筛选分类并剔除电阻值较大的极片。

6）浆料测试中的取样时间和位置

一个制作完成的浆料，其内部颗粒分布、稳定存放的时间也非常重要，从搅拌桶内不同位置取样分别测量其固含量、黏度、粒度，也可以表征浆料的均匀性；随着时间推移取样分别测量其固含量、黏度、粒度，也可以表征浆料动力学稳定性（即是否发生沉降），例如3.1.2小节所述的浆料稳定性动力学指数（Turbiscan Stability Index, TSI）。如果浆料的动力学稳定性出现问题，由于浆料的沉降作用，开始涂布用的浆料是上层较轻质的部分，后期涂布的浆料固含量逐渐增加，在其他涂布调节参数不变的情况下，干燥后的极片质量也会慢慢增加。

6.1.3　合浆中的颗粒附着优先级与投料顺序设计原理

温故而知新、构建知识图谱：

2.1.3小节：液固表面的吸附力与液体自身表面张力的大小，决定了两者是否相互浸润。

3.1.3小节：粉体颗粒因为降低表面能而产生吸附力，比表面积越大吸附能力越强。

4.1.3小节：高分子在溶剂先是缓慢溶胀，然后才能溶解。

综合第五章所有章节的论述，可以得出影响上述浆料一致性的主要因素有：原材料的配比组成、表面pH值、颗粒粒径大小与分布、比表面积、颗粒形貌、颗粒的溶剂吸收率、黏结剂分子量、环境湿度、浆料温度、溶剂离子杂质、搅拌速度、搅拌时间等。此外投料顺序等对上述浆料的搅拌效果也存在影响，投料顺序关系到黏结剂、溶剂、活性物质、导电剂的先后顺序与加入次数。电极浆料搅拌的宏观过程和微观过程如图6-10所示。负极浆料由于黏结剂又分CMC与SBR两种会比正极更加复杂，接下来会分别介绍以下几个问题：

1）先加溶剂的湿法合浆VS先加粉体的干法合浆，这两种方式的优缺点是什么？

2）溶胀速度慢的黏结剂是否需要先制备胶液？

3）电极材料间有各种相互吸附作用，合浆过程中的哪种吸附作用更强？

4）导电剂跟高分子材料先混合形成的碳胶相是什么？

5）将两种粉体先干混再加溶剂的效果如何？

① 先加溶剂的湿法合浆VS先加粉体的干法合浆

湿法合浆工艺一般是先将黏结剂和溶剂混合制备胶液，然后加入导电剂混合搅拌制备分散均匀的导电胶液，随后加入活性物质并进行活性物质与导电胶的混合分散，最后加入适量溶剂调整成适合涂布的黏度。也可先加入活性物质和黏结剂胶液混合，再加入导电剂进行混合。区别在于比表面积大的导电剂先加入，溶剂吸收的量更多，导致浆料黏度迅速增加。

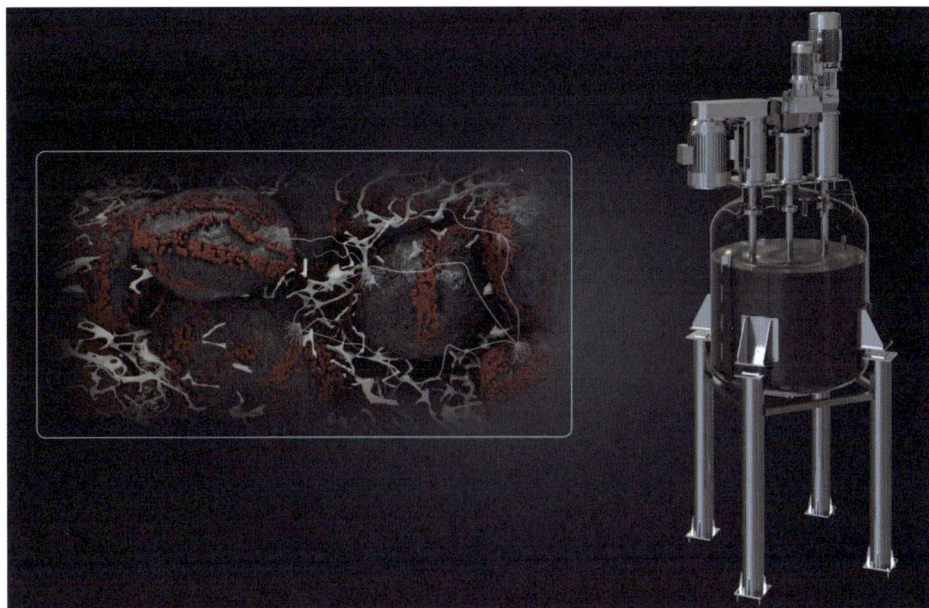

图6-10 电极浆料搅拌的宏观过程与微观过程

干法合浆工艺是将活性物质、导电剂、黏结剂的干粉混合，逐步加入溶剂进行混合、分散，最后加入一定量溶剂稀释调节至涂布所需的黏度。湿法和干法合浆工艺的区别主要体现在不同阶段浆料的固含量上，湿法合浆前期固含量较低；而干法合浆工艺因前期固含量高，浆料之间、设备与浆料之间存在较大的内摩擦力，浆料可以达到较好的分散状态，如果将团聚体留到后续过程再用分散搅拌力破碎较为困难，故干法的分散难度比湿法小。

但避免了干法合浆工艺在粉体上方形成与溶剂间的气膜现象，因此湿法合浆工艺的气泡较少，浆料后期抽真空所需时间短。且湿法合浆工艺浆料流动性好，对搅拌机的功率要求较低。干法合浆存在工艺范围窄的缺点，随着原材料粒径、pH 值、比表面积等因素的变化，溶剂量、搅拌速度和时间选择不合适很容易出现品质问题。而湿法合浆工艺的适应性较强，在活性物质、导电剂等在参数差别较小的情况下也可以接受。

② 溶胀速度慢的黏结剂是否需要先制备胶液？

黏结剂与活性物质颗粒充分混合后，能够吸收活性物质在连续的脱锂和嵌锂过程中空间变化。如果黏结剂高分子链无法伸展到活性物质孔隙内部，而是蜷缩在颗粒表面，在脱锂和嵌锂的过程中就没有足够的空间吸收力学伸展和压力，因此电极机械拉伸性能有限，制备的电极的杨氏模量较低，在后期会出现随着黏结剂溶胀发生极片回弹等问题，对于合浆黏度和涂布面密度的变化也有极大影响。因此我们希望黏结剂与粉体颗粒充分混合、但又不能完全被吸附在颗粒表面，需要颗粒表面与颗粒间孔隙均匀分布，这样也可以避免黏结剂高分子链都集中在颗粒表面，导致溶液中黏结剂数量不足，降低黏度。

黏结剂的状态主要有粉末状和胶状，有的公司会采用先制成胶液，这样便于黏结剂的作用发挥，有的公司则直接采用粉末的黏结剂。黏结剂尤其是PVDF均匀分布是一个缓慢的过程，PVDF的溶解在常温常压下至少需要2～3小时才能完全溶解，因此正极材料黏结剂是

PVDF胶液的情况更为常见。

③ 电极材料的比表面积与相互吸附作用排名对比

由相同的活性物质、导电剂和黏结剂制备的电极性能与电极浆料的混合投料顺序显著相关，这主要是因为浆料中活性物质、导电剂、黏结剂、溶剂间的附着功大小不一样。浆料中的各类粉体颗粒分散在溶剂中。不同的粉体颗粒自身之间同时具有吸附作用与排斥作用，当吸附力大于排斥力时，颗粒间相互吸引，粉体颗粒容易团聚。以正极材料为例。由上文可知，导电剂是纳米级材料，其具有很高的比表面积，而PVDF作为表面能极低的一种"含氟涂料"，其表面能最小。故正极浆料内各种溶质相互之间的吸附力排名大致依次为：导电剂与导电剂、导电剂与正极颗粒、导电剂与PVDF、正极颗粒与正极颗粒、PVDF与正极颗粒、PVDF与PVDF。因此PVDF高分子不团聚，其更倾向于吸附在正极颗粒表面或被导电剂包覆，以降低颗粒尤其是细小导电剂颗粒与NMP之间的大表面张力，PVDF与PVDF之间的接触更类似于高分子链之间由熵增原理导致的"一团乱麻"纠缠作用，而不是依靠分子间吸附力。

导电剂相互之间的附着力极大，导电剂也很容易团聚在一起。而比表面积大、吸附能力强的颗粒与某种材料混合，更容易被这种材料吸附在表面。控制粉料的投料顺序，主要目的就是为了克服表面能极大的导电剂分散问题，不让导电剂团聚，也不让导电剂全都与黏结剂团聚，而让导电剂尽可能附着在活性物质颗粒表面，这样才能更好地收集活性物质表面的微电流。

此外，依次加入材料的比表面积顺序，对从合浆开始到黏度稳定所需的时间也存在影响。粒径越小、比表面积越大的颗粒加入后，会瞬间吸收大量溶剂，导致浆料黏度迅速增加。同时在润湿阶段，比表面积越大的粉料润湿时间越长。

④ 导电剂跟高分子材料先混合形成碳胶相，合浆后的电极形貌更完美

很多实验与文献都表明，湿法合浆工艺将黏结剂和溶剂混合制备胶液后，先将黏结剂胶液与导电炭黑混合，再与活性物质颗粒混合，这种混合顺序形成的浆料性能更具备最优的颗粒排布顺序。这是由于导电剂比表面积大，更容易团聚，因此导电剂颗粒如果能够长期地稳定地"真溶液"般"溶解"在浆料中，它一定是和黏结剂高分子链形成了范德华力黏附，形成了碳胶相（图6-11）。碳胶相类似于古人发明的墨汁，因为炭黑颗粒等导电剂和黏结剂的相容性较好，导电剂最好被均匀吸附到胶液的各个高分子长链三维网络中。后加入的活性物质颗粒实际上嵌入碳胶相的三维团聚体网络中，这些活性物质大颗粒被碳胶相的三维网络"托举"起来才没有发生沉降，而这些碳胶相的三维网络让导电剂顺着高分子长链形成了方向各异的导电链路通路（相当于导线），而这些导电链路通路（导线）又与嵌入的活性物质大颗粒有着紧密接触。且干燥过程中导电剂与黏结剂的碳胶相三维网络会收缩，更加紧密附着在活性物质颗粒表面，干燥后能实现活性物质大颗粒之间的多孔碳/黏结网络在活性物质颗粒间构筑起互联互通的导电网络。

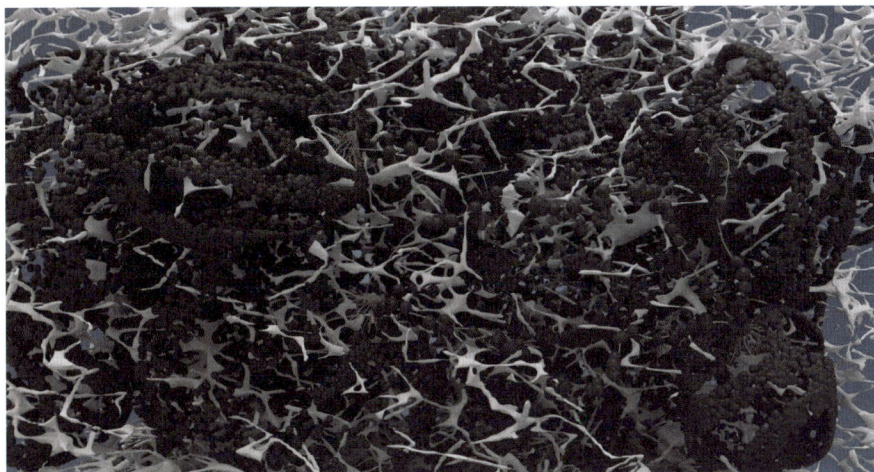

图6-11　导电剂与黏结剂形成的碳胶相

而如果高分子与导电剂、活性物质颗粒一起混合而非依次混合，虽然高分子与导电剂间的吸附力大于高分子与活性物质颗粒间的吸附力，高分子更容易跟导电剂附着在一起，也能形成导电剂二次链路长链，但不如依次混合形成的导电链路长链完美。

如果碳胶相含量较高，其更容易在活性物质颗粒周围成薄膜包覆状，这样制备的电极电子导电性更为良好，但是碳胶相含量过高则因为导电剂颗粒更容易团聚，而容易形成团聚状的碳胶相不利于分散。

当然，如果活性物质颗粒比导电剂的粒径还要小的话，需要采用相反的投料原理。

⑤ 干粉预先混合再加溶剂是否也可以提供良好的电极形貌？

干粉预先混合工艺过程是先将浆料固体组分（活性物质/导电剂、活性物质/黏结剂，活性物质/导电剂/黏结剂）进行预先高强度的混合，然后将这些混合粉体分散到溶剂（或胶液）中。在干粉预先混合阶段，浆料内部孔隙率较高，粉体表面摩擦力较小，较短的时间内可以与大部分浆料混合接触。大部分导电剂在干混过程中通过库仑和范德华相互作用附着于活性物质颗粒；纳米导电剂颗粒分散均匀，在活性物质颗粒表面会包覆一层导电剂薄层，类似于碳涂层或碳包覆，在导电剂用量足够的情况下，活性物质表面的导电剂薄层增加了活性物质颗粒的电子传导通路，可提高极片的电导率。

6.1.4　溶剂分批次加入：先溶剂部分加入的半干泥状捏合——"让粉体颗粒充分内卷"

温故而知新、构建知识图谱：

5.1.3小节：浆料固含量越大，浆料的黏度、弹性和屈服应力越大。

合浆中的溶剂可以一次性加入，也可以分批次加入。分批次加入溶剂时，存在高固含量的半干泥状捏合阶段。如果将溶剂一次性倒入，整体黏度快速降低，颗粒之间摩擦力很小，往往导致团聚体没有被破坏、打散，粉体颗粒与黏结剂彼此团聚在一起形成体积填充式的网状结构，产生类固体性质的凝胶状。而分批次加入溶剂的情况下，初始溶剂较少，粉体颗粒与黏结剂团聚在一起的网络结构被破坏得更加频繁，当网络结构被破坏后颗粒间的相互作用力也降低了，随后就可以加入溶剂稀释将其降到想要达到的固含量和黏度。

分批次加入溶剂的合浆顺序存在一定的普遍性，故合浆随溶剂加入次数的多少分为三个阶段：粉料干混阶段、半干泥状捏合阶段、固含量调解与团聚破碎阶段。各个阶段中不停地加入溶剂，从而调节浆料不同阶段的黏度和固含量，使之最终适合后续的涂布工艺。

现在普遍采用的工艺是分批次加入溶剂，为什么要安排这个高固含量、类似揉面团的半干泥状捏合阶段呢？因为半干泥状捏合能够产生更大的颗粒间摩擦力粉碎团聚体。高固含量、高黏度浆料的搅拌也称为捏合，好比牙膏中的捏合。高固含量下浆料比较"硬"，可以使固体颗粒间直接相互摩擦，更有效地破坏导电炭黑等纳米级的团聚体。而固含量太低会影响颗粒之间的相互摩擦力，主要是依靠流体力对固体颗粒的摩擦剪切，效果远不如固体颗粒间的摩擦剪切。故半干泥状捏合的搅拌桨运动可以获得高搅拌力和摩擦力，促使团聚颗粒出现碰撞、挤压、破碎，从而更加充分地分散颗粒细小、容易团聚的导电剂和黏结剂，从而缩短搅拌时间（图6-12）。

图6-12　半干泥状捏合

分批次加入溶剂也可以更好地通过流体力将固-固、固-气界面转变为固-液界面。第一次加入溶剂，附着于粉体上的空气被溶剂取代，需要尽可能将所有颗粒表面的空气都挤出。溶剂的量存在一个临界点，在粉体润湿和团聚破裂前不能加入过多溶剂，第一步加入溶剂的量过多，浆料很容易流动但颗粒间摩擦减少，搅拌桨的搅拌力作用效果减小，起不到捏合力粉碎团聚体尤其是导电剂团聚体的作用。第一步加入的溶剂过少，溶剂不足以润湿全部粉料，那么干粉必然成团，后续想将其打开有一定难度，且黏结剂无法充分在溶剂中分散溶解，导致浆料黏度和稳定性出现问题。

但是，在半干泥状捏合阶段，因为功率=扭矩×角速度，而电机的功率是恒定的。在高固含量、大搅拌力下，搅拌机转速太快会导致电机功率无法承受，出于对设备的保养，搅拌桨应以慢速运行。而分散阶段因为黏度下降，往往要求的一定的搅拌力进行高速旋转。同时，这种半干泥状捏合阶段的浆料是无法通过螺杆泵进行正常输送的，更无法进行后续的涂布工作，必须等后续溶剂继续加入后呈现正常固含量的浆料才能泵送输送。后续制造过程中使用较多的溶剂，有利于导电剂颗粒在高分子网络中的均匀和紧密结合，对碳胶相的制备更为有利。

6.2 各类合浆机的设备原理与结构

6.2.1 合浆机的分类与优劣势对比：固、液、气均可传递机械力

合浆其实是借助固体研磨力、空气振动力或流体剪切力等机械能使浆料匀质化的过程，根据机械力传递方式的不同将合浆设备分为三类，如图6-13所示。

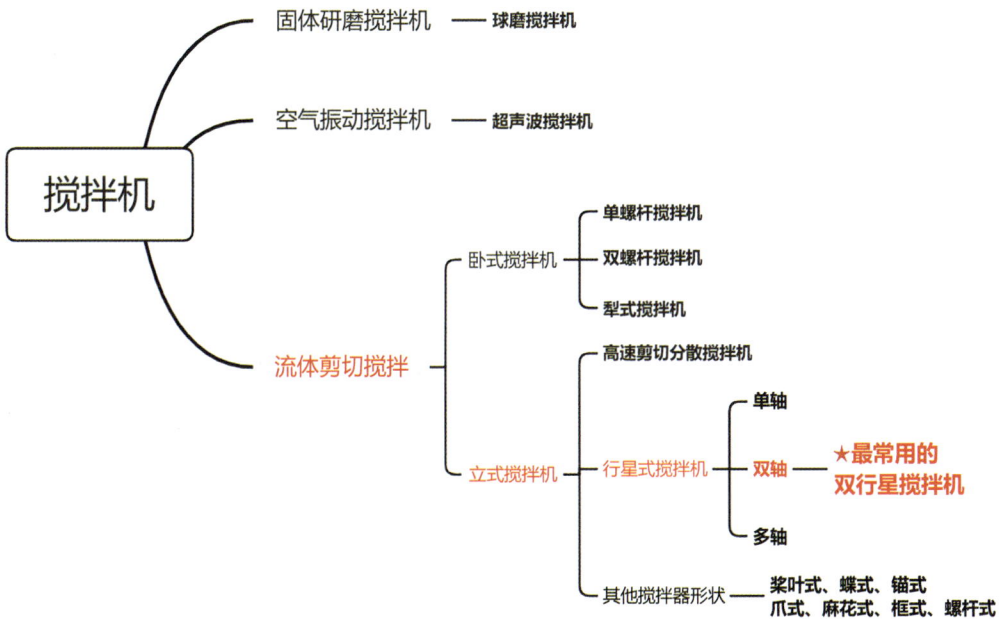

图6-13 搅拌机分类

1）通过固相研磨方式传递机械力的合浆机，以球磨搅拌机为代表；

2）通过空气振动方式传递机械力的合浆机，以超声波搅拌机为代表；

3）通过流体剪切方式传递机械力的合浆机，其按照搅拌桨的放置方向不同又可分为立式搅拌机和卧式搅拌机，其中卧式搅拌机又分为单螺杆搅拌机、双螺杆搅拌机和犁式搅拌机。立式搅拌机又分为高速剪切分散搅拌机、行星式搅拌机和其他形状的搅拌机。

这三类合浆机中，球磨搅拌机能耗低速度慢，极限粒径小；超声波搅拌机能耗高速度

快，极限粒径也较低；流体剪切搅拌能耗适中，但极限粒径很难低于100 nm。球磨搅拌机和超声波搅拌机可能会改变黏结剂、活性物质、导电剂等电极组分的结构和表面相互作用。目前大量用于锂电行业制浆的搅拌机主要是流体力剪切搅拌机，如双行星搅拌机、高速剪切分散机、双螺杆搅拌机等。或者将双行星搅拌机作为宏观混合分散单元，将超声波搅拌机、高速剪切分散搅拌机作为微观分散控制单元，在双行星搅拌机搅拌预混后通过微观分散控制单元将浆料中的颗粒团聚进行破碎、细化，能够得到足够细小的粉体颗粒，并均匀分布于溶剂中，达到微观超细分散均质的作用，两者结合将大大提高浆料的分散效果和效率。

搅拌设备的类型虽然很多，但相对来说研究和工业应用较为成熟，仅网上能查询到的搅拌器相关国家标准就有数十项，相关设备选型手册也有介绍，因此锂电行业对其的主要研究都集中在工艺领域而非设备创新领域。

6.2.2　超声波搅拌：通过纳米级气泡的气场与流场分散浆料

当超声波在介质中传播时，由于超声波与介质的相互作用，使介质发生物理的和化学的变化，从而产生一系列力学、热学、电磁学和化学的超声效应。超声波搅拌的原理是声空化效应（相当于震动吹泡泡）。当超声波强度达到一定阈值时，液体中局部压力降低而在微小的气体核周围形成气泡或空腔，这些纳米级大小的气泡称为空化气泡，当气泡尺寸达到某一临界值，气泡立即破裂并产生超声速的冲击波和空化场，空化气泡的寿命约0.1 μs。空化场中产生巨大的剪切力，促进各种物理和机械效应，例如乳化、颗粒破碎、细胞破碎、均质化、分散、脱气等，具体原理如图6-14所示。利用超声波的声空化效应可以进行超声波洗牙、超声波清洁珠宝、超声波清洗电芯外表面等。

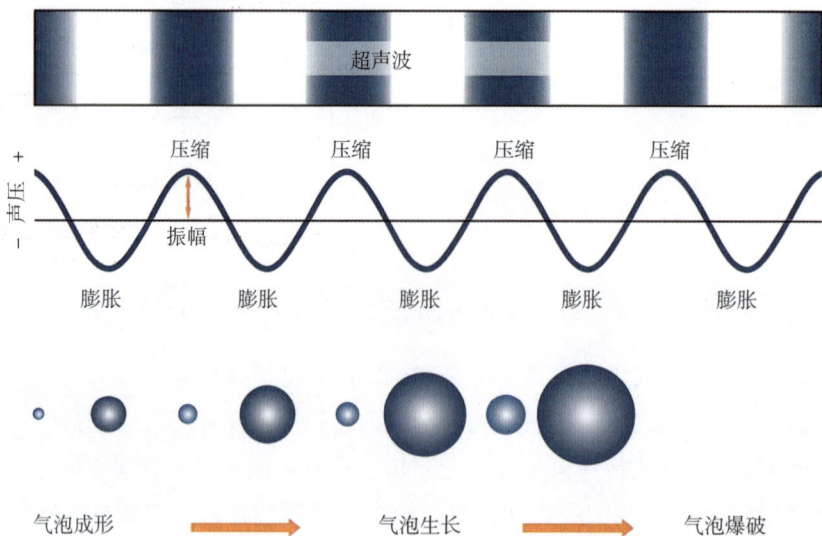

图6-14　超声波的空化气泡形成与破裂

空化气泡产生的冲击作用就好像无数的微型炸弹，超声波搅拌就是利用声空化效应产生的局部高温、高压、强冲击波、微射流、颗粒共振等，将需处理的颗粒悬浮体直接置于超声空化场中，巨大的冲击力和微射流的作用下，粉体颗粒的表面能被削弱，可以有效地防止纳米颗粒的团聚，因此超声波搅拌一种高强度的分散方法，对纳米颗粒的分散更为有效。超声波搅拌发生的另外一个过程是液体的宏观流动，空化气泡浓度以发生器为中心沿轴线逐步降低，气泡向低浓度区域扩散带动液体流动，流动速度可高达2 m/s，这种流体流动足以提供充分的搅拌效果，无须增加额外的搅拌设备，因此超声波搅拌消耗的能量更少；此外，超声波搅拌可以通过微气泡塌陷和微湍流实现高浓度混合，在低溶剂量和高固含量条件下实现浆料颗粒均匀分散，搅拌工艺时间短，具体原理如图6-15所示。

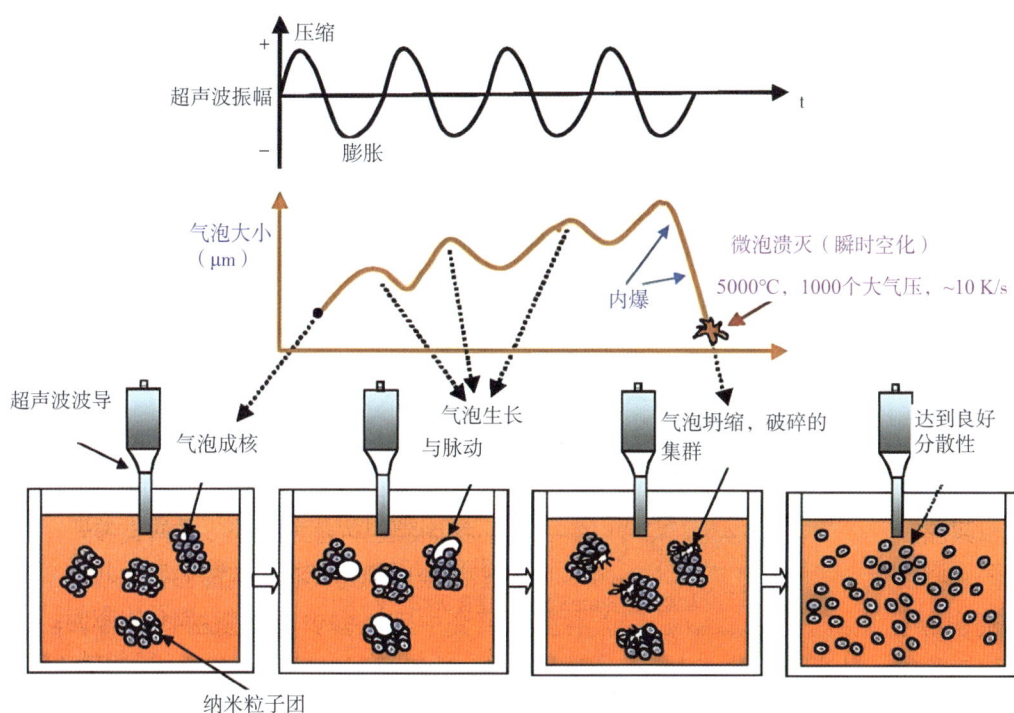

图6-15 超声波对浆料的分散原理

但超声波搅拌设备价格较高，在提高功率的同时会产生严重的气泡问题，大量的纳米级气泡可能残留在浆料中，对后续的涂布工序造成漏金属缺陷。此外，超声波搅拌的颗粒碰撞概率增加，一个需要注意的问题就是在高强度超声波作用下可能出现化学反应，尤其是水性底料，例如纯的蒸馏水经超声处理后产生过氧化氢等自由基；溶有氮气的水经超声处理后产生亚硝酸；染料的水溶液经超声处理后会变色或褪色。超声波搅拌还可能打断高分子黏结剂的分子链，破坏电极黏结网络结构的完整性，降低黏结剂的黏结性。

此外超声波搅拌需要借助溶剂介质对声波的传播作用，因此并不适用于高固含量、高黏度的浆料，而电极浆料恰恰是高固含量和高黏度的。不过可以利用电极浆料中的空气和大颗粒对超声波的传播阻碍作用，对电极浆料的气泡、大颗粒团聚情况进行不精准的测量。

浆料里的溶剂可否产生声空化作用，取决于超声波的频率和强度：高声频时，共振效应起支配作用，在溶剂中要产生声空化所需的声强增大；在低声频时，溶剂受到的压缩和稀有更长的时间间隔，使气泡在崩溃前能生长到较大的尺寸，增大空化强度，从而更加易于产生声空化效应。声强增加时，空化泡的最大半径与起始半径的比值增大，空化强度增大。可采用高能量和低能量超声的组合处理，或者相对较低的超声波频率减少高分子长链打断等副反应。此外，溶剂的蒸汽压增大、温度升高、黏度增大、表面张力增大等因素，都会对声空化效应增强产生一定阻碍作用。

6.2.3　球磨搅拌：磨球对浆料颗粒的粉碎与搅拌

球磨机就是将磨球与浆料放在一起，在圆柱体里不停地"摇滚"，通过磨球对团聚体的研磨实现浆料分散。球磨机在活性物质的生产中也有大量应用，主要用于活性物质大颗粒的粉碎。分散颗粒团聚体与粉碎固体颗粒的工艺相似，球磨搅拌设备与球磨粉碎设备也相似，但搅拌分散需要的球磨强度更小，由于球磨机中颗粒与颗粒、颗粒与磨球、颗粒与缸体间强烈的相互滚撞产生剪切、碰撞、摩擦作用，团聚体被磨碎或者撞碎，其既可以在湿法状态下进行也可以在干法状态下进行，球磨机原理如图6-16所示。

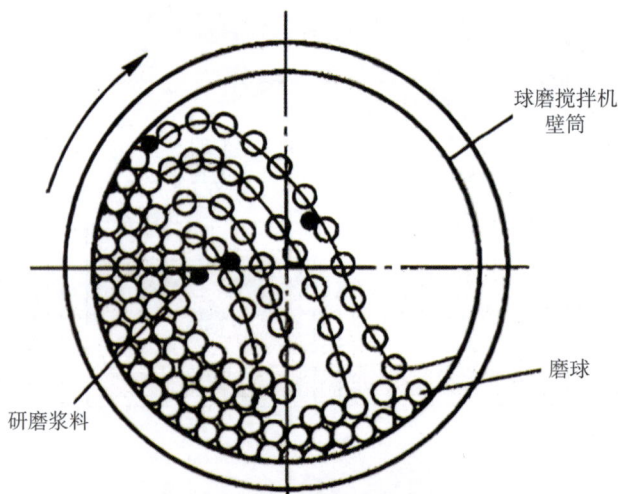

图6-16　球磨机内磨球与被研磨物质的运动状态

球磨搅拌机作用于颗粒的剪切力与其粒径的3次方成反比，即颗粒越小，球磨搅拌机作用于颗粒的剪切力越大；与基于流体力学的搅拌工艺相比，球磨工艺可搅拌更小的纳米级活性物质和导电剂，实现纳米量级的均匀分散。但球磨搅拌需要很长的分散时间才能达到要求。

但是，球磨搅拌由于本身跟球磨粉碎原理相似所以会顺带减小材料粒径，减小程度与球磨时间以及球磨速度有关。粉体颗粒经历大量表面上和体积上的变化，这种变化可能直至材料的机械化学转变（如碳纳米管的长宽比和结构发生变化），磨球碰撞以及局部流体高搅拌湍流也会造成黏结剂高分子的断裂。因此球磨搅拌工艺也很少使用。

6.3 流体力搅拌设备的设计——如何让流体力得到更好的应用与控制

6.3.1 流体力搅拌粉碎团聚体的作用原理

温故而知新、构建知识图谱：

2.3.6小节：流体雷诺数较大时，惯性力的影响大于黏滞力，形成剧烈的湍流流场。

5.2.4小节：浆料聚集稳定性的影响作用力包括静电斥力、范德华力、位阻作用力。

5.3.3小节：浆料动力学稳定是布朗运动与重力沉降对抗的结果。

剪切力的大小受剪切速率、浆料中团聚体颗粒的截面积和浆料黏度影响，其决定团聚体的破裂程度，充分有效的剪切力才能使较高程度的团聚体破裂。因此，搅拌速度越高，分散速度越快越均匀。

一、流体力分散破碎团聚体的基本原理

流体力搅拌主要依靠搅拌桨的自转或者自转加公转进行，搅拌力使浆料中的颗粒物质相互碰撞、摩擦、挤压，同时流体剪切使团聚的大颗粒破裂、分散，使浆料中的各类粉体颗粒与溶剂均匀混合。团聚体破碎主要受搅拌桨转动带来的搅拌机械力、颗粒间的流动摩擦阻力、颗粒之间发生碰撞产生的冲击力、浆料与容器壁撞击相互作用力的影响。当机械搅拌力作用力较弱（小于颗粒间的吸附能）时，浆料随着机械搅拌力发生流动，流体对浆料团聚体不断进行旋转和冲击，在团聚体原有裂纹处产生应力集中，小碎片依靠磨蚀作用逐渐从大团聚体上剥离下来，并最终导致团聚体的破碎与分散，分解成更小尺寸级别的颗粒；当机械搅拌力超过一定的临界值（颗粒间的吸附能）时，团聚体的破碎就会突然发生，团聚体被打碎成大量的小碎片，打碎是断裂的一种特殊变化形式。因此，颗粒间的碰撞和搅拌力决定颗粒集群的破裂程度，搅拌力的大小还受到湍流作用、团聚体截面积和浆料黏度的影响。浆料搅拌分散时所受的流体作用力原理如图6-17所示。

图6-17 搅拌分散时浆料颗粒受到的流体作用力

二、流体力搅拌中的湍流作用

强烈的机械搅拌能够引起浆料的强湍流运动，产生的冲击、搅拌力及拉伸等搅拌力较大。保证颗粒均匀和不沉降的主要因素是容积循环速率及湍流强度，起主导作用的是湍流效应。当流体的速度足够大时，可以借流体黏性所产生的剪切作用，使与之相邻的周围液体的表面上产生许多微小的涡流。这种附加的微小涡流会因为瞬时速度波动而产生湍动。较大的涡流以较高的速度进行不规则移动时，会渐渐崩坏而和周围的流体混合，其结果不仅流体本身，就连所包含的热量、质量和动量也都随之向周围移动，造成湍流扩散现象。

随着小旋涡的产生和逐渐增多，水的黏性影响开始增强，从而产生能量损耗。这种涡流与湍动的搅拌力和动压变动的力属于微观的液流。而搅拌设备内的这种体积循环流动属于宏观的液流。

流体在搅拌桶内流动过程中"打旋"形成漩涡，湍流中存在各种尺度不等的漩涡，漩涡将上浮颗粒卷入流体中，同时漩涡将沉降颗粒再悬浮。外部施加的能量造成大漩涡的形成，一些大旋涡将能量输送给小旋涡，小旋涡又将一部分能量输送给更小的旋涡。高速旋转的漩涡产生相对运动和剪切力，由众多这样带有能量和压力的小旋涡造成颗粒相互碰撞，类似布朗运动造成的颗粒碰撞，因为众多小旋涡在流体中也作无规则脉动。在这些不同尺度的旋涡中，大尺度旋涡主要起两个作用：一是使流体各部分相互掺混，使颗粒均匀扩散于流体中；二是将外界获得的能量输送给小旋涡。大漩涡往往使颗粒作整体移动而不会相互碰撞。

当然，如果搅拌转速继续提高到上百转，不仅仅会产生湍流效应，流体力搅拌设备也会伴随着跟超声波搅拌一样的声空化效应，如同超声波搅拌的声空化效应对团聚分散的机理类似。

三、流体力搅拌对不同粒径颗粒的作用能力差异

尽管互相团聚的颗粒可以在搅拌机中被打散，但它们之间的作用力没有改变，当颗粒排出搅拌区域后又有可能重新聚团。因此在浆料制备过程中包含两个子过程：团聚体的破碎和重组。只有当这两个过程达到平衡，浆料才能处于稳定的状态。因此浆料制备过程的粉体分散，就是调节颗粒间作用力处于斥力状态，采用机械搅拌的搅拌力使团聚体稳定分散于悬浮液中的过程。只有当搅拌产生的机械力（指流体的搅拌剪切应力及压应力）大于颗粒的吸附力，才能使团聚体解聚并分散于溶剂中。一旦颗粒离开搅拌产生的湍流场，外部环境复原，粉体颗粒又有可能重新形成团聚。

团聚体的重组相关的参数有颗粒—颗粒相互作用，浆料溶剂—颗粒相互作用，以及浆料固含量。团聚体的重组和分散速度的平衡，主导了浆料中团聚体的平衡尺寸，存在一个临界尺寸，在这尺寸之下团聚体分散速度很小。因为当颗粒直径小于某一细小尺寸时，颗粒的布朗运动效应、静电引力、分子间吸引力就会远大于重力、搅拌离心力的作用，从而容易让浆料重新絮凝和团聚，具体的一些《粉体力学》实验数据见表6-1。

表6-1　各种颗粒在溶剂中作用力与粒径的大小关系

粒径 /μm	0.1	1	10
范德华作用能（分子引力）	10	100	1000
静电作用能（静电斥力）	0～100	0～1000	0～10^5
布朗运动能	1	1	1
沉降动能（重力）	10^{-13}	10^{-6}	10
搅拌动能（离心力）	1	1000	10^6

如表6-1所示，搅拌离心力对100 nm以下的粉体颗粒的作用，基本与粉体颗粒布朗运动的作用相似，因此通过流体力搅拌所制备的浆料，对小于100 nm的团聚体进行分散较为困难，纳米级颗粒浆料的制备工艺时间长。且当机械设备磨损后其分散效果下降。

6.3.2 搅拌浆形状与大小设计：怎样保证搅拌桶内的高黏度流体无死区？

温故而知新、构建知识图谱：

2.3.6小节：流体雷诺数较大时，惯性力的影响大于黏滞力，形成剧烈的湍流流场。

搅拌浆的形状与运动轨迹是决定搅拌桶内流体运动形式的首要因素。除了搅拌浆对其附近流体的直接搅拌作用，搅拌浆旋转时会自搅拌漩涡中心向外排出高速流体，这股高速流体同时吸引夹带着周围的静止流体或低速流体卷入到高速流体中，因此搅拌浆还可通过其旋转泵出的流量产生循环作用。搅拌浆的设计必须保证搅拌浆的搅拌范围足够大，在搅拌容器内无死角。常见的搅拌浆形状有浆式、齿片式、锚式、框式、螺带式、螺杆式等，常用的形状如图6-18所示。

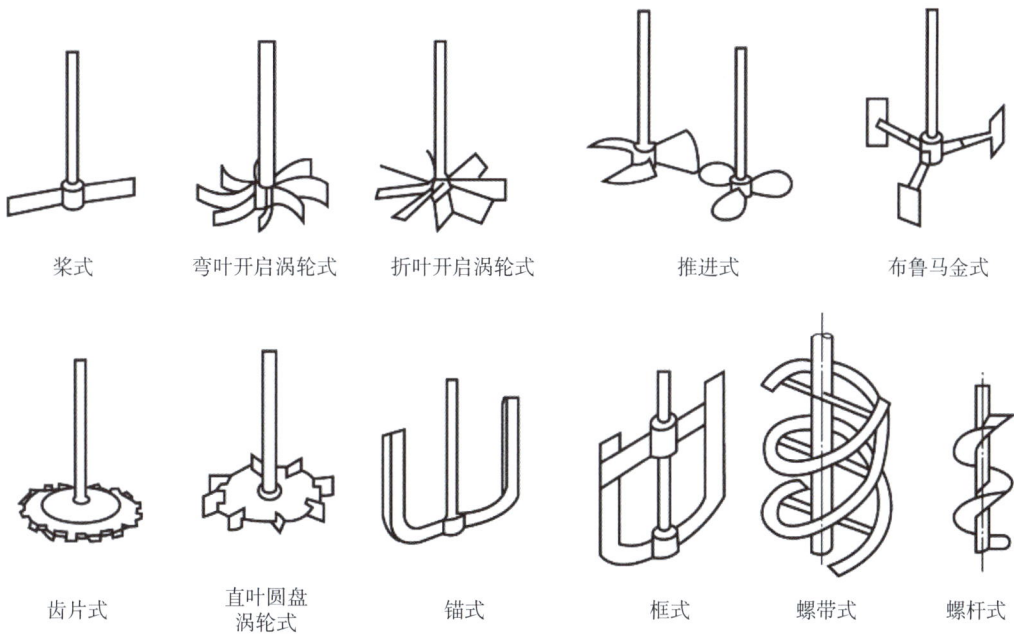

桨式　　弯叶开启涡轮式　　折叶开启涡轮式　　推进式　　布鲁马金式

齿片式　　直叶圆盘涡轮式　　锚式　　框式　　螺带式　　螺杆式

图6-18 典型的搅拌浆形状

浆叶的构形可以为平浆或斜浆，平浆转动时只有水平液流，搅拌不激烈；斜浆的排液能力不如其他涡轮大，但由于旋转时产生的轴向流动分量除水平液流外还有向上或向下的垂直液流，搅拌较激烈，有助于固体颗粒的悬浮。在离心力的作用下，旋转的浆叶将动量传递给它围的流体，形成高速的射流，最大速度在叶片端部。水平液流使流体流向搅拌桶壁面，然后分成上、下两路回流入搅拌浆叶，形成垂直方向的循环流动，此时既有水平液流，又有垂直液流，形成的翻转运动有利于流体混合。垂直液流使流体沿轴向流动，待流至搅拌桶底再沿壁折回至搅拌桨上方，形成垂直循环流动，同时也存在部分水平流动。如此反复搅拌和颗粒碰撞破碎了团聚在一起的颗粒。

搅拌强度足够大，能量足够高，才能将聚合的颗粒分开。而机械搅拌的能量分布是不均匀的，因此需要对搅拌桶和搅拌桨的结构进行优化，在不改变最大搅拌速度的情况下提高有效分散区域的空间比例，相应的有效分散空间也会增大。立式搅拌设备的搅拌桨最下面距离搅拌桶底面的高度一般为桨叶直径（即搅拌桨回转时前端轨迹圆的直径）1～1.5倍。如果为了防止底部有沉淀，也可将搅拌桨进行低液位放置。搅拌桨最上面离液面至少要有1.5倍直径的深度，因为搅拌桨过于接近液面会因液面下凹而使搅拌桨外露。

高黏度流体与低黏度流体的流动状态是不同的。对于低黏度流体，搅拌桨在搅拌桶内造成湍流并不困难；对于高黏度流体，由于黏度本质上是流体运动的阻力，搅拌桨旋转引起的离心效应受运动阻力影响而忽略不计，搅拌桶内就只能出现层流状态，不可能有明显的局部湍流与剪切作用，而且这种层流也只能出现在搅拌桨附近，离搅拌桨较远的高黏度流体流速逐渐降低直至呈静止状态。而颗粒间的不平衡碰撞会使颗粒从碰撞频率高的区域向碰撞频率低的区域迁移。这样搅拌桶内的流体流动就会出现"死区"，制备的浆料黏度越高，"死区"的问题就会越严重，所以高黏度流体搅拌的首要问题就是要解决流体循环问题。否则所制得的浆料产品就会出现混合分散不均匀、粉体颗粒与黏结剂接触不均匀、易分层、硬性沉淀等一系列问题。且高黏度流体不能单纯靠增大搅拌速度来提高搅拌桨的循环流量，因为高黏度流体的搅拌桨排出流量很少，转速过高还会在高黏度流体中形成沟流，而周围液体仍为死区。

解决死区问题的措施是使搅拌桨推动更大范围的液体，因此搅拌桨直径与罐径之比，搅拌桨的宽度与罐径之比都要较大，还可以增加搅拌桨的层数以增大搅拌范围。在描述搅拌湍流程度时，我们一般用流体惯性力与黏滞力的比值即雷诺数（Re）来代替黏度描述流体运行湍流性质。搅拌雷诺数较低时，就可能出现靠近搅拌桶处的流体处于停滞状态，降低搅拌效果。

因此当合浆黏度高于10 Pa·s或雷诺数小于1的电极浆料等流体时，靠单一的水平液流和垂直液流已不能适应混合的需要，此时需要有较大的面积推动力。不宜采用桨叶式等小型的搅拌桨，可用螺杆和螺带式搅拌桨。因为螺杆和螺带式搅拌桨的搅拌桨叶面积和搅拌范围很大，可以利用桨叶刮扫来防止搅拌桨与搅拌桶间产生滞流的"死区"。螺带式搅拌桨设计下的搅拌机在后续6.3.3小节中进行论述，而螺杆式搅拌桨设计下的搅拌机在后续6.3.4小节中进行论述。

因此，搅拌桨的大小不是随意决定的，不同大小的搅拌桨与流体的接触面积不同，搅拌越大越容易造成半干的浆料抱杆结块、浆料运动不畅等问题。搅拌桨的大小可以影响搅拌桨的排出流量，也可以影响动力消耗，也就是可以影响向流体中输入能量的大小，微观上则表现为浆料颗粒间受到的搅拌力不同，带来的则是浆料细度和黏度的变化。如果搅拌桨的大小选择合理，能供给搅拌过程所需的动力，还能提供良好的流动状态，完成预期的操作。

6.3.3　最常见的双行星搅拌机：宏观公转与微观自转的结合

螺带式搅拌机按照搅拌轴的数量可以分为单轴螺带式搅拌机、双轴螺带式搅拌机、三轴螺带式搅拌机等。双轴、三轴螺带式搅拌特别适用于高黏度浆料的搅拌混合，单轴螺带式搅拌机适用于中小试验生产，具体外观如图6-19所示。

1）双行星搅拌机的结构

传统搅拌机的搅拌桨与桶壁、搅拌桨与桶底之间存在间隙，容易产生搅拌"死区"。目前锂电行业使用的主流搅拌设备是螺带式搅拌桨形状的双轴行星搅拌机（即双行星搅拌机）甚至三轴行星式搅拌桨，其适于不同的混合工艺（干法合浆、湿法合浆），也适合高黏度、高固含量各种不同正负极浆料。双行星搅拌机因其工作特征类似于围绕恒星运转的行星而命名，其内部配置有低速分散部件Planet和高速分散搅拌盘Disper，所以双行星搅拌机又名PD搅拌机。低速搅拌部件为2个折曲框式搅拌桨，在公转时也自转，其建立的湍流流场可以使浆料上下及四周运动，通过挤压、摩擦作用将颗粒破碎掉，从而在较短的时间内达到理想的混合效果，其实际如图6-20所示。高速分散部件一般为齿列式分散盘，与行星架一起公转的同时高速自转，能在局部范围内形成强大的剪切应力场，使浆料受到强烈的搅拌湍流与撞击分散作用，将二次团聚体快速打散减小其颗粒度，是影响颗粒破碎分散的主要原因。

2）双行星搅拌机制浆的优点

同时，双行星搅拌机的浆与浆、浆与桶壁、浆与桶底之间间隙低，在行星架上还设置了一组刮壁刮刀随着行星架一起转动，通过不断地无缝刮壁，让桶壁上的浆料无法滞留，搅拌桨相互间以及搅拌桨与搅拌桶内部的精密间隙，360°无死角设计，浆料不粘桶壁，出料干净，从而提高了高黏度、高固含量浆料的分散混合效果。通过两根折曲框型搅拌桨的行星运动起到无死点的

图6-19　单轴螺带式搅拌机

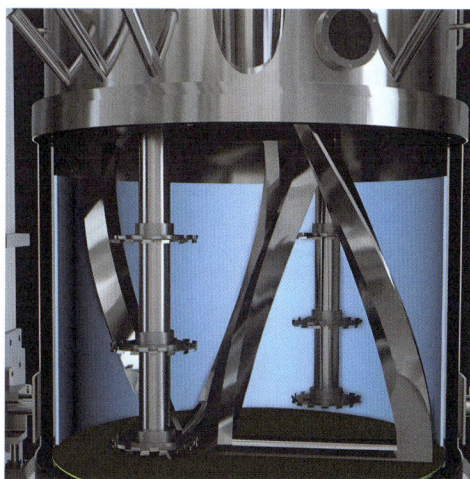

图6-20　双行星搅拌机内部搅拌桨

强力捏合效果，并通过高速分散盘的冲击和剪切作用起到很好的分散效果，将宏观混合分散与微观混合分散共同应用于合浆过程中，确保无粉料或结块粉体颗粒未均匀混合到浆料中。双行星搅拌机转动不同圈数后的累积轨迹曲线如图6-21所示，由此可见双行星搅拌机具有较好的分散均匀性。

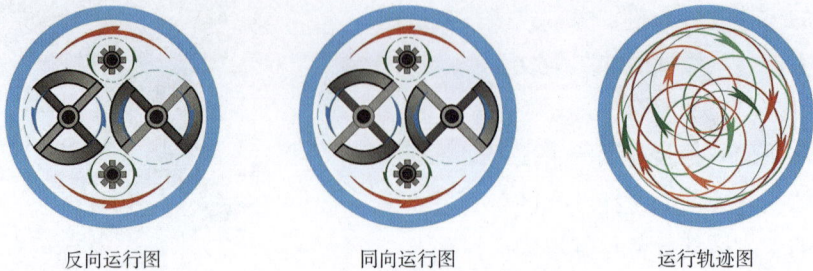

反向运行图　　　　　　　同向运行图　　　　　　　运行轨迹图

图6-21　双行星搅拌机顶视图下的运动轨迹

双行星搅拌机能够方便地调整加料顺序、转速和时间等工艺参数来适应不同的材料特性，且在浆料特性不满足要求时可以进行返工，适应性和灵活性很强。此外，在品种切换时，双行星搅拌机的清洗较为简单。

3）双行星搅拌机制浆的缺点

但双行星搅拌机也存在一定的缺点，其只能采用批次合浆工艺，不能采用连续合浆工艺，从而导致批次间一致性较差；且双行星搅拌机的搅拌桨叶结构复杂曲折，导致清洗操作困难；同时设备体积及设备高度对厂房的高度和设计有要求；另外，其对于小粒径、大比表面积材料颗粒难以达到良好的分散效果。

相对于其他高速分散搅拌机，物料被搅拌桨作用的时间存在概率分布，要保证所有物料充分混合和分散需要很长的搅拌时间。双行星搅拌机中早期一批浆料的制备需要10多个小时，后来通过工艺的不断改进，尤其是引入干法制浆工艺后，制浆时间可以缩短到3～4小时。但由于原理限制，双行星搅拌机的制浆时间难以进一步缩短。由于搅拌桶的体积越大，越难达到均匀分散的效果，目前锂电制浆用的双行星搅拌机的最大容积不超过2000 L，一批最多能够生产1200 L的浆料。

6.3.4　类似卧式绞肉机的卧式搅拌机：单螺杆、双螺杆和犁刀式

搅拌机又可分为立式搅拌机和卧式搅拌机。卧式搅拌机主要由供料计量系统（用于粉料和溶剂的连续计量称重）和搅拌主轴系统（用于各组分的分散与捏合）组成，浆料的粉体和溶剂通过计量系统在线自动和连续输送到搅拌主轴的最前端，在螺杆的输送作用下向后端移动，在螺杆的后续部位分多次投入溶剂或者胶液，集浆料投料、传输、捏合、混合于一体，主要应用的有螺杆式搅拌机和犁刀式搅拌机，其中螺杆式搅拌机又分为单螺杆、双螺杆两种类型。

1）螺杆式搅拌机的设备机理

螺杆式搅拌机上的螺杆螺纹呈正反向交替组合形式，有正-正-反、正-反-正-反或几个

组合在一起的各种形式。反向螺旋上开有数个斜槽，螺杆式搅拌机螺杆结构如图6-22所示。浆料被正向螺旋推向反向螺旋，在正、反向螺旋挤压作用下浆料被压缩搅拌碎解，由于正向螺旋挤压作用较大，浆料被迫从反向螺旋的斜槽通过，在被搅拌分散的同时可以向前继续传送进入下一个挤压区。由于正反向螺纹使流体时而左旋向，时而右旋向，不仅将中心液流推向周边，而且将周边流体推向中心，从而造成良好的径向混合效果。螺杆式搅拌机的搅拌过程不仅发生在径向方向上，而且发生在轴线方向上，形成完善的径向环流混合作用。如此反复，在出料口浆料被磨制成浆料，螺杆从前到后的结构上分别有多个区域，从前到后依次为预搅拌区、混合分散区、添加溶剂的黏度调节区、真空脱泡区。其中真空脱泡区有负压管路，用于成品浆料的脱泡。

图6-22　螺杆式搅拌机螺杆结构

2）犁刀式搅拌机的设备机理

犁刀式搅拌机由传动部件、搅拌浆、圆形桶体、高速飞刀组成，其内部结构如图6-23所示，浆料在犁头和飞刀的双重作用下能快速均匀混合，犁头在高速运转时对浆料除了轴向分散以外，也可带动浆料作径向流动，中间的高速飞刀对结块料进行分散解聚、辅助混合。

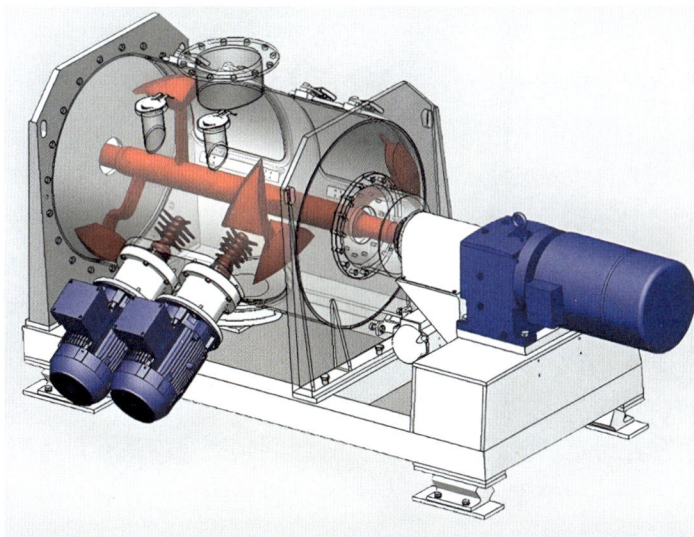

图6-23　犁刀式搅拌机内部结构

3）卧式搅拌机的外壁与螺杆残留浆料刮取设计

当搅拌高黏度流体时，若螺纹端部与螺杆外壁有一定的间隙，则高黏度流体会滞留于间隙中，这些滞留物的存在不仅影响浆料的质量，还大大降低了外壁的传热系数，因此搅拌高黏度流体的螺纹外缘与螺杆外壁应较为接近，有时还在螺杆上装有刮刀，即所谓刮壁式搅拌设备。即使采用了刮壁式搅拌浆，若采用单螺杆结构，高黏度流体还是有可能黏滞在螺纹上随螺纹一起转动，长时间黏滞会导致螺纹上形成干浆料。而双螺杆搅拌机由两个相互平行、彼此啮合、转向相同的螺杆和与其配合的机壳组成，通过螺纹相互啮合运动产生互相清洁作用，可使滞留物减至最少，双螺杆搅拌机的螺纹相互啮合结构如图6-24所示。单螺杆搅拌机的生产效率也比双螺杆低，故锂电行业主要应用双螺杆搅拌机。

图6-24　双螺杆搅拌机的螺纹相互啮合结构

4）卧式搅拌机的制浆优点

卧式搅拌机的原理与大家小时候看到的卧式绞肉机绞肉差不多。由于卧式搅拌机是通过螺杆或犁刀的大扭矩强制旋转推力推动浆料向前"闯关夺将"，浆料的分散主要在黏度高的捏合阶段完成，在螺杆元件的作用下产生强烈的剪切作用，故特别适用于传统搅拌机无力搅拌的高黏度流体（像绞肉机一样再黏也能推动）。卧式搅拌机最早用于高黏度橡胶混炼领域，近些年进入锂电制浆领域。

卧式搅拌机的优势在于避免了立式搅拌机因重力作用导致的上下层粒度不一致现象，生产连续性强、制浆时间短，可将投料、预搅拌捏合，精细分散和脱气等多个操作集中于单个设备。传统制浆工艺中将所有的粉体颗粒一次性投入所有溶剂成分中，经过长时间的搅拌才能分散成均匀的浆料，而卧式搅拌机将批次制浆分成若干小份，在连续投料的过程中进行混合，大大提高了宏观混合的效率。

5）卧式搅拌机的制浆缺点

卧式搅拌机也存在一定的缺点。首先，其连续制浆模式不是将粉体颗粒按比例精准批次称重，难以确保失重秤的精度，故粉体颗粒连续投料的比例差异较大，一旦某种原料的给料流量出现波动，就会导致浆料中的原料配比出现波动，从而导致浆料的一致性变差，甚至会造成一部分浆料的报废。因此，这种连续式制浆系统必须配备高精度的原材料动态计量和给料系统，这导致整套系统的成本显著升高。在实际生产中，为了防止瞬间的给料流量出现波动导致异常，通常会在卧式搅拌机后面配备一个大的带搅拌的缓存罐，用于将卧式搅拌机制备出来的浆料进行一定程度的均匀化处理，消除给料流量的瞬间波动造成的影响，但这种做法某种程度上使得整套系统接近批次式制浆系统。此外，卧式搅拌机对原材料的品质波动敏感，一旦原材料的品质波动导致浆料参数不合格，无法如同双行星搅拌机一样进行返工处理。

同时，卧式搅拌机的螺杆通常很长，想要减小磨损、延长使用寿命，转速就不能太快，在较低的线速度下要产生很强的剪切作用，为了减少残留，就需要将螺杆元件之间以及螺杆元件与筒壁之间的间隙控制得很小，目前双螺杆制浆机中这个最小间隙在0.2～0.3 mm。这么小的间隙对于加工和安装的精度要求很高，也容易造成螺杆元件的磨损，再加上粗颗粒的磨损容易造成浆料金属异物颗粒增多（为此犁刀式搅拌机的犁头、飞刀片磨损可单独更换），而磨损造成的金属异物可能会对锂离子电池产品造成严重的安全隐患。

最后，卧式搅拌机使用后的浆料残余清洗，由于拆卸质量与螺杆结构复杂的因素较为困难。

6.3.5　高速剪切分散搅拌机：类似将洗衣机转速提升到了甩干程序

温故而知新、构建知识图谱：

2.3.6小节：弗劳德数是离心力与重力的比值。

1）高速剪切分散搅拌机的工作原理

高速剪切分散搅拌机核心工作部件为一对相互啮合的定转子，图6-25为定转子外形及工作原理图。定转子中心区域存在一个叶轮，叶轮一方面要像普通的流体泵那样通过泵出的流量产生循环作用，另一方面还要对周围流体起到剪切分散的作用。转子与叶轮一起高速旋转产生强大的离心力，浆料受到惯性离心力作用通过定转子间的开槽被抛到定转子间非常狭小的高剪切区，定转子层之间间隙非常小，浆料被迫以很高的速度通过窄小的间隙（其间受到强烈的剪切力），从而让浆料高速撞击定子桶壁。高速流动的浆料与静止定子在狭小间隙内的速度差形成强烈的层流、湍流，在和高频压力波的共同作用下，物料在定、转子狭窄的间隙中受到强烈的机械剪切、撞击撕裂、离心挤压、流体摩擦、黏性切应力、湍流应力等综合作用，纳米级的超细颗粒得以有效分散。

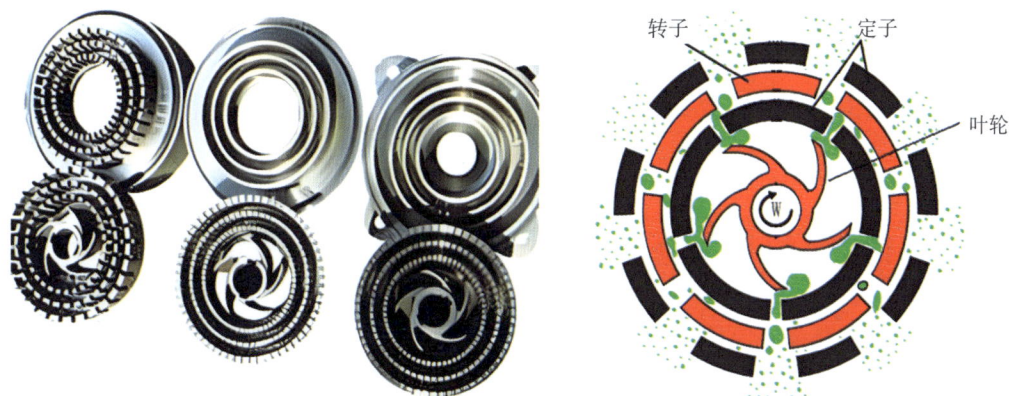

图6-25　高速剪切分散搅拌机的转子和定子结构

整个高速剪切分散过程在真空下进行，中心叶轮的高速旋转会产生强大的负压，将待混合分散的浆料吸入分散腔，进入腔体内的浆料再受惯性离心力的作用从定转子齿槽间被甩出，这种吸入、压缩、甩出、剪切、撞击、再吸入的过程会多次重复，其间伴随着浆料颗粒间的相互摩擦和碰撞作用。其由于搅拌速度极高，如果将普通搅拌机类比为我们日常生活的波轮洗衣机，那高速剪切分散搅拌机所做的就是波轮洗衣机的甩干程序，将洗衣液从洗涤缸内筒甩出到外桶壁，高速剪切分散搅拌机分散头结构如图6-26所示。

高速剪切分散搅拌机的剪切分散起主导作用，同时也伴随着与超声波搅拌一样的声空化效应作为辅助分散作用。军事迷朋友们都知道，潜艇的螺旋桨转速达到上百转就会产生气泡，这也是潜艇最重要的噪声来源和螺旋桨磨蚀因素。由于高速剪切分散搅拌机的转速可达上百转（双行星搅拌机、螺杆搅拌机无法达到），

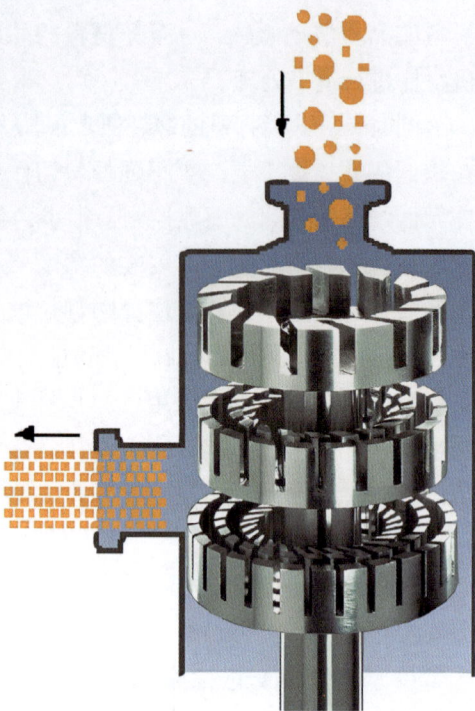

图6-26 高速剪切分散搅拌机分散头结构

在其转子中心负压区，当压力低于液体的饱和蒸汽压（或空气分离压）时，也会产生大量气泡，气泡随液体流向定转子齿圈中被剪碎或随压力升高而溃灭，产生跟超声波搅拌一样的声空化效应。

2）高速剪切分散搅拌机的选项设计参数

高速剪切分散搅拌机主要的参数包括分散强度与分散时间，其中分散强度可用弗劳德数或转子线速度表示，弗劳德数是颗粒所受离心力与重力的比值，表征颗粒在合浆过程中的高速分散强度。如果分散强度太大或时间太长，可能会打碎高分子黏结剂的分子链。

$$弗劳德数 = \frac{转子转速 \times 转子半径}{重力加速度 g} \tag{6.1}$$

定转子的结构选型、层数、开槽个数及开槽宽度的选择，对高速剪切分散搅拌机的生产能力、分散效率及浆料分散品质会产生不同的影响。圆孔型定转子主要适合黏度较低的物料的循环分散，长槽型定转子主要用于高黏稠浆料的混合分散，由于电极浆料黏稠度较大，所以选择长槽型结构的定转子。定转子的层数越多，剪切分散强度越大，分散效果越好，但若层数太多，浆料很难从定转子间顺畅流出，既影响分散效率，也将浆料温升很大，进而影响浆料品质；在开槽宽度一定的情况下，开槽个数越多，浆料受到机械剪切的频次就越多，剪切效果就越好，但是开槽个数越多，齿槽宽度越小，会降低定转子的刚度，在高速旋转下，定转子会产生变形，甚至损坏；开槽个数一定的情况下开槽宽度越

小，浆料受到的液力剪切和碰撞作用就会越强，但宽度太小也会影响浆料的流量及流通。

3）高速剪切分散搅拌机的设备优缺点

双行星搅拌机中只有在搅拌桨的端部区域浆料才会受到强剪切作用，导致浆料受到高剪切作用的频率很低。而在高速剪切分散搅拌机中，浆料在整个区域内都能受到强剪切作用，使得浆料受到高剪切作用的频率很高，从而大幅提高了浆料的分散效果和效率。故与双行星搅拌机相比，高速剪切分散搅拌机的可分散纳米级颗粒能够支持连续性生产，且设备体积小、占地少、时间短、能耗低，与洗衣机一样具有自吸能力和自动清洗能力（设备维护方便），可根据分散难度增加转定子层数从而强化分散效果。

但是，高速剪切分散搅拌机的高剪切速度往往会打碎高分子的长链，降低了高分子黏结剂的性能。同时，高速剪切分散搅拌机的转速更高，故浆料温升更快，可能导致溶剂过度蒸发及浆料变质，因此外夹套的循环冷却装置循环速度更快，冷却温度更低。

6.3.6 搅拌功率的设计因素：怎样设定搅拌机的速度与激情？

温故而知新、构建知识图谱：

4.1.3小节：高分子在溶剂中先缓慢溶胀，后溶解。

4.1.5小节：高分子黏结剂具备一定的黏弹性与流变性，分子量越高、黏度越高，黏度随剪切速率发生变化。

6.3.1小节：浆料的稳定性受到布朗运动效应、静电引力、范德华力、重力、搅拌离心力的作用。

一、搅拌速度的设计因素

1）提高搅拌速度可以缩短混合时间、减少颗粒团聚

快速高效的合浆，需要在搅拌作用下加快流体的流循环速度，这就要求搅拌桨产生的流体循环流量要大；同时分散的强度还取决于流体湍流扩散的程度，所以快速搅拌还要求搅拌桨造成的流体湍流强度大。随着搅拌强度增大，浆料混合的均匀程度越高，即黏结剂和导电剂在活性物质颗粒表面的覆盖更均匀，从而减少颗粒团聚现象，提高搅拌强度使得达到分散效果的颗粒粒径更小。

2）提高搅拌速度能够避免颗粒在溶剂中沉降

在重力起主要作用时，搅拌桶中的浆料会发生沉降，颗粒越大、沉降速率越快。在搅拌转很低时，底部只有部分颗粒运动，在罐底角落处或底部相对静止区内有颗粒积聚，呈现底部或角落处堆积的运动状态。随着搅拌速度的增加，罐底面上的颗粒不停地运动并变换位置，却停留在罐底面上，既不悬浮也不堆积，呈现完全在底运动状态；搅拌速度进一步增加时，颗粒均处于运动之中，没有任何颗粒在罐底停留超过一个很短的时间（例如1～2 s），呈现完全离底悬浮状态；当搅拌速度足够大时，釜内有足够大的循环流速，还有足够数量的湍动漩涡进入颗粒沉积区，使沉积的颗粒完全悬浮起来，这样颗粒在整个搅拌桶内浓度和粒径分布均匀恒定，呈现均匀悬浮状态。

因此，随着搅拌速度的增大，颗粒在浆料体系中的悬浮状态依次呈现底部或角落堆积、完全在底运动、完全离底悬浮和均匀悬浮等四种状态。在颗粒悬浮过程中存在一个使颗粒悬浮的最低搅拌速度，称为颗粒悬浮的临界搅拌速度。这个临界搅拌速度与溶剂密度、颗粒密度、颗粒粒径等物性条件有关，也与搅拌设备、搅拌桨的几何关系有关。达成搅拌效果需要克服式（5.2）所示的斯托克斯沉降公式，提高搅拌速度能够避免颗粒在溶剂中沉降。

3）搅拌力过大会打断黏结剂的分子链，削弱黏结剂的作用

搅拌力过大会打断黏结剂的分子链，使分子链长度变短，将胶液打坏，改变其初始的黏结特性，削弱黏结作用。

4）单纯提高搅拌速度无法缩短搅拌时间——欲速则不达

通常来说，正极的PVDF黏结剂至少需要2个小时才能充分溶解（负极浆料的CMC和SBR黏结剂溶解对时间要求相对较少），无论多快的搅拌速度都无法改变这一影响因素。所以提高搅拌速度虽然可以缩短搅拌时间，但所谓"欲速则不达"，单纯增加搅拌时间不提高搅拌速度也不能让浆料混合得更均匀。

二、搅拌功率的设计因素

为使搅拌器连续运转所需要的功率就是搅拌器功率，这里所指的搅拌器功率不包括机械传动和轴封部分所消耗的动力。将搅拌桨使搅拌设备中的流体以最佳方式完成搅拌过程所需的功率称作搅拌作业功率。而搅拌器的功率过分大于搅拌作业功率时，只能浪费动力而于过程无益。搅拌器功率小于搅拌作业功率时，可能使过程无法完成，也可能拖长操作时间而得不到最佳方式。最理想的状况当然是搅拌器功率正好等于搅拌作业功率，这就可使合浆过程以最佳方式完成。计算搅拌功率是搅拌桨机械设计和搅拌电机选型的重要依据。影响搅拌功率的因素主要包括：

1）流体雷诺数，即流体的惯性力与黏度之比，反映流体运动阻力对搅拌功率的影响。

2）流体弗劳德数，即流体的惯性力与重力之比，反映流体转动惯性力对搅拌功率的影响。

3）搅拌桨的转速、直径、桨叶面积、桨叶倾斜角、搅拌桨离桶底高度等。因为搅拌桨的排出流量与该流体离开桨叶的平均速度和桨叶扫过的面积的乘积有关。在低雷诺数流体中，层流范围内动力消耗几乎和桨叶面积成正比；而在高雷诺数流体中，仅在桨叶面积较小时，动消耗随桨叶面积增加而增加，当桨叶面积达到一定范围时，动力消耗就不再因桨叶面积增大而增大。

4）搅拌桶的大小，即直径、深度、形状等。搅拌桶越大搅拌功率越大，且浆料里外温差越大，虽然搅拌机的容积不能无限扩大，扩充产能只能通过增加搅拌机数量来解决。

5）浆料的流变性。搅拌速度提高往往会导致浆料黏度下降，从而导致搅拌功率上升并不明显。这一点与车辆行驶速度提高、油耗反而降低的道理一样。

6）设备的损耗。搅拌速度越高对设备中电机、搅拌桨的损伤就越大。

综上所述，实际生产过程中需要控制搅拌机自身参数主要有搅拌速度、搅拌时间、电机功率等，因为搅拌桨、搅拌浆与搅拌桶的间隙在选择搅拌机时就已经确定。

6.3.7 合浆机的上料、温控、除磁、抽真空、消泡装置设计

温故而知新、构建知识图谱：

3.1.4小节：固体能够吸附气体，吸附量正比于表面积。

5.1.4小节：温度提高会降低浆料的溶剂和高分子黏度，但也会对PVDF造成破坏影响。

一、搅拌机的上料装置设计

搅拌机的上料装置分为粉料上料装置和溶剂上料装置，由于锂电制浆原材料粉料一般有三种及以上，故需同时设置三个以上的粉料上料装置，用来接收来自原料存储装置或包装内的粉料，完成原材料的定量上料。

二、合浆机的循环冷却装置设计

适宜的温度下，浆料的流动性和分散性更好。

1）温度较高有利于浆料分散。温度越高，浆料的黏度下降，更容易产生湍流，湍流有利于浆料的剪切与碰撞作用。同时，温度越高，表面张力越小，韦伯数越大，固体颗粒越容易破裂。提高温度还可以在同等固含量下降低浆料黏度，故提高温度在合浆时可以提高固含量，减少溶剂的使用和回收，进而降低能耗和成本。而浆料温度太冷将因黏结剂高分子活动能力差而浆料流动性变差，影响搅拌功率和效率。

2）温度不能太热。温度太热容易加剧PVDF与强碱的消去反应和交联反应，温度太高还会导致溶剂挥发，浆料表层跟大米粥一样冷却后容易结皮。

虽然浆料的分散过程本质上是克服极性与非极性物质间表面能垒的吸热反应。但在搅拌机的高转速下，浆料颗粒之间的摩擦会产生极大的热量，搅拌机运动做的功大部分都转化为浆料的分子运动动能，热量在浆料内部堆积无处释放，引起浆料的温度升高。

如果没有浆料温度控制系统，最简单的办法是自然降温，这样时间会比较长，且可能对浆料的分散性和稳定性有一定影响。因此，搅拌桶外壁往往会设置一层夹套，夹套内部注入循环冷却水，从而控制浆料分散过程中的温度，如果发现浆料的温度较环境温度高或者低，则通过合浆控制系统使浆料涂布前温度尽可能保持一致。但搅拌机虽然配备了循环冷却装置，实际使用过程中，因搅拌桶的体积较大，浆料内部仍然存在一定的温度梯度。

三、搅拌机的除磁过滤装置设计

经过真空脱泡的浆料还需进行最后一步磁性物质过滤工序，浆料经过过滤后进入浆料储存罐。该装置用于进一步除去浆料中的颗粒杂质以及铁屑，从而确保浆料里的磁性杂质不流入电芯内部。

四、合浆机的抽真空密闭装置设计

粉体表面能较高带来的气体吸附性较强，且粉体内部有较大孔隙可吸附气体，粉体内部孔隙进入溶剂后必将粉体表面吸附的气体排出，导致浆料内部产生气泡；且溶剂表面张力较低，快速搅拌过程中也很容易将空气吸入，以微小气泡的形式存在于浆料中。故需要对浆料进行脱泡处理才能进入下一道涂布工序，否则在后续过程中出现针孔、露金属，甚至面密度波动的现象。

浆料脱泡处理的最简单方式就是留出足够的静置或慢搅时间让气泡形成并上升到表面。由于空气的密度小于涂料，气泡会在静置过程中上浮至浆料表面。根据式（5.2）所示的斯托克斯公式，气泡上升的速度取决于气泡的半径以及涂料的黏度。气泡的半径越大，浆料黏度越低，则气泡上升的速度越快。当浆料处于慢速搅拌状态时，在搅拌桶底部的浆料可以随搅拌循环到搅拌桶顶部，缩短了夹带气泡的溢出距离，加快了气泡的脱出速度。

但静置或慢搅过程中大量细小气泡的逃逸脱出速度慢，很难在短时间脱除干净，因此需要降低气体的溶解度，气体的溶解度在较低的压力和较高的温度下降低，通常我们不能将浆料进行加热，因此通常采用抽真空加慢搅拌的方式进行脱泡处理。当浆料处于真空状态时，周围浆料对悬浮小气泡的压力变小，气泡体积因此变大，气泡浮力也因此增大，气泡从浆料中的脱出速度加快，故制浆全过程采取抽真空密闭处理，同时可以防止浆料泄漏或外部异物引入。

但抽真空度不能过高。浆料之间频繁碰撞、摩擦以及搅拌浆与浆料之间的摩擦会产生较多热量，导致温度升高，造成部分溶剂挥发，NMP等还会产生很大刺激性气味，合浆过程中真空度过大或抽真空时间不合适，挥发的溶剂成分也会被真空系统抽走，真空度越高，流失得越多，从而造成浆料配方比例失衡，黏度变大。

五、消泡器设计

有时候单独抽真空方式并不能将浆料中所有气泡在涂布前有效消除，则需要增加额外的消泡器，或采用添加消泡剂的方式进行消泡设计。消泡器工作原理包括且不限于对浆料进行搅拌或振荡，使气泡在浆料中破裂并消除，或利用离心力来破碎泡沫并使气液分离，其可以破坏泡沫稳定的亚稳态机制从而消除气泡。

7 涂布工序机理：将浆料从罐子里转移到金属箔材上

——驱使流体涂覆的涂布工序

在锂离子电池制造过程中，涂布是继制备浆料完成后的下一道工序，其将合浆后稳定性好、黏度适中、流动性好的浆料，受挤压进入涂布模头内部腔体，通过模头狭缝挤压，均匀涂覆在正负极集流体基材上，并烘干制成干燥电极，是锂电制造从粉体流体到片材形态转换的重要一环，其涉及的学科包括《流体力学》《流变学》《化工原理》《表面化学》《聚合物加工工程》《干燥理论》。本章对涂布工艺中涉及的流体中各种力学相互作用进行了分析，对涂布烘烤过程中的各种问题点及解决策略进行了详细讲述，并分析了各种浆料属性对涂布过程的影响及对应控制策略。

7.1 锂电涂布的品质要求与涂布方式选择

7.1.1 涂布的工艺过程与控制参数要求：怎样确保涂布均匀

一、涂布的概念介绍

涂布（Coating）是一种涂覆工艺，我们用刷子刷油漆也是一种涂覆工艺。为什么叫"涂布"呢？因为老式雨衣依靠在纱布或塑料薄膜上涂覆一层胶水或橡胶薄膜，使其具有防水效果，由此将"涂布"当作基材涂覆工艺的特别名词，"涂布"甚至成为一个很重要的化工细分行业。由于基材表面肯定会吸附一定的空气（基材外表非真空状态），故涂布本质是用一定量的流体代替基材表面接触的空气。但在汽车行业一般采用"涂装"来形容复杂形状车身的涂覆工艺，因为其复杂车身不像锂电极片一样，能拉扯成"布"的形状进行卷对卷的大规模高速制造。

涂布将成卷的基材，经过涂覆模具装置将浆料（即胶、浆料或油墨等涂料）涂覆于基材上，再经过干燥过程将溶剂移除，最后收卷成卷的技术。其中基材以纸张、布匹、皮革、玻璃纤维布、金属（如铜箔、铝箔、金箔等）及塑料薄膜（如PP、PET）等为代表。涂布生产的卷状半成品或产成品包含：各种胶黏制品（如胶带、大头贴）、电化学材料（如锂电、钠电材料）、感光材料（如光伏板、照相胶卷）、印刷材料（如钞票）及包装材料。

二、锂离子电池的涂布要求与涂布过程

卷对卷的大规模生产涂布设备实际运行中，一般每卷几千米的箔材会以每分钟几十米的速度行进，涂布前的铜箔/铝箔一般只有几微米厚，可以用"薄如蝉翼"来形容。涂布基材（金属箔）由放卷装置放出供入涂布机，经过张力控制装置进行一定的预紧力拉紧，并经过自动纠偏装置进行走带位置调整后进入涂覆模具装置，按预定涂布量和留白区（用来制作电芯极耳）长度分段进行浆料涂覆。涂布后的湿极片送入干燥通道进行烘箱干燥，干燥温度根据涂布速度、固含量和涂布厚度设定，干燥后的极片再次经张力控制和自动纠偏后进行收卷，供下一步工序进行加工，涂布工艺基本流程如图7-1所示。涂布分单面涂布和双面涂布，双面涂布中的B面涂布还需自动跟踪A面涂布膜区宽度和留白区位置进行调整对接控制。

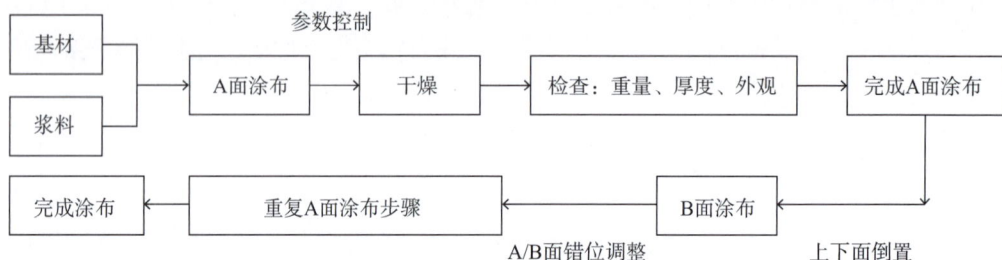

图7-1　涂布工艺基本流程

从上述流程分析可知，涂布机主要装置包含：涂布浆料的上料装置、涂覆浆料的模具装置、收放卷及走带装置、烘箱装置、品质测量装置。由于篇幅关系，本书只介绍涉及粉体流体内容较多的上料装置、模具装置与烘烤工艺分析。收放卷及走带装置（张力、纠偏控制等）、烘箱温控装置（各种加热与传感技术）、品质测量装置（测重仪、CCD等）等箔材缺陷问题，属于设备自动化相关内容，本书暂不做过多论述。

锂离子电池的电极厚度一般为40～300μm，偏差要求1～2μm。涂布过程中需要控制的参数主要包括涂布面密度、膜区宽度、留白区宽度、涂布厚度、AB面错位值等。其中面密度=极片质量/极片面积，是表述涂布质量一致性的重要参数，其又可分为面密度横向一致性与纵向一致性两个方面。上述涂布参数决定着极片中每一处的正负极活性物质用量，活性物质用量比例又决定着电化学反应的嵌锂空间问题，涂覆浆料多了少了都可能对电池的安全性和电性能带来极大影响，一般对粉体与流体涂覆的各参数精度要求小于1%甚至更低，是锂电制造的瓶颈设备与工序。同时，极片的尺寸、外观缺陷、黏结力、溶剂残留量也要实时监控，超过工艺范围能够报警并进行干预处理。

而且锂电涂布过程中还存在同时涂覆电极浆料与绝缘浆料的情况，绝缘层与电极层都需要对其尺寸、外观、两层的相互融合情况进行及时检测和问题干预，含绝缘层的正极极片涂布模头结构如图7-2所示，由于篇幅关系本书对绝缘层涂覆情况暂不做详细介绍。

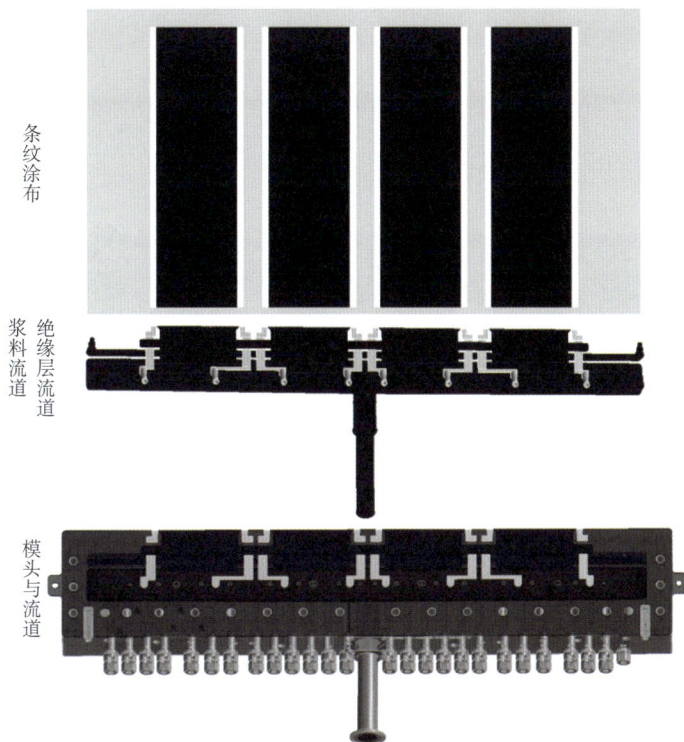

图7-2 正极极片涂布（含绝缘层）模头结构

COV（Coefficient of Variation）又叫作变异系数，是概率分布离散程度的归一化量度，采用标准差与平均数的比值来比较不同关键参数波动，可以消除不同参数单位的影响，也消除参数均值大小不同的影响。计算公式为：

$$COV = \frac{样本标准差}{样本平均值} \times 100\% \tag{7.1}$$

故涂布过程中极片厚度、质量的稳定一致性（COV）至关重要，涂布厚度用来间接反映浆料涂覆量（面密度），其中面密度一致性COV指标又可分为基材行进方向（MD方向）的COV（纵向COV）与膜区宽度方向（TD方向）的COV（横向COV）。只有横向和纵向COV得到保障，涂布的整体COV才能实现。除了一致性最大好处外，降低制程过程COV还可以实现电芯的制造成本降低和能量密度提高。因此涂布机需要实时连续监控面密度，超过工艺范围应能报警并在后续工序处理，再对螺杆泵上料速度进行控制，从而调节涂布量。

三、涂布技术的路线选择

除了油漆刷涂这种古老、简单而又粗糙的传统涂布方法。现代工业生产中使用的涂布方式包括喷涂、浸涂、刮涂、逗号刮刀涂布、辊涂、凹版涂布、微凹涂布、挤压式涂布、狭缝挤压式涂布等，其最主要的差别就是为了适应不同黏度、厚度、精度范围要求的涂层领域。虽然锂电行业主要使用狭缝挤压式涂布，但铜箔/铝箔和隔膜的涂覆处理却采用了凹版涂布，实验室小批量生产也经常使用刮刀式涂布，干法涂布和电芯表面UV胶还是采用喷涂处理，且各种涂布方式之间具有一定的相互关联和演进关系（表7-1）。因此除了第一章第二节已经介绍过的干法喷涂工艺（类似于喷墨打印），本小节会对余下的常用涂布技术工艺，结合其特性与锂电应用领域逐个进行详细对比论述。

表7-1 各类涂布技术与工艺条件对应关系

涂布技术	浸 涂	逗号刮刀涂布	凹版涂布	微凹涂布	挤压式涂布	狭缝挤压式涂布
湿膜厚度 /μm	10～150	20～450	10～25	1～80	>20	>20
浆料黏度 /（mPa·s）	40～1500	1000～50000	10～2000	1～1000	1000～10000	1000～50000

当然还有其他与锂电行业关系不大的涂布方法，在此由于篇幅关系不再一一列举，比方说半导体行业光刻胶才常用的旋涂法，以及纳米级厚度涂层的气相原子层沉积、电泳沉积、电镀等。

7.1.2 浸涂：基材浸入料槽润湿后，拖曳带走一部分浆料

温故而知新、构建知识图谱：

5.1.1小节：黏度是流体抵抗其变形的分子间引力表现形式。

浸涂将包绕在涂辊上的基材放入料槽中，直到大部分或完全浸入，基材表面在料槽中"沐浴"了一个薄层的浆料，基材抽出过程中浆料的薄层保留在基材表面上，然后将残留在涂层中的溶剂蒸发并留下干燥的涂层，浸涂的装置结构如图7-3所示。

先暂时不考虑烘烤阶段的毛细作用力。浸涂工艺的退出阶段可以看作拖曳力（夹带力）和排水重力相互作用的结果。其中拖曳

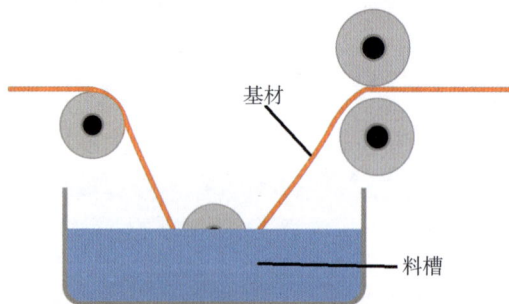

图7-3 浸涂的装置结构

力是用于将浆料保持在基材上的力。根据作用力与反作用力原理，相邻流体产生相对运动时，流体的快层会对慢层产生一个拖曳力（剪切作用力），使慢层加速；而流体的慢层对快层产生一个方向相反的阻尼力，使快层减速，这种流动我们又称为库埃特流。库埃特流的拖曳力由浆料的黏度与拖曳速度（涂布速度）决定。

而排水重力是向下的重力作用，由浆料密度和重力常数g决定。由于拖曳力的大小与流体距离移动基材的距离成正比，在拖曳力的边界层之外，浆料受到的排水重力明显大于黏性力，故浆料会向下流动而不会被拖曳带出。在拖曳力的边界层之内，拖曳力大于排水重力，可以将浆料附在基材上一起带出。所以拖曳力（夹带力）和排水重力这两组力之间的平衡决定了涂覆在基材上的浆料湿膜厚度，拖曳力和排水重力的平衡如图7-4所示。

同时，由于表面张力的作用，拖曳力大的区域和排水重力大的区域之间并不是直接

分裂的，直接分裂会导致气液界面在两个区域间形成一个直角形状，而流体的直角形状会比弯月面形状的表面积更大，故其需要保持一定的弯月面形状以避免直角的气液界面，而决定弯月面形状的是流体静压力、拖曳力、表面张力之间的平衡。故表面张力对浆料有一个向料槽内回缩减少表面积的回缩力，对浆料湿膜厚度也存在一个较小的减薄影响。

Landau-Levich方程对拖曳力、排水重力、回缩力三者的比例关系进行了定量推导（暂不考虑烘烤阶段问题）。方程中常数C与动态弯月面的曲率有关，其是浆料本身的一个属性，大多数牛顿流体的常数C约为 0.8，如式（7.2）所示。

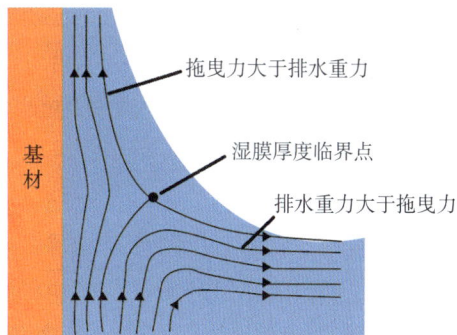

图7-4 湿膜厚度取决于拖曳力和排水重力的平衡

$$浸涂湿膜厚度 = C \times \frac{\left(黏度 \times 涂布速度\right)^{\frac{2}{3}}}{表面张力^{\frac{1}{6}} \times \left(浆料密度 \times 重力常数g\right)^{\frac{1}{2}}} \quad (7.2)$$

浸涂装置最为简单，成本最低，但从式（7.2）可以看出，浸涂湿膜厚度完全取决于涂布速度、黏度、重力、表面张力这几个参数的大小，即浆料的固有参数决定了浸涂涂层的厚度，而不能由涂布机设备的控制参数来决定。对于高黏度流体和高速涂布其涂层质量会相对较厚，这个显然不是我们锂电涂布均一化和定量化所需要的。那么对于较厚的涂层我们可以通过刮刀的方式进行余量刮除，这就引出了后续7.1.3小节的刮涂工艺。

7.1.3 逗号刮刀涂布：加了刮刀的浸涂工艺

一、刮涂的简单介绍

刮涂是一种采用刮刀进行手工或自动涂覆厚涂层的一种涂布方法，其通过刮刀贴附在辊筒或基材表面，用于清除多余的浆料形成一层均匀的薄膜，从而保证涂布的一致性。其操作要点类似用刮板摊煎饼的操作一样，具体如图7-5所示。

实际卷对卷高精度自动化涂布作业中的刮刀涂布机，并没有摊煎饼这么简单，其需要对刮刀的材质、角度和压力进行工艺调整，以适应不同黏度、涂布速度、涂层厚度的涂布需求。由于自动化高速作业中的流体

图7-5 刮板摊煎饼

对刮刀有一定的液动压力，为保证恒定的涂布量，需在刮刀上预加一定的压力，使其与浆料液动压力处于平衡状态，这两种力的平衡决定着刮刀尖和背辊之间的距离，亦决定着涂布量的大小。其中刮刀的材质分为软刮刀和硬刮刀，甚至还有一种无接触的气刀涂布。

二、逗号刮刀涂布的原理

科研和实验室里的锂电涂布一般采用逗号刮刀涂布（或称逗号辊涂布，英文Comma Coating），其用带有刃口的圆辊（形似逗号）进行刮涂，逗号辊的刃口具有高强度和高硬度，是一种刃刮刀和辊刮刀的组合。涂布时基材直接与浆料的料槽接触，逗号刮刀固定不转动，刮刀的缺角刃口正对着土棍或背辊的切点，对基材拖曳带出来的湿膜涂层进行刮削，将多余的过量浆料刮掉回流，由此在基材表面形成一层均匀的涂层，如图7-6所示。

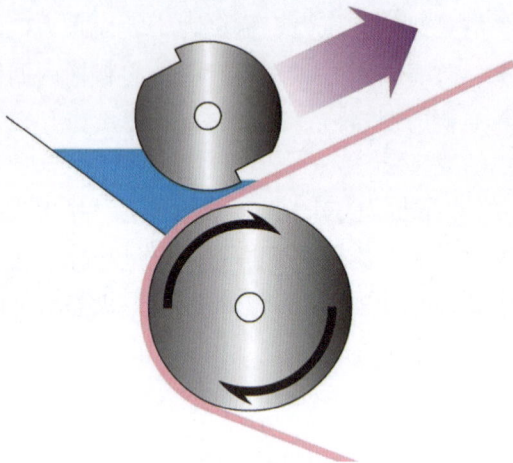

图7-6　逗号刮刀涂布装置

由于刮刀与基材之间的间隙决定了涂层厚度，其涂布均匀度主要取决于该逗号刮刀辊的全跳动、圆柱度和刃口直线度，而刮刀又存在不均匀的长期磨损。为了消除这些影响，一般会在刮刀上加装应力调节螺丝或自动微调机构，用于调节刃口与涂布背辊之间间隙的均匀度。同时，逗号刮刀涂布的料槽液面高度，会对浆料向前流动产生一定的压力作用，故液面高度的控制对于涂布量、涂布流动性和涂布控制也存在一定的影响。

逗号刮刀涂布能够涂布高固含量和高黏度的浆料，因黏度与基材的拖曳力直接相关，逗号刮刀涂布不适用于拖曳力较小的低黏度浆料，容易产生断膜现象。

7.1.4　凹版、微凹涂布：加了刮刀的凹版辊涂工艺

一、辊涂

其实我们室内装修涂覆乳胶漆时，就是用辊筒进行手工辊涂作业，具体如图7-7所示。

实际卷对卷高精度自动化的辊涂作业，通过涂辊的表面结构或多涂辊的间隙转移浆料，浆料在涂辊表面形成一定厚度的浆料层，通过方向相对的涂辊与背辊配合转动，转移浆料至基材，形成涂层。然后通过转辊在转动过程中与基材接触，将浆料涂敷在基

图7-7　运用辊筒手工辊涂

材的表面。辊涂是一种常用的涂刷方式，常用于对厚膜涂料、黏结剂等进行涂覆。根据涂辊的类型不同，辊涂可分为凹版辊涂、凸版辊涂、橡皮辊涂、硅胶辊涂等几种类型。

辊涂工艺中涂辊与背辊的速度比称为速比，由于背辊速度决定了基材运动速度，而涂辊运动速度决定了浆料被带走的量，这两者的比值恰好决定了浆料涂覆量与涂覆面积的比值，故速比是辊涂工艺涂层厚度最重要的控制参数。

二、凹版涂布的原理

凹版涂布又叫凹版印刷。现在世界各国普遍采用的钞票印刷方式主要有平版印刷、凸版印刷、凹版印刷三种。平版印刷是指印版的印刷部分与非印刷部分在同一个平面上，通过印版图案部位吸墨和空白部位不吸墨的原理来实现印刷，一般在钞票上多用于印刷大面积的、变化复杂的细线花纹图案以及底纹图案；凸版印刷的着墨部位是凸起的，在凸起部分涂上油墨，并且直接将图案印到纸上，类似于盖章图章，凸印主要用来印钞票的冠字号码、行长章等；凹版印刷简称凹印，是钞票生产的传统方法，现在世界各国钞票仍普遍采用凹版印刷，这种印版的着墨部位是凹下去的。

凹版涂布其实也可以看作辊涂工艺，只是其加了一个刮刀并且使用一个凹版涂辊。凹版涂辊表面安装在轴承上，部分浸在供料盘里，旋转的凹版涂辊带起浆料，由反向旋转的背压辊带起基材，经过一个刮刀定量刮除后，基材带走定量的浆料，实现均匀薄层涂布，带背压辊的凹版涂布装置如图7-8所示。凹版涂布在遮光膜、各种光学膜、锂离子电池用材料、各种复合用胶带、菲林胶片、保护膜等行业都有应用。

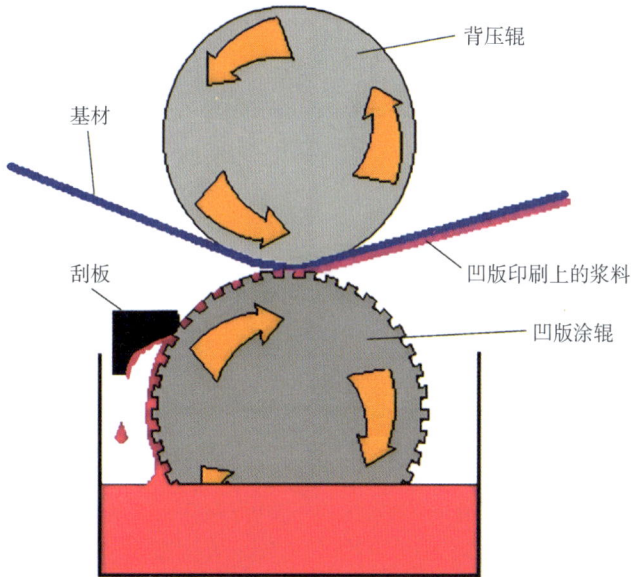

图7-8 带背压辊的凹版涂布

凹版涂布或凹版印刷之所以能够将要涂覆的浆料，是在强制受压的情况下进入基材与凹版间隙的，浆料与基材表面分子间因接触和受压、润湿和铺展形成吸附力，这种分子吸附力的作用距离一般不超过几个分子直径（见2.1.1小节），因此其是在一定压力下"压印"到基材表面分子上的，锂电凹版涂布现场图如图7-9所示。

图7-9　锂电凹版涂布现场图

凹版涂辊上的孔穴设计是决定涂布量的关键参数，上面的孔穴数量和大小深度确定了固定涂辊速度下能带走的浆料量，但孔穴设计除非换辊否则不易调解。凹版涂布中方便调节控制变量主要有速比、主机速度、包角大小和刮刀压力。随着速比的上升、主机速度的上升、包角大小的增大、涂布厚度也逐渐上升，而当刮刀压力较小时，涂布厚度较大。

覆碳铝箔/铜箔就是将分散好的纳米导电石墨，均匀、细腻地涂覆在铝箔/铜箔上。它能提供极佳的静态导电性能，收集活性物质的微电流，从而可以大幅度降低/正负极材料和集流体之间的接触电阻，并能提高集流体表面张力，继而成倍提高活性物质和金属箔材的黏结附着力，增强集流极的易涂覆性能。当前覆碳铝箔/铜箔一般采用凹版涂布方式，同时一般隔膜涂胶、涂陶瓷也是采用凹版涂布方式。

三、微凹涂布的原理及相关概念区别

微凹涂布（微型凹版涂布）也是辊涂、凹版涂布的一种，微型意为网纹辊直径较小。传统凹版涂布的涂辊为网纹辊，直径一般在150～300mm，胶辊作为背压辊，将料膜压在涂辊上，涂辊的旋转方向与料膜走料方向一致。微型凹版涂布，直径一般在20～50mm。

凹版涂辊的直径对涂布有什么具体影响呢？通常在基材与涂辊的夹角范围内，存储了浆料。传统凹版涂辊直径较大，基材与涂辊的接触面积比较大，那么在基材与涂辊的离开点，会有更多的浆料储存并被带走，所以涂层厚度的适用范围会比微凹涂布更厚。

普通凹版涂布基本上都有背压橡胶辊，背压辊的作用是使基材与凹版涂辊更好地接

触，由于背压辊产生了压力，当压力不当或
发生波动时，很有可能出现胶印、褶皱等缺
陷。而微型凹版涂布是接触式涂布，接触式
涂布意味着没有背压橡胶辊，可以将很薄的
涂层涂到很薄的材料上，实现较为平整的涂
布效果，不带背压辊的微凹涂布装置示意图
如图7-10所示。

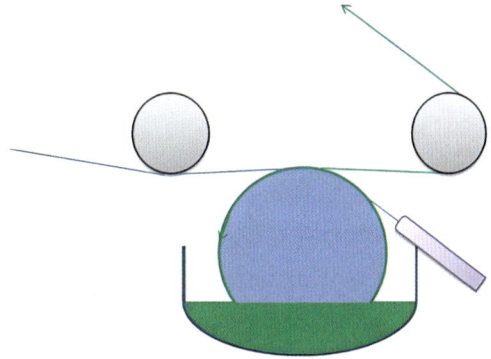

图7-10　不带背压辊的微凹涂布

由于微凹涂布不用背压辊将基材压到凹
版涂辊上，其微凹涂辊和基材一般采用相反
的旋转方向。而普通凹版涂布的涂辊和基材
同向旋转时，浆料湿膜会被两者"撕裂"成两半，浆料面临"向上走"还是"向下走"的
选择问题。而微凹涂布涂辊和基材反向旋转的剪切作用，可以从一定程度上抹平"撕裂"
带来的条纹等均一性缺陷。

7.1.5　挤压式涂布与狭缝挤压式涂布：均为预计量涂布，区别在于基材间隙是否"狭"

一、挤压式涂布的原理

挤压式模具（Extrusion Die）在高分子加工过程中扮演十分重要的角色，依据模具出
口的形状，可分为生产套管的环形模具，生产纤维、圆棒的圆形模具、制作薄片及薄膜
的狭缝式模具、制造部分特殊状产品的异形模具等，还可以制作不同的挤压模头垫片进
行不同幅宽的涂布。应用挤压式模具进行预计量涂布的方式称为挤压式涂布（Extrusion
Coating），预计量涂布为什么一定要搭配"挤压"两个字，因为如果浆料在出口处不是挤
压式而是四处流淌式的，那么浆料入口处的高精度预计量也没有意义。

预计量的挤压式涂布，送入挤压涂布模头的浆料全部在基材上形成涂层，对于给定的
供料速度、膜区宽度、基材速度，可以精确地预估涂层涂布量，且与浆料流体的流变特性
无关。这意味着可以根据进给模具的浆料流速和基材速度或涂布速度来预置和精确控制涂
层的湿膜厚度。

$$计量泵供料量 = 膜区宽度 × 湿膜厚度 × 涂布速度 \qquad (7.3)$$

挤压式涂布机的供料系统是全封闭式，直到浆料涂覆到基材之前，浆料与外界都是
处于隔绝状态。而浸涂、刮刀式、凹版涂布机由于其浆料是完全从料槽中通过基材和涂辊
进行转移，缺乏挤压式涂布机的封闭模头，故其浆料完全裸露于空气中，即使做密封料槽
也只能做遮蔽式的相对密封，因此浆料极易吸收空气中的水分、杂质，导致浆料变质、沉
淀、黏度变化。为防止涂布过程中的浆料沉降导致固含量和涂布质量变化，涂布时需要人
力不断地搅拌浆料。同时，上述暴露于空气中的正极浆料会有NMP溶剂挥发，从而影响操
作人员的健康。

挤压涂布模头是锂离子电池涂布的关键部件，是浆料由管道流动转变为矩形流动的关键部件，直接决定涂布极片的质量和均匀性。涂布模头内部结构如图7-11所示，涂布模头主要由三部分组成：上模、下模以及安装在上模和下模之间的垫片，下模有浆料的腔体和流道，上模在腔体位置处往往装配有对腔体结构进行微调作用的压条（改变腔体结构需要重新加工模头，而不能跟更换压条就能改变腔体形貌一样方便灵活），上下模向基材方向突出的部分称为模头唇口（或者建成模唇，因为一般比较锋利又称刃口）。

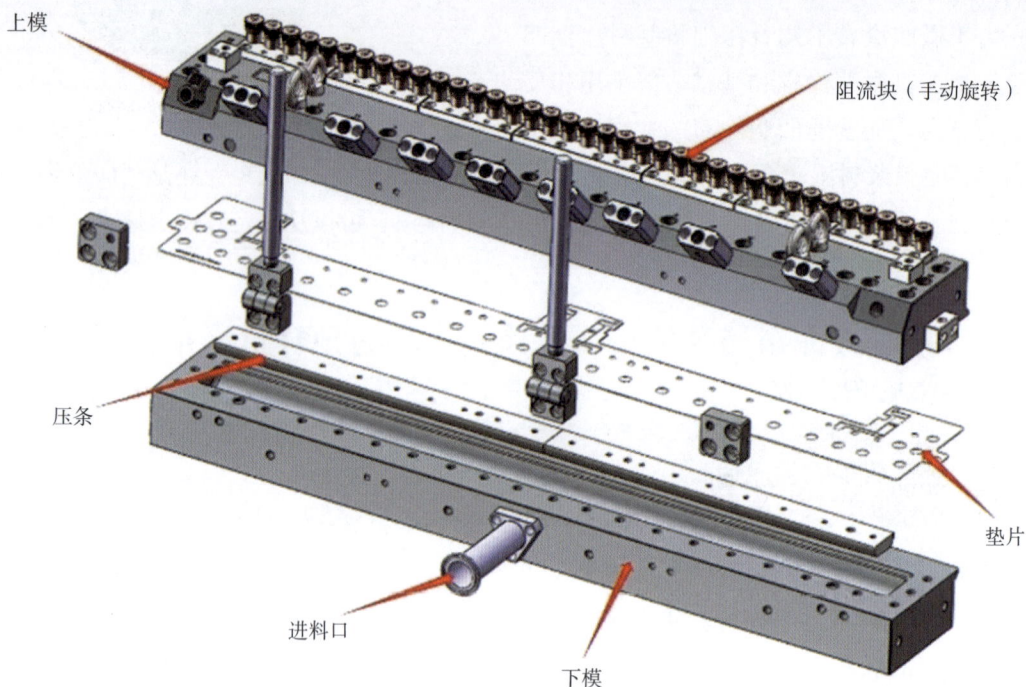

图7-11　涂布模头内部结构

二、狭缝挤压式涂布的原理及狭缝由来

涂布时基材与涂布模头唇口的间隙，本书称之为基材间隙（不会被误解成基材与背辊的距离，因为基材与背辊贴合），其他地方也称为涂布间隙、模头间隙、GAP值、刀距，但这些概念容易让初学者与上下模唇口间隙这一重要概念相混淆，本书用基材间隙来特称基材与涂布模头的间隙，因为基材与背辊之间完全贴合而不会发生其他概念混淆。而对于垫片支撑起来的上模唇口与下模唇口之间的间距，本书称之为上下唇间隙，也有称为垫片厚度、垫片高度、狭缝间隙、唇口间隙、槽隙等，因为唇口间隙、狭缝间隙、槽隙这些概念也容易与基材间隙在理解上相混淆，而能够调节上下唇间隙的不仅仅是垫片厚度，后续会讲到还有阻流块、推拉杆等也可以进行一定微调。

如果基材间隙比较大，就是一般的挤压式涂布；而如果基材间隙比较"狭"，"狭"到20～300μm的时候我们称为狭缝挤压式涂布（很多人会误以为狭缝是指上下模唇口间距比较"狭"）。挤压式涂布主要应用于低黏度（黏度低于10000 mPa·s）的涂布领域，其基材间隙较大，浆料以带状离开模具唇口而不会润湿唇口；而狭缝挤压式涂布则有润湿唇口形成一个带有"泄压缓冲区"的液体桥（见7.2.4小节），可以应用于高黏度（黏度高于10000 mPa·s）的涂布领域，挤压式涂布与狭缝挤压式涂布示意图如图7-12所示。

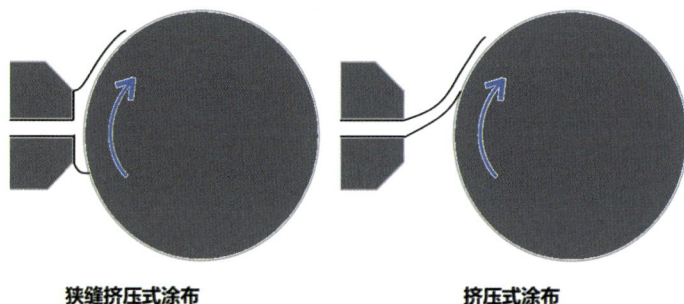

狭缝挤压式涂布　　　　　　　**挤压式涂布**

图7-12　挤压式涂布与狭缝挤压式涂布

精密涂布技术发展最关键的里程碑，是1954年美国柯达公司由Beguin所提出的狭缝式模具涂布（Slot Die Coating），但一般称为狭缝挤压式涂布。狭缝挤压式涂布过程中，一定流量的浆料从挤压模头进料口受挤压进入涂布模头内部腔体，通过模头狭缝（<2000 μm）和基材间隙（<300 μm）挤压展开成为一宽广均匀的液膜，然后涂覆于移动的基材上再进入烘箱，使浆料固化或干燥，流体通过挤压经过有特殊流道的涂布模头涂覆在运动基材上。

相比其他涂布方式，狭缝挤压式涂布具有很多优点，如涂布速度快、精度高、湿厚均匀、涂布系统封闭，在涂布过程中能防止污染物进入、浆料利用率高、能够保持浆料稳定、可同时进行多层涂布等等优点。且涂布操作窗口宽（能适应的湿膜厚度从十微米到几百微米不等），能适应不同浆料黏度和固含量范围，也可以用于较高黏度流体涂布，被广泛应用于柔性电子、功能薄膜、平板显示器、微纳米制造、印刷等众多领域。

锂离子电池极片涂布过程具有浆料固含量高（>40%，质量分数）、黏度高（>1000 mPa·s），涂层厚（60～300 μm），基材薄（4～12 μm）、精度要求高等特点，且其活性物质颗粒尺寸（D_{90}最大可达20 μm以上）相对基材间隙（<300 μm）与涂层厚度较大，且浆料内部颗粒形态复杂（片状石墨、球形磷酸铁锂等），目前广泛采用的是狭缝挤压式涂布技术。

7.2　狭缝挤压式涂布的流体动力原理——泊肃叶流动与库埃特流动的结合

7.2.1　流体力学原理：容易被人误解的伯努利方程和泊肃叶流动

温故而知新、构建知识图谱：

2.3.1小节：根据帕斯卡原理，流体的静压力能够在整个流体中传递和重新分布。

5.1.1小节：黏度是流体阻碍其变形的阻力，是分子间引力对流体运动的一种内部摩擦力（运动阻抗）。

伯努利原理由丹尼尔·伯努利在1726年提出，其实质是理想流体的机械能守恒。在理想条件下，同一流管的任何一个截面处，单位体积流体的动能、重力势能和压力势能之和是一个常量，具体如式（7.4）所示。由于流体的形状不固定，流体力学中通常用流体微团进行分析，往往用密度来代替质量。和高中物理的机械能守恒公式相比，伯努利方程多了一项压力势能，这个压力势能在流体力学上称为"静压能"。由于流体内部存在静压力，静压能实际上就是一种压力场中的势能。

$$\rho gz + p + \frac{\rho V^2}{2} = const$$

（7.4）

重力势能 + 静压能 + 动能 = 常数

伯努利方程大概是流体力学中最为大众所知、也最容易引发误解的一个原理，容易将其理解为"流速快导致压力降低"。其实伯努利方程说的是流速快总是伴随着压力低，这是一种"相关性"表述，而不是流速快导致压力低这样的"因果性"表述。事实恰恰相反，压力低所以流速快。静压能其实是驱动流体加速的"势"，压力场就是一个势场。将流场内压力分布的等势线跟等高线一样进行绘制，压力高的地方等效于地势高，压力低的地方等效于地势低。没有黏度的理想流体，就像一个绝对光滑的球体在这个等高线地图中的起伏运动一样。所以，静压能低的地方流速快，就像是从山坡上滑落的石头，越往低处（静压能低），其滑落速度（流速）就越快。

伯努利方程还有一个反直觉的推论，对于一个半径变化的管道，在其管道狭小处的流体静压大，还是在其宽阔处的静压大呢？因为管道内任何一段的流体都符合质量守恒定律，那么管道狭窄处的流速必然比宽阔处更快，这样才能达到上述的质量平衡。那么根据伯努利定律，流速快的地方压强小，这个概念似乎很奇怪，因为速度快的流体比速度更慢的流体打到身上明显更疼是吧？其实流体打到人身上的是流体动能（惯性力），这部分流体动能恰恰是静压能转化来的。

如图7-13所示，如果流体中有一个小球，则其也会在从A处到B处的运动过程中不停加速。根据牛顿第二定律，在从A处到B处这段加速过程中，必然受到一个向前的净作用力。这个作用力从何而来呢？这就是由于小球从静压大的A处向静压小的B处运动过程中，静压推动B小球不停加速，在压力最低处，小球速度也就达到了最高。同理可知，在从B处到C处的过程中，小球一直在减速，小球受到前方的压力总是大于后方的压力，因而在这个过程中，流速总是在减小，而压力却总是在增加。

伯努利方程的推导过程和使用条件仅限于没有黏性的层流流体（有黏性的流体需要进行修正）。没有考虑到一个很基础的问题：那就是流体分子间多少都会进行碰撞，这个碰撞的过程存在着能量的转移和转化。即流体在运动过程中，相邻流体之间会发生动量、能量和质量的交换和运输。而管道内越靠近管道壁流体阻力越大、流体流速越低，因为离管道壁越近的流体越容易被管道壁对流体的黏滞性所阻碍，于是产生了加入黏度这个运动阻

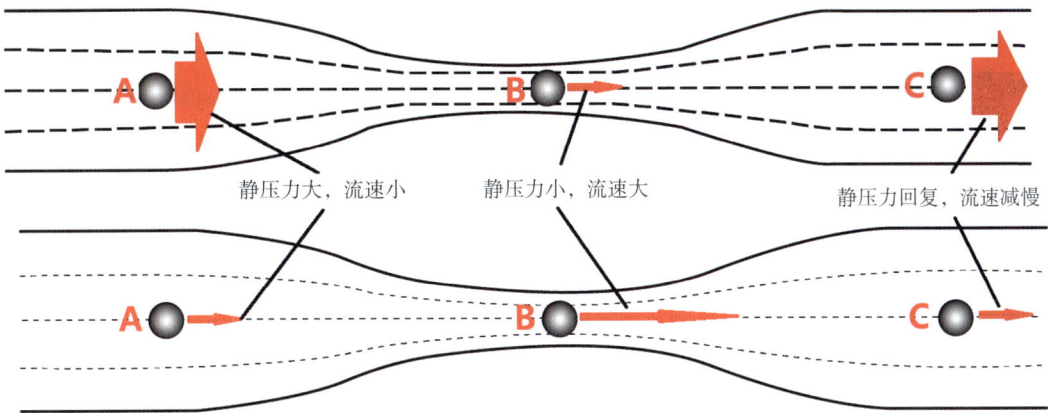

图7-13　小球在管道中流动的伯努利方程演示

力系数的泊肃叶方程（泊肃叶流动），如式（7.5）所示。

$$管道单位时间流量 = \frac{\pi \times 管道半径^4 \times 管道两侧压差}{8 \times 黏度 \times 管道长度} \tag{7.5}$$

从式（7.5）的泊肃叶方程可知，管道单位时间内的流量是由流体的黏度、管道的几何形状和管道两端压强差等因素共同决定的，具体表现如下：

1）流体的流量与管道半径的四次方成正比，而流量的截面积与管道半径的平方成正比，因此流体运动的平均阻力与管道半径的平方（管道的截面积）成反比，流体的平均流速与管道半径的平方（管道的截面积）成正比，这说明管道半径对流阻的影响非常大。这个隐藏在泊肃叶方程中的流阻，我们称之为流体运动的阻尼力（后续7.3.2小节还会用到这个概念）。例如，在管道长度、压强差等相同的情况下，要使半径为r/2的管道与半径为r的管道有相同的流量，并联的细管数量需要16根而非4根。

2）流阻与管道长度成正比，管道越长，流阻越大，压降也越大。

3）流阻与流体的黏度正比。黏度越高，流阻越大，压降也越大。

伯努利方程中没有黏度的理想流体，就像一个绝对光滑的球体在等压线地图中的起伏运动，而泊肃叶方程中有黏度的流体，则是一个有摩擦力的小球在等压线地图中的起伏运动，流变性的流体可以类比为摩擦力随速度变化的小球，流速、流量、静压能、做功损耗的变化完全可以利用微积分进行多项式求解，出于读者阅读愉悦性的考虑，本书对这些公式进行省略处理，只将重要结论进行展示。

根据泊肃叶方程，如果我们在喝奶茶的时候，奶茶的黏度高、吸管的口径小且吸管比较长，哪怕鼓起腮帮子所制造的压差也很难将奶茶吸到嘴里。式（7.5）的泊肃叶方程在医学中也有应用，可知血液的黏度越高、血管越细（被堵塞），心脏泵送同样血量所需要的血压就越高。

7.2.2　涂布上料装置的流体力学原理——泊肃叶流动与雷诺数

温故而知新、构建知识图谱：

7.2.1小节：根据泊肃叶方程，管道流量是由流体的黏度、管道的几何形状和管道两端压强差等因素共同决定的。

浆料上料系统是将合浆完成后的浆料利用稳定输出浆料，通过过滤装置、除铁装置输送给涂布设备进行涂布。浆料输送过程设计的设备及装置有输送泵、过滤装置、分散装置、储料罐等。锂离子电池涂布机整体布局如图7-14所示。

图7-14　锂离子电池涂布机整体布局

1）涂布输送泵的设计

狭缝式挤压涂布主要依靠供料泵提供的泵送挤压压力从浆料缓存罐中到达涂布模头，涂布的流量和厚度完全由输送泵的输送量与涂布速度决定。其中供料泵对涂布浆料的输送可类比为心脏对血液的输送，故浆料输送系统中螺杆泵或管道的周期性流量波动也称为脉动，如果上料装置供料脉动大，流量随时间波动起伏大的话，则涂布厚度也会随之发生非预期脉动，产生垂直于涂布方向、固定间隔、横向贯穿整个膜面的横条纹缺陷。所以选择输送泵时要选择动力稳定的输送设备，例如带有计量功能、流量均匀的螺杆泵，定期检查螺杆泵定子和转子的磨损振动变化，脉动阻尼器可以减少由进料系统引起的纵向波动。

$$膜区宽度\times湿膜厚度\times涂布速度=\frac{\pi\times管道半径^4\times管道两侧压差}{8\times黏度\times管道长度} \tag{7.6}$$

此外，浆料输送过程还需要经过滤浆料大颗粒或金属颗粒的滤芯，输送过程中的缓存罐液位差、滤芯堵塞等均会对浆料输送的整体压力产生波动影响。根据泊肃叶方程，腔体压力又是浆料从模头腔体进料口位置到达远离进料口腔体位置的驱动力，从而影响涂布质量的纵向和横向一致性。由于腔体压力的主要来源是泵送系统的泵速，故通过调节泵速可达到调节腔体压力整体波动即纵向一致性的目的。

此外其他的机械原因也可引起涂布面密度的纵向波动，如面密度仪的射线源运动周期率、涂布电机牵引的速度波动、背辊圆跳动、涂布机支撑平台有振动、有真空箱涂布模头的内压力变化等。为了分析纵向波动的波动来源，可以将涂布速度除以纵向波动的距离间隔，得到纵向的波动频率，然后将纵向波动的频率与可能引发波动来源的周期频率相比较，结合现场判断出纵向面密度波动的来源。同时也需要对各种涂布机部件进行定期检查、维保和更换。但在进行数据分析的时候需要特别注意：测量面密度的仪器一般为Z字形走位，会将横向面密度和纵向面密度波动给混杂在一起让人无法用简单的傅里叶分析就得出规律，详细的面密度大数据分析需要另外论述。

浆料在搅拌完成后的输送和涂布过程中不断向前流动，其动力来自供料泵向前输送带来的泊肃叶流动压差，供料泵的压力与泵送流量正相关，因此也与所得涂层的厚度正相关。虽然浆料流动过程中也伴随有一定的惯性和重力作用，但由于浆料雷诺数较小，故这方面作用一般相对不明显。根据泊肃叶方程，在输送管道和涂布模头腔体内向前流动的阻力，既有管道和腔体狭小处带来的截面阻力，也有流体黏度与管道自身长度引发的动力损失，输送过程中的流体静压逐步下降直至模头唇口喷出后，仍有一定的流体惯性动能和静压能残余（惯性动能是供料泵提供的静压能转化的）。

2）涂布过滤装置的设计

浆料配完后就要将浆料转出至中转罐或涂布车间，由于合浆完成之后仍然可能会有少量的大颗粒或团聚体存在，为了防止大颗粒对涂布效果造成负面影响（见7.6.3小节），需要对浆料进行过滤（即过筛）。滤芯中的滤网筛网过小会因为经常滤芯堵塞而影响压力与工作效率，筛网过大又不能起到有效的过滤作用。

颗粒可分为两类——硬颗粒和软颗粒。硬颗粒不会变形，相对容易过滤掉。它们包括污垢、结块、腐蚀产物、垫圈片等。软颗粒容易变形，一般也很难通过过滤装置的过滤，但在足够高的压力（2.3.1小节中的流体静压力）驱动下可以伸长挤压过滤器的孔隙，通过后重新形成球形。因此涂布过滤装置上的压力必须限制在一定范围内，过滤装置也会装上压力表或数字压力计进行在线监控，及时清理或更换滤芯，以防止滤压过大堵塞停工或软颗粒穿过。

3）从合浆到涂布的浆料输送管道设计

因为浆料的黏度较大，雷诺数较小，故浆料从挤压模头挤出后一般表现为稳定的层流，而非混杂了气泡的湍流，否则这些混杂了气泡的湍流无法涂覆出面密度一致且无气泡缺陷的涂层。但从合浆车间到涂布车间的往往经过十几米或几十米的距离，浆料输送过程中管壁的粗糙程度、浆料流动方向改变及管道震动造成了浆料的湍动和涡流，从而可能产生输送过程中的不稳定脉动，或者造成粉体颗粒被阻碍输送导致固体颗粒沉积，如图7-15所示。

为减少这些外因素的影响，浆料输送管道采用内抛光管并尽量减少弯头或采用小角度弯头，管道使用支架固定，同时避免输送系统中的螺丝松动；同时浆料输送时需全程密封性好，直到浆料涂覆到箔材之前，浆料与外界都是处隔于隔绝状态，防止受到外部杂质污染或气泡进入，导致涂布缺陷。

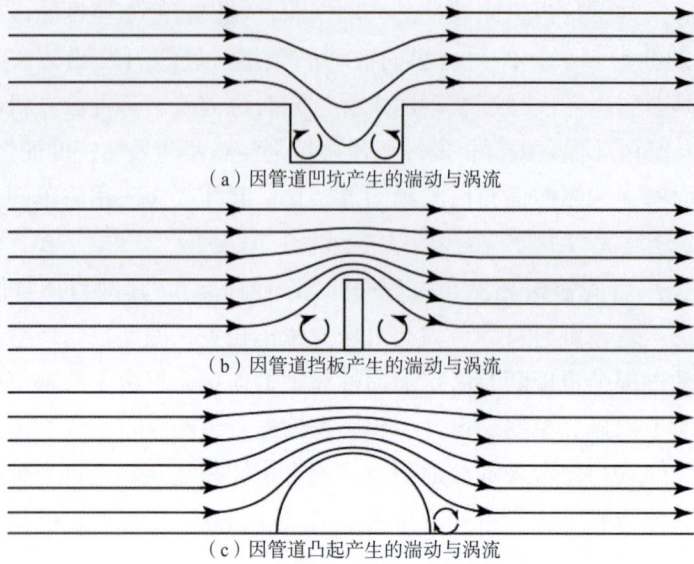

（a）因管道凹坑产生的湍动与涡流

（b）因管道挡板产生的湍动与涡流

（c）因管道凸起产生的湍动与涡流

图7-15　管道中浆料的湍动和涡流

从合浆完成到涂布这一过程，部分电池厂还是采用周转桶转移，浆料完全裸露于空气中，即使做密封料槽，也只是遮蔽式的相对密封，因此浆料极易吸收空气中的水分、杂质，导致浆料变质、沉淀、黏度变化，且中转过程中浆料不搅拌或者搅拌强度低，浆料的流动性发生变化，也会逐渐变得黏稠，其涂布一致性也无法保证。

综上所述，在浆料自动上料系统中需要注意螺杆泵的稳定性、过滤装置的堵塞、颗粒的沉积等，此外还要关注缓存罐中的浆料分层和液位变化。

7.2.3　涂布模头腔体内的泊肃叶流动与匀压结构设计

温故而知新、构建知识图谱：

2.3.1小节：根据帕斯卡原理，流体的静压力能够在整个流体中传递和重新分布，在模头腔体内形成腔压。

7.2.1小节：根据泊肃叶方程，浆料流量是由流体的黏度、腔体的几何形状和腔体压降等因素共同决定的。

涂布过程中，浆料从挤压模头中间进料口进入，首先输入到模头的贮液型腔（腔体）中，在压力驱动下在腔体内横向流动的同时从唇口处流出，以液膜状铺展到正对的基材上。腔体内存在着轴向的腔压梯度和腔压变化，导致出口流量、流速沿模头宽度方向上的不均匀分布，引起涂布一致性差（涂布两端面密度低、中间高）。所以压条与腔体的形状和数量（单腔/双腔）直接影响腔体的流场形态，优化结构参数能有效提高出口速度分布的均匀性，对模唇出口处的压力起到了重要的均衡作用，避免压力在进料口位置与边缘位置发生重大偏移，造成U形或倒U形膜区质量分布。

在涂布操作中，由于浆料流速通常较低，雷诺数较小，浆料的流动几乎总是处于层流状态。涂布浆料的性能会随着时间的推移而恶化，因此不应该有任何浆料在涂布模头中停留过长的时间。不应该有流体完全不移动的死区；不应该存在形成涡流；且流体速度不应该降得太低，以至于腔体下的过境时间过长。

涂布模头下模腔体与垫片流道的结构如图7-16所示，由于进料口一般在腔体中心位置，浆料一般是沿腔体向两侧边缘流动，因此腔体中心的静压能必须高于腔体两端的静压能，才能使腔体内的浆料从中心流向边缘。因此如果没有其他调节流量措施的参与，假设从腔体到唇口的狭缝长度恒定，且狭缝各处上下唇间隙恒定，则沿涂布模头宽度方向通过狭缝的浆料流量将与从腔体内部到大气的压差正相关。外部压力一般为室内常压，则涂布模唇内及出口处的压力均匀性就显得异常重要。但在进料口（腔体中心）的压力，必然是高于腔体两端的，涂布模头宽度越宽，这种模头横向压降会越明显；腔体半径越小，这种横向压降也会越明显（横向压降与腔体半径的平方成反比）；以使腔体中的流体从中心流向边缘，故从模头中心缝隙流出的流量会大于边缘流出的流量，膜区中心的湿膜厚度会更大。

图7-16　涂布模头下模腔体与垫片流道

同时，腔体压力在模头内沿浆料唇口前进方向存在着纵向压降（后续简称的压降主要是纵向压降），而唇口处的纵向压降是决定中间和边缘各处出口流量的，横向压降与纵向压降之和构成了浆料在进料口处总的压降。根据伯努利方程，上下唇间隙越大，纵向压降降低，横向压降与总的压降之比增加，而横向压降与总的压降之比却是模头沿宽度各处浆料流量差异的重要影响因素。一般来说，垫片越薄，边缘横向压降与总的压降之比越小，起涂面密度横向一致性越好，垫片的狭窄流道起到腔压的匀化作用。

浆料在远离进料口的方向有腔压减弱的趋势，而黏度分布则与之相反，因为电极浆料是流变性的，其中间的浆料流速和剪切作用强，故腔体中间的黏度较低。而腔体两端的浆料流速较低和黏度较高，甚至浆料在模头腔体的两端可能出现滞留"死区"，"死区"会引发颗粒团聚、沉淀甚至浆料结块，所以宽幅涂布达到一定宽度后就很难保证宽度方向上的涂覆一致性。

为此，除了腔体中心位置进料，涂布模头还可以通过腔体末端进料，以及多个进料口同时进料，但这样也会带来一些新的出料不均匀问题（如两端湿膜厚度不均匀），因此最方便灵活的方式还是阻流块等流量调节（见7.2.5小节）。在腔体设计上，由于腔体半径越大，涂布模头在腔体内的压降越小，故增大腔体半径可以提升模唇流出的浆料均匀性，且涂布模头宽度越宽这种提高作用越明显。但腔体半径增大可能导致浆料在大腔体内形成沉降，故有"梯度式""衣架型""双腔式"的腔体形状设计：梯度式挤压涂布模头在条缝与腔体之间设计了用圆弧面过渡的过渡层；衣架式挤压涂布模头在继承梯度式挤压涂布模头结构的基础上，将腔体改进成衣架式形状，腔体宽度和深度在进料口位置处最大，向两侧延伸方向上的深度和宽度逐渐递减，衣架型涂布模头结构如图7-17所示。同时，腔体上方的压条亦可以改变腔体的整体流道设计，尤其是对于黏度较低的牛顿流体，通过腔体流道设计匹配惯性动量和黏性力，最好能够使腔体流动中的黏性损失被增加的流体惯性力抵消一大部分，使腔体内的流动分布完全均匀。

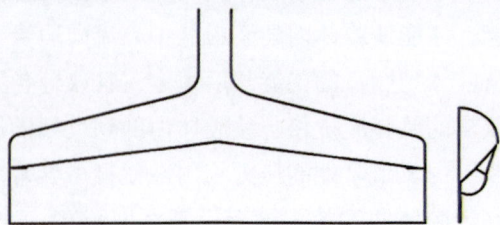

图7-17   衣架型涂布模头设计

7.2.4   泊肃叶"推力"与库埃特"拉力"的夹球双人舞——涂珠不能破裂

温故而知新、构建知识图谱：

7.1.2小节：基材运动时其涂覆的浆料相互间有拖曳作用，产生库埃特流，库埃特流的拖曳力由浆料的黏度与涂布速度决定。

7.2.4小节：浆料从涂布模头腔体挤出的流量、腔压等遵从泊肃叶流动规律。

涂布过程中一边是固定不动的涂布模头，一边是跑得飞快的基材。浆料在压力作用下，从上、下模之间的狭长唇口流道挤出，与移动的基材之间形成了液体桥，这个液体桥我们称为涂珠（coating bead），有人称之为涂布珠、涂布液珠、涂布液桥等。如果涂布速度为零，涂珠将与上下唇口的中心线对称，在浆料静压力和惯性力的推动作用下，涂珠沿上唇口和下唇口两个方向都有扩展趋势，本书可以形象地称为供料泵"推力"。但由于涂布开机时基材是运动的，任何流体都有黏度，故基材倾向于拉动浆料与之一起拉出，并在涂珠中显示为拉开涂珠的拉应力，本书可以形象地称为基材"拉力"，其实是一种跟浸涂库埃特流一样的拖曳力，涂布时的泊肃叶流与库埃特流如图7-18所示。

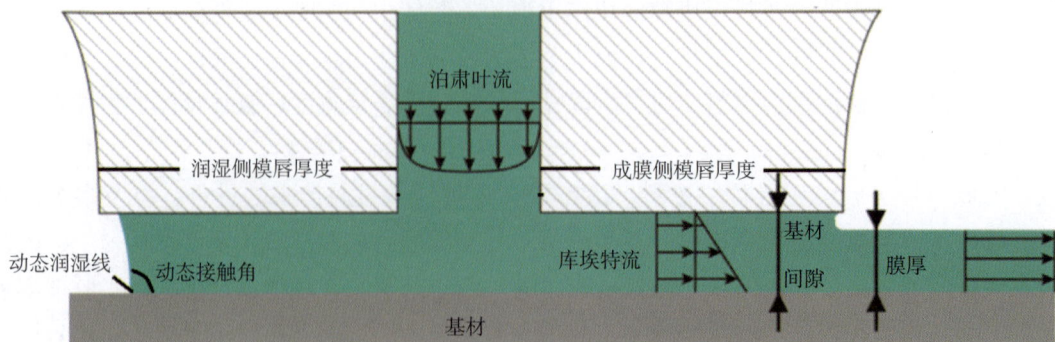

图7-18   涂布时的泊肃叶流与库埃特流（水平涂布）

从涂布模头喷出到形成湿膜的过程主要受基材牵引力和泵送压力差两种机制的作用，是唇口喷出的泊肃叶流动和基材拖曳黏性流体的库埃特流动相结合的结果，即受供料泵的"推力"和基材的"拉力"共同作用，两种力需要像国标恰恰舞一样步调协调才不会让夹着的涂珠破裂。

同样的供料泵进料流量下，如果涂布速度高，基材向前拖曳黏性流体带来的涂珠压降大于泊肃叶流动下的流体出口压力，则库埃特流占主导地位，需要当心如同蜂蜜一样黏度的涂珠被"拉断"，即超出浆料拉伸黏度所能承受的拉应力范围；如果涂布速度低，则泊肃叶流动下的流体出口压力占主导作用，浆料不可避免地在出口压力作用下向沿基材方向两侧溢出，需要当心涂珠被残余静压能"挤爆"到唇口以外的区域，故腔压很大时会导致涂珠漏料。在狭缝挤压式涂布中，应该平衡浆料挤出流速和涂布速度之间的大小关系以保证涂珠不会破裂，浆料被基材拉动的速度与从模头挤出的速度之比称为拉伸比，也可以认为是挤出厚度与湿膜厚度之比（涂布中的物质守恒，涂布速度与涂层厚度成反比）。

拉伸比过小或过大将分别导致浆料溢出和涂珠破裂，由于上下唇间隙一般高于湿膜厚度（锂电涂布中是几倍关系），浆料被基材拉动的速度通常是从模头挤出速度的几倍。故从模头挤出的浆料，在涂珠部被拉伸几倍后涂布在基材上，这时涂珠没有被"拉断"是因为浆料的内聚强度（拉伸黏度）使运动中的浆料能够承受一定拉伸应力，当然拉伸比继续加大将拉开已经处于最大拉伸应力的涂珠。

7.2.5　模头上下唇间隙设计——垫片厚度、阻流块与唇口形变调节

温故而知新、构建知识图谱：

7.2.1小节：根据泊肃叶方程，流体运动的阻力与流道的截面积成反比。流体的平均流速与流道的截面积成正比。

一、模头上下唇间隙的流速调节原理

模头上下唇间隙是浆料从模头流出时的狭长瓶颈。根据泊肃叶方程，当腔体压力一定的情况下，唇口某处流阻与该处上下唇间隙的平方成反比，流速与该处上下唇间隙的平方成正比，浆料流量与该处上下唇间隙的三次方成正比（浆料流出的截面积与上下唇间隙成正比，而非像圆管一样与管道半径平方成正比）。可以对泊肃叶方程根据涂布模唇的流道情况进行如式（7.7）的变形设计。

$$\text{浆料单位时间流量} \propto \frac{\text{流道两侧压差} \times \text{流道宽度} \times \text{上下唇间隙}^3}{\text{黏度} \times \text{唇口长度}} \tag{7.7}$$

由式（7.7）可以看出，浆料沿着模头宽度方向上的流量，与该处通道到外部大气的流体静压差正相关，与该处腔体到模唇出处的距离（唇口长度）成反比。如果浆料的黏度过大或流量过高，则浆料在管道和模头内输送过程中的压降会很大，因此浆料输送的初始压力也需要很大，否则供料系统不能满足涂布所需的流量设计。

适当地提高上下唇间隙可有效降低腔体内的压力梯度变化和所需初始压力。而反过来，如果单位时间浆料流量一定的情况下，上下模唇口的整体间距越小，模头流量需要的腔体压力需要提升三次方。因为同样流量浆料所携带的流速与管道截面积成反比，故其对应的惯性动能因为上下唇间隙减小而对应提升了两次方。故缩小涂布模头的上下唇间隙，同样供料泵流量下的浆料出模速度会增加，从而可以让泊肃叶流动的"推力"增加，从而适当平衡基材对涂珠浆料的牵引作用，降低拉伸比。但上下唇间隙变小会增加模头内的压降，导致腔体压力过高，涂布模头内部的压力、剪切速率和剪应力更大，涂布速度严重受限，更容易造成涂布模头出口形状的膨胀（见7.5.3小节）。

如果上下唇间隙太宽（图7-19），同样流量下的所需浆料挤出速度就会过低，低速流量所携带的静压能和惯性动能都会较小，就算涂布时的惯性动能能够将浆料涂覆在基材外表，浆料从模头挤出在到达对面基材前可能会被重力作用主导产生下垂。

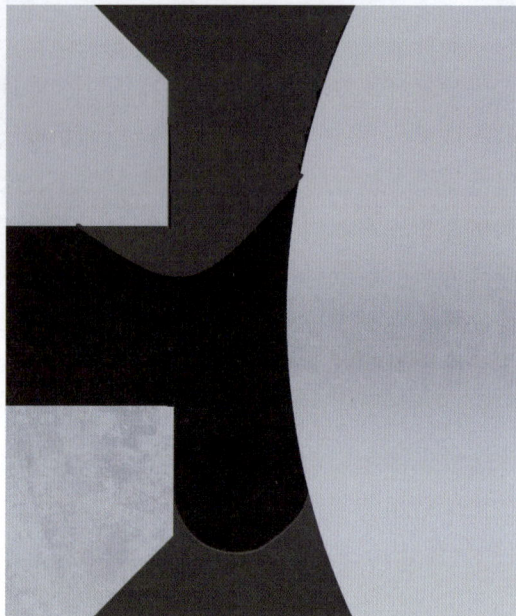

图7-19　上下唇间隙太大时的流场模型

二、模头上下唇间隙的调节机构

除了垫片厚度（或垫片高度）决定了上下唇间隙的宏观尺寸外，一般在模头设计上采用两种局部精细（微米级）上下模唇口间隙调节机构：下模的推拉杆及上模的阻流块（图7-20）。垫片位于上下模之间可根据不同的涂布形式进行选择，涂布通常需要生产条带状极片，这主要通过固定在上下涂布模头之间的垫片来设计流道，从而实现条带状涂层制备，垫片厚度通常要求非常精确，还需要具备良好的耐磨性、耐腐蚀性和稳定性。

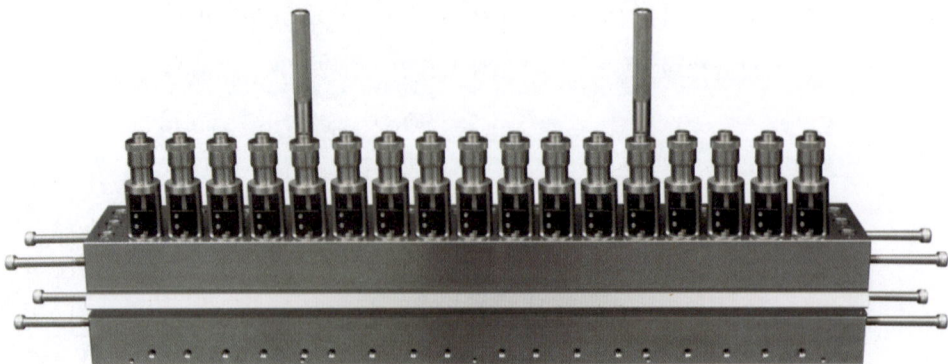

图7-20　运用千分尺进行阻流块调节的涂布模头

垫片厚度决定了整体腔压的大小，如果腔体内沿模头宽度方向腔压处处均匀，那么上下唇间隙也是处处高度一致时，所挤压的浆料流量均匀性最好。但受到多膜区同时涂覆的留白区垫片阻碍、浆料黏度变化、模头机加工精度、腔体内压降变化等的影响，沿模头宽度方向的腔压很难做到完全一致，故可以对腔压较小的唇口区域，通过适当局部精细调节提高上下唇间隙以提高流量，进而实现更高水平的涂布一致性。

下模的推拉杆通过调节螺丝的旋转推拉作用产生模头下唇口的形变应力，从而对模头下唇口产生垂直方向的局部形变，进而影响浆料局部的出口流量，本书对推拉杆应力产生唇口形变的仿真示意如图7-21所示。下模拉杆通过调节螺丝的旋转拧紧，使得下模唇口产生向下形变，从而增加了浆料在拉杆作用区域的出口流量；在实际涂布面密度调节中，生产人员使用拉杆增大对应区域的涂覆面密度、推杆减小对应区域的涂覆面密度（推杆产生形变方向与拉杆相反）。

形变/mm

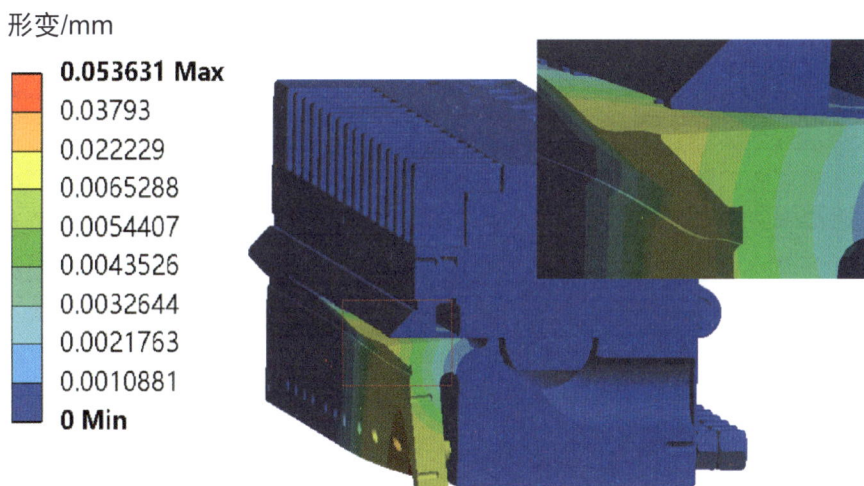

图7-21 涂布下模推拉杆对下模唇口产生形变的仿真

而上模的阻流块则直接在上模与下模之间的唇口处设置如大坝闸门作用的阻挡机构，其可以通过手动微调（为提高精度可带有千分尺标注，图7-22）或者电机自动调节，不同于推拉杆的调节不可量化，阻流块属于可量化和智能化的一种精细横向COV自动闭环调节装置。阻流块与下模头的间隙是模头均流的最后关口，其调节能力对提高涂布一致性起到最后的均流保障作用。

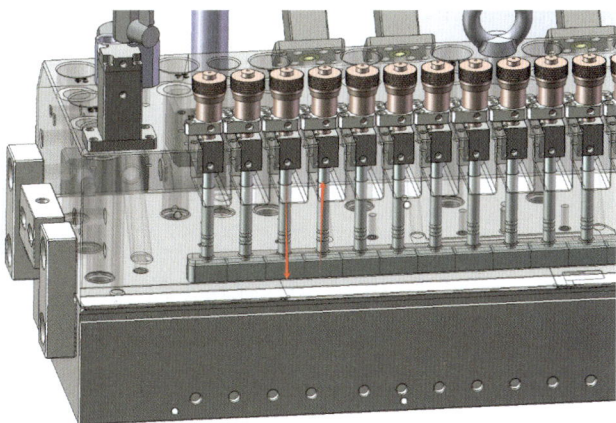

图7-22 运用千分尺进行调节的阻流块局部机构

7.3 "刘玉青涂珠六力模型"的平衡过程与影响因素——涂布操作窗口的奥义

摊煎饼能不能将煎饼做得特别薄，在什么情况下容易产生漏涂等缺陷？答案是有一个操作窗口。涂布操作窗口就是在涂膜品质可接受的前提下，将包括进料速度、真空压力、基材间隙、浆料黏度和表面张力在内的工艺参数放在可调整范围内，使得在涂布操作窗口中的流体处于稳态流动状态。当工艺参数超出操作窗口的范围时，就可能会导致涂层出现气泡、漏涂、浆料滴落浪费等各种不稳定缺陷。由于流体的受力平衡问题无法直接测量，只能通过公式推理和仿真出来稳定和不稳定涂布的边界条件，然后通过实验验证这些稳定与不稳定涂布的边界条件，来辅证理论模型的正确性。

本节在大量综合国内外涂布相关论文的基础上，创新性地从涂珠受力分析平衡的角度提出了"刘玉青涂珠六力模型"，用该模型可以轻松地对各种坐标下的涂布操作窗口和涂布问题进行分析，迅速找出调整涂布操作窗口的相应方法。

7.3.1 动态润湿、动态接触角与动态润湿线——接触角理论的动态和扩维发展

温故而知新、构建知识图谱：

2.2.1小节：润湿本身是液体驱替固体表面上吸附的空气而在表面覆盖上一层液体的过程，接触角的大小由杨氏方程决定。

7.1.2小节：流体拐向处需要保持一定的弯月面形状，因为表面张力倾向于避免流体的直角形状，直角形状会产生更大的表面积，而决定弯月面形状的是流体静压力、拖曳力、表面张力之间的平衡。

2.2.1小节中的静态接触角是指液体与固体表面接触时，在静止状态下两者之间所形成的接触角度，通常被认为是液体与固体表面之间相互作用力的平衡状态。而动态接触角则是指液体与固体表面接触时，在液体滴落、流动等运动状态下形成的接触角度会随着时间或液滴运动速度的变化而改变，除了静态接触角的表面张力作用，还存在着液滴的流动性质（黏滞力）、固体表面的粗糙程度（摩擦力）等影响因素。

润湿是涂布的基础，涂布也是浆料对基材动态润湿的过程，涂布速度其实也是动态润湿速度。最初，空气被吸附在基材上，涂覆过程中浆料将移动基材表面的空气置换排出，因此在涂覆的涂层中看不到空气。浆料与基材之间的接触线通常称为动态接触线或动态润湿线，动态接触角与动态润湿线如图7-23所示。为了均匀涂布，动态润湿线必须保持直线、稳步前进。然而，基材和浆料之间会形成一层薄薄的空气膜，如果涂布速度足够高，空气膜来不及排出会将动态润湿线"顶起"，动态润湿线就会变得分段和不稳定。空气膜破坏了被涂布的均匀性，并且经常在涂层中出现气泡，或者周期性的厚度偏差。

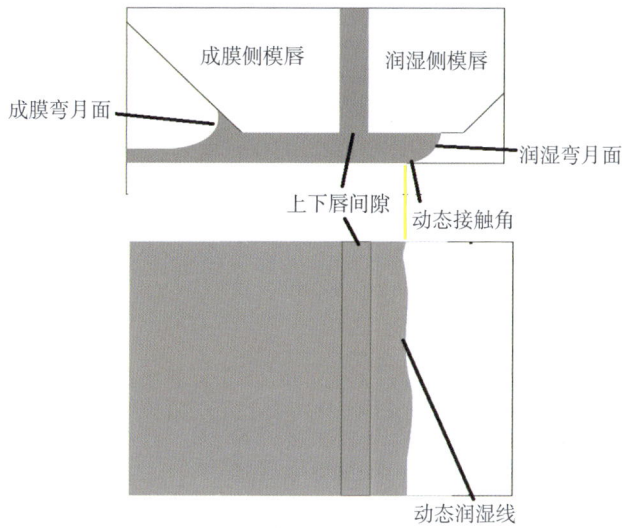

图7-23 动态接触角与动态润湿线

涂布模唇与移动基材之前的涂珠在基材运动方向上游的有一个弯月面在动态润湿线上置换气体，我们称之为润湿弯月面（其他地方也称上游弯月面、上游弯液面，但上游弯月面的位置在垂直涂布时处于下方容易混淆），下游也有一个弯月面形成沉积的液膜，我们称之为成膜弯月面（其他地方也称下游弯月面、下游弯液面），涂珠的润湿弯月面与成膜弯月面结构如图7-24所示。由于润湿弯月面的稳定存在，封闭了浆料在模头的出口，可以避免空气夹带造成涂布缺陷，因此润湿弯月面轮廓线的位置和形状非常重要。

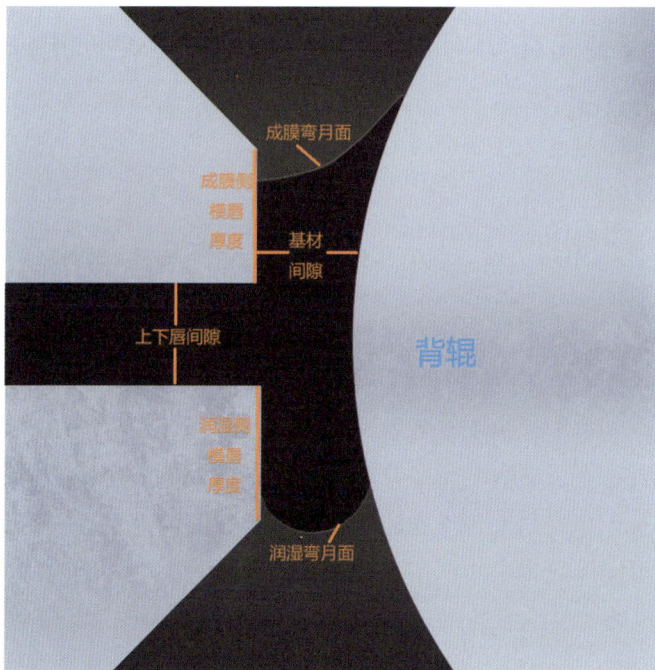

图7-24 涂珠的润湿弯月面与成膜弯月面（垂直涂布）

润湿弯月面的形状与动态接触角的原理很类似，当浆料分子间的相互作用力（内聚力）大于浆料与基材分子间相互作用力（附着力）时，基材不被浆料所润湿，形成凸形弯月面，并存在一个指向涂珠内部的毛细管力倾向于将浆料拉回成球形；如果基材对浆料不润湿，动态接触角会接近180°，此时无论进料流量多大，都会在基材表面形成微观夹气层，因为涂层会从已涂布的地方缩回；当浆料分子间的作用力小于浆料与基材间的作用力时，基材被浆料所润湿，形成一个凹形弯月面，并存在一个指向涂珠外部的毛细管力。同时，由于润湿弯月面是动态的，所以浆料内部的"推力"与"拉力"受力平衡情况也对弯月面形状有一定影响。

润湿不良发生的直接原因就是浆料的表面张力高于基材的表面张力，润湿速度极大限制了涂布速度。所以说与有机体系相比，水系浆料通常表面张力较高，导致其对基材的润湿性很差，制备出的电极很容易掉料。物理法（等离子体处理、电晕表面处理等）可以处理集流体表面，提高集流体的表面能；此外涂布的基材最好有一定粗糙度的多孔结构，且表面是清洁干净的，以提高浆料对基材的润湿能力和吸附力；有的时候基材包覆的背辊会被附加上电荷，而涂布模头接地，在静电吸附作用下涂珠会被牢牢地吸引在基材上，此所谓静电辅助涂布，但不常见。想象一下将水珠在不粘锅上涂布容易，还是在普通锅上涂布更容易？

但动态接触角是动态的，其随着涂布速度增加而增大。因为移动基材表面永远黏附着一层薄薄的空气（空气膜），空气也是一种有黏度的流体，这层薄薄的空气随着移动的基材，不断用其冲击力与膜动量冲击着润湿弯月面，趋向于将涂珠从基材上"掀开"，抵抗涂珠与基材的直接接触，基材运动速度越快动态接触角越大。

7.3.2 阻尼力与表面张力对涂珠受力平衡的缓冲作用

温故而知新、构建知识图谱：

2.1.2小节：液体会产生使表面积尽可能缩小的表面张力，液体分子被表面张力拉扯产生流动和液滴形变现象。

7.2.1小节：根据泊肃叶方程，流体运动的阻力与流道的截面积成反比，与流道的长度成正比。

7.2.4小节：涂珠受到供料泵的"推力"和基材的"拉力"共同作用，两种力需要维持一定的平衡以保持涂珠不会破裂。

由于模头有上模和下模，很多文献喜欢称"上模唇"和"下模唇"，但在垂直涂布时（模头水平放置）这个"上模唇"实际是在浆料运动方向的下游，而"下模唇"实际是在浆料运动方向的上游，容易与水平涂布时（模头垂直向下放置）"上模唇"指浆料上游的模唇在概念上发生混淆。故本书用润湿侧模唇（润湿弯月面一侧的模唇，垂直涂布时的下模唇），和成膜侧模唇（成膜弯月面一侧的模唇，垂直涂布时的上模唇）来进行称呼。

一、涂珠的"泄压缓冲区"和四力平衡

正常涂布时，浆料在唇口形成了稳定的涂珠；在涂布时存在一个涂珠压差范围，在这个范围内润湿弯月面与成膜弯月面能够稳定存在，能涂出质量符合要求的液膜。浆料与基材在润湿弯月面处的接触线是涂布稳定性的关键指标，为了获得稳定而精细的涂层膜区，我们必须将润湿弯月面保持在润湿侧模唇内。

浆料是在供料泵提供的静压力作用下从涂布模头中挤出，挤出来的浆料不可能像"樯橹之末"一样一点残余静压力都没有，否则浆料就只能挤到模头出口而无法出来了，这部分残余的静压力与外在大气压之间肯定需要一个"泄压缓冲区"，所以润湿弯月面、成膜弯月面都自浆料上下模唇口出处向外膨胀扩展一定距离，这"一定的距离"就是浆料残存静压力的"泄压缓冲区"，"泄压缓冲区"有一个对浆料外泄的阻尼力。而润湿弯月面、成膜弯月面自上下模唇口出处向外膨胀的距离由泊肃叶方程决定，即阻尼力（即静压力的压降）与其在基材间隙内的流道长度成正比，而与基材间隙的平方成反比。

同时，由于涂珠两侧的润湿弯月面与成膜弯月面都是拥有一定弧度的弯月面，具有一定的毛细压力作用，再加上基材快速移动时黏性力带来的拖曳作用，所以涂珠的形状主要受到四种力的作用：分别为流体挤压出来的静压力（推力）、基材拉动浆料的拖曳力（拉力）、表面张力引起的毛细管力（界面力）和基材间隙对流动的阻尼力（阻力）。

涂珠的形态和稳定性是浆料成膜良好的关键，如果浆料的泊肃叶"推力"与库埃特"拉力"能够刚好实现平衡，就可以不依赖表面张力和"泄压缓冲区"阻尼力自行稳定涂珠。但大多数时候"推力"与"拉力"很难刚好平衡，那么表面张力和阻尼力可以起到维护涂珠稳定的作用。所以说涂珠受浆料流变性、表面张力、基材间隙、模头几何形状、涂布速度等多方面影响，涂布操作窗口就是让涂珠保持稳定的工艺范围，空气侵入、浆料滴落等缺陷的产生都与这个涂珠小液滴的不安定直接相关。

如果将推力与拉力的作用比喻成一个夹着涂珠的"夹气球双人舞"，那么当推力与拉力不平衡时这个中间夹着的"气球"之所以没有被"挤爆"或者"拉爆"，一方面是因为表面张力的界面力作用，如同"气球"本身有维持圆球形状的驱动力；另一方面也是因为当挤压力过大时"气球"本身可以在"泄压缓冲区"能够卸掉一部分不平衡力。

二、推力和拉力不平衡突破"泄压缓冲区"后果

稳定涂布时涂珠所受的推力、拉力、阻力、界面力是平衡的，扰动如何演变取决于这些力中的哪一种占主导地位。如果静压力和拖曳力的不平衡，突破了阻尼力和毛细管力的缓冲维护作用就会发生漏料和空气夹带现象：

一旦涂珠的静压力过大，而涂布速度和黏度过低导致拖曳力不足，需要更长的"泄压缓冲区"（更大的阻尼力）来平衡流体的静压力与大气压，润湿弯月面就会朝基材走带反方向运动，当润湿弯月面膨胀到润湿侧模唇之外时，浆料在上游模肩边缘越积越多。水平涂布（模头垂直向下放置）时基材会带出过多的浆料，导致湿膜过厚；如果为垂直涂布（模头水平放置），浆料便会在重力的作用下滴落产生浪费。

　　而如果涂布速度过快和黏度增大，库埃特流的拖曳力过大，而涂珠的静压力不足，浆料的动态润湿线在黏性力作用下迅速向下游流动，当润湿弯月面位置足够靠近润湿侧模唇的内侧时，即润湿弯月面一侧的"泄压缓冲区"消失时，模头挤出的浆料冲击力会夹带着空气一起"喷"到基材上，而基材表面附带的空气膜来不及被取代，由于过快的涂布速度形成很大的空气膜冲击力，涂层浆料和基材之间开始形成微空气涡流，润湿弯月面的动态润湿线从笔直结构变成锯齿形结构，空气从锯齿处夹断以点状、块状等形式进入涂层。因表面张力倾向于让涂珠保持形状，空气夹带缺陷的形貌会因表面张力和空气夹带数量的不同，例如点状、条块状、无规则漏涂状、湿膜截断状等各种形貌，但能够跟唇口颗粒导致的划痕缺陷肉眼区分开来，润湿弯月面进入唇口内侧引发空气夹带缺陷示意图如图7-25所示。

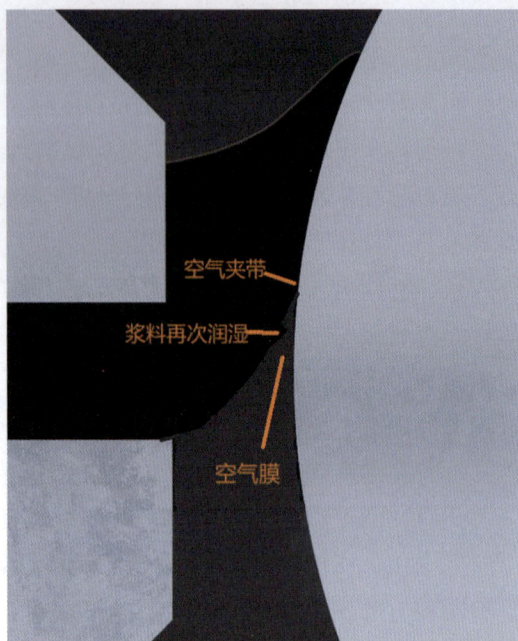

图7-25　润湿弯月面进入唇口内侧引发空气夹带缺陷

　　润湿弯月面的曲率和"凸凹"指向由基材间隙大小、"推力"和"拉力"平衡情况、其与模唇和基材的动态接触角大小决定，基材间隙越小弯月面曲率越大，而模唇使用低表面能材料也可以增加模头与润湿弯月面的接触角，继而增加毛细管力。而润湿弯月面的位置是由推力、拉力、阻力、界面力的相互平衡决定，即通过真空度、上下唇间隙、基材间隙、浆料流速、浆料黏度和基材速度来确定。

　　同时，润湿弯月面和成膜弯月面的"凸凹"指向，也在对"推力"和"拉力"的不平衡起反向"抵消"作用。如果"推力"和"拉力"平衡后受力方向是指向内侧，则存在将弯月面"吸"凹进去的受力趋势，凹进去的结果就是毛细管力指向更加倾向于外侧一些；而如果"推力"和"拉力"平衡后受力方向是指向外侧，则存在一个将弯月面"推"凸出去的受力趋势，凸出去的结果就是毛细管力指向更加倾向于内侧。

　　由于基材的拖曳作用，当"推力"和"拉力"不平衡时，成膜弯月面倒是不存在倒退回浆料出口的缺陷风险，"推力"超过"拉力"和"泄压缓冲区"时，成膜弯月面可能没有固定在成膜侧模唇边缘而是爬上模肩，其实质就是涂得太慢或试图在基材上涂得太重，基材不能带走所有模头挤出的浆料。处理方法很简单：要么加快涂布速度，要么增加浆料黏度。

　　有论文说在模头唇口处安装导流板可显著改善拖曳力过高的副作用（个人没试过），从而提高基材的极限涂布速度，导流板的设计形状类似于润湿弯月面，给流体一个平缓的缓冲，可以有效减少底部涡流的形成。

三、涂珠破裂时的浆料拉丝与拖尾现象

涂布模头停止进料时，动态润湿线和润湿弯月面沿基材运动方向移动，涂珠清空直至破裂。而当浆料的毛细管数较小时，表面张力占主导地位，表面张力倾向于让涂珠不至于被破坏，涂布速度与黏性力的乘积不足以迅速破坏涂珠并导致较长的拖尾长度。随着毛细管数增大，基材的拖曳力变强，涂珠破裂加速，可让总拖尾长度减小。尤其是基材间隙较大时，涂珠的体积增大给予了表面张力更大的"操作空间"，表面张力引发的涂珠拖尾过程如图7-26所示。而且黏度越高这种拉丝与拖尾现象越明显（想象一下"拔丝地瓜"这道菜中的拉丝现象）。

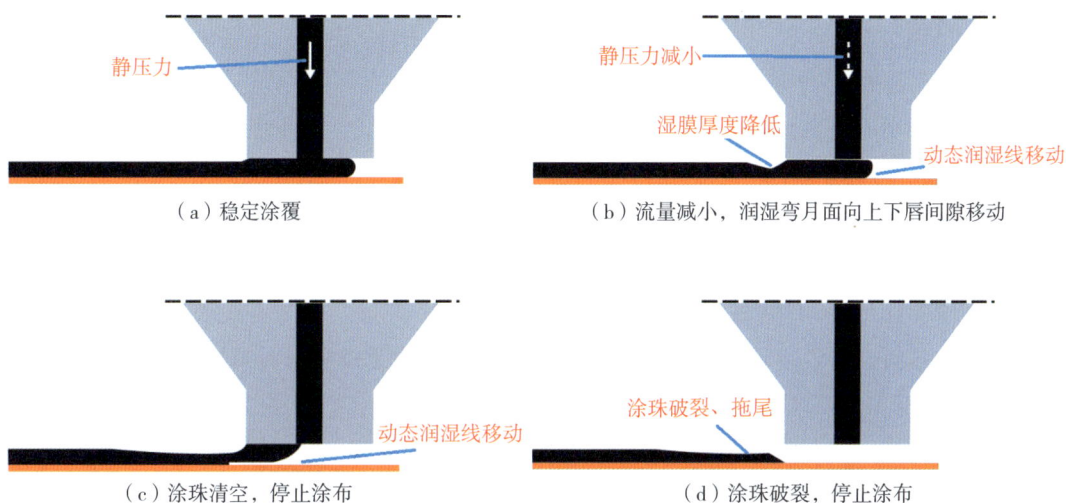

图7-26　表面张力引发的涂珠拖尾过程

这种拖尾现象对于连续式涂布并不构成问题，但对于涂一会停一下的间歇式涂布就很致命。为了减少，拖尾可以在停止涂布时使挤压模头中浆料瞬间回流，涂覆在基体上的浆料可以迅速断开，这样有效地控制间歇时尾部拖尾的整齐度。但如果涂布机减少泵速或回流的动作响应时间不是瞬时的，则涂布速度越高停止涂布一刹那喷出的浆料越多，涂珠越容易被拉成长长的细丝，从而造成拖尾长度显著增加。

对于拖尾现象，在工艺处理上可以将拖尾的边缘裁切掉，以保证单位面积内的浆料涂覆均匀一致。

7.3.3　垂直涂布、水平涂布与真空箱——重力与抽真空力的反向拉力作用

温故而知新、构建知识图谱：

2.3.1小节：因为帕斯卡原理，空气的重力作用会向各个方向形成大气压强，抽真空可以减小这个大气压强。

7.3.2小节：涂珠润湿弯月面的位置由推力、拉力、阻力、界面力决定。

一、抽真空提供基材运动反方向"拉力"并提高动态润湿效果

如果库埃特流的"拉力"较泊肃叶流的"推力"明显过大，阻尼力和毛细管力的缓冲作用也不足，那么可以在涂布模头下方装个真空盒，利用抽气改变润湿弯月面与唇口内侧浆料与外部环境的压差，如式（7.8）和式（7.9）所示。

$$抽真空前的压差 = 静压力 - 大气压 \tag{7.8}$$
$$抽真空后的压差 = 静压力 - 抽真空后气压 = 静压力 - 大气压 + 真空度 \tag{7.9}$$

这种抽真空装置其实也是给涂珠在基材运动反方向上提供一个"拉力"，以此来对抗基材运动带来的拖曳作用，能将润湿弯月面拉向基材运动反方向（黏度越低拉动距离越大，较低的黏度可以增强真空压力），使得润湿弯月面位置远离唇口内侧出口处。浆料黏度越高、涂布速度越快，涂珠所受的向上"拉力"作用越明显，真空对涂珠的向下反向"拉力"越有益处。

同时，给润湿弯月面施加真空可以去除涂珠下面的空气，减少基材表面吸附的空气膜冲击力，使润湿弯月面的动态接触角变小，将涂珠推向基材，使空气夹带的缺陷消失，提高涂布速度和效率。

注意抽真空力的大小与真空度成正比，也与基材间隙成正比，因为基材间隙越大同样压强对涂珠的作用面积越大。故在较大的基材间隙处，应该需要较少的真空，否则可能造成模唇边缘漏料，甚至导致成膜弯月面侵入唇口内侧区域造成空气夹带缺陷。

二、水平涂布和垂直涂布的区别——重力作用

涂布模头的放置方式分两种：涂布模头水平放置、基材垂直向上牵引的垂直涂布，如图7-24所示；以及涂布模头垂直向下挤出、基材水平牵引的水平涂布，如图7-23所示。这两种方式的区别主要在于重力对涂珠的作用不同，因为垂直涂布时重力会对涂珠有一个额外的基材运动反方向"拉力"，这个垂直向下的重力一般有利于涂珠的受力平衡，因为在涂布状态下其作用力远远小于拉力，重力倾向于防止基材拖曳力将涂珠和润湿弯月面拉出，让润湿弯月面与模唇内侧出口保持一定距离并稳定涂珠，以防止空气夹带缺陷，尤其是涂布速度较高时，这种重力作用会更有利。

同时，重力作用与涂珠的体积和浆料密度高度相关，而涂珠的体积由浆料两侧膜唇黏附润湿的总长度（受模唇厚度影响）、基材间隙的大小所决定。

7.3.4　涂布操作窗口原理与"刘玉青涂珠六力模型"的提出

温故而知新、构建知识图谱：

7.2.4小节：涂珠受到供料泵的"推力"和基材的"拉力"共同作用，两种力需要维持一定的平衡以保持涂珠不会破裂。

7.3.2小节：涂珠所受的"推力"与"拉力"不平衡时，表面张力和阻尼力可以起到维护涂珠稳定的缓冲作用。

一、涂珠所受的六种作用力及影响因素

现在我们对涂珠所受的静压力、拖曳力、阻尼力、毛细管力、抽真空力、重力六种作用力进行总结，并且将影响各种力的工艺参数绘制成表7-2。由于本理论属于本书作者对国内外涂布所有文献的归纳总结，并且创新性地将阻尼力从泊肃叶方程中单独提炼出来作为受力分析的依据，忽略阻尼力会导致涂珠经常无法受力平衡的情况，在征求了国内涂布行业相关专家意见后，命名为"刘玉青涂珠六力模型"。

表7-2　"刘玉青涂珠六力模型"与各作用力的影响工艺参数

项　　目	作用力方向	上下唇间隙	基材间隙	模唇厚度	涂布速度	浆料流量/湿膜厚度	浆料黏度
静压力	浆料出口两侧	平方反比				正比	正比
拖曳力	基材运动方向				正比		正比
阻尼力	浆料运动反方向		平方反比	正比		正比	正比
毛细管力	弯月面凹向一侧		反比				
抽真空力	基材运动反方向		正比				
重　力	垂直向下方向		正比	正比			

注：由于涂布过程中的各种力学现象交叉且格外复杂，表7-2中空白地方并不意味着就不存在相关关系，而是不存在直接相关关系或相关关系需要条件判断并不明显。

二、六种作用力的分析研判逻辑

首先，表7-2中的六种作用力在从涂布模头腔体挤出的左右两侧都存在受力平衡，左右两侧的阻尼力作用方向相反，而表面张力的作用方向则依赖两侧弯月面的凹向形状。当涂布发生浆料滴落、空气卷入等问题时，我们可以首先分析涂珠两侧的受力情况，分析作用力方向和合力情况可以参考图7-27绘制的各种作用力方向。

根据"刘玉青涂珠六力模型"，当出现涂布问题时，根据静压力和拖曳力不平衡时的不同表现，可以得出"推力"和"拉力"哪个起主导作用。然后根据涂布现场条件（例如涂布速度降低是否会影响后续工序产能），分析是采用对"推力"和"拉力"直接进行平衡，还是加强表面张力和阻尼力的缓冲作用，抑或是通过重力和抽真空力的调节施加平衡作用。确认好相关策略后，可以从表7-2中依据相关工艺参数对各种作用力的影响，寻找对应的工艺参数进行调整以便增强涂

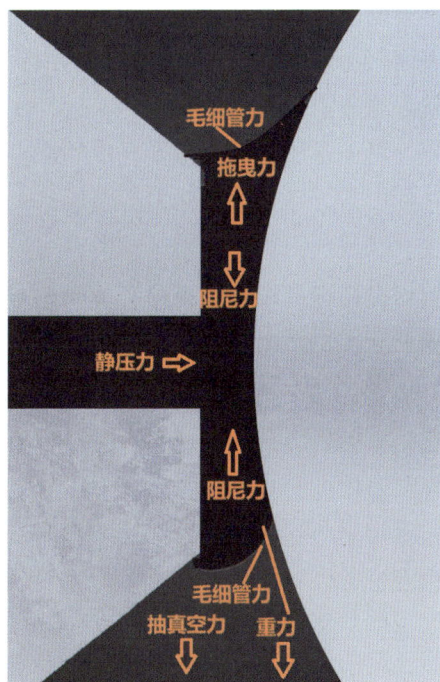

图7-27　"刘玉青涂珠六力模型"各种作用力的受力方向

珠受力的稳定性。例如静压力"推力"小于拖曳力"拉力"导致涂珠不稳定时，我们可以减小上下唇间隙以增强静压力使涂珠更容易平衡稳定。

三、运用"刘玉青涂珠六力模型"解释涂布操作窗口

为了表征毛细管力的大小，我们可以用其与拖曳力的比值，即2.3.6小节的毛细管数C_a进行无量纲化表征。

$$毛细管数 = \frac{流体黏度 \times 特征剪切速率}{表面张力} \tag{7.10}$$

式（7.10）中毛细管数的特征剪切速率在分析基材运动带来的浆料剪切运动问题时，可以用基材拖曳浆料的速度（涂布速度）来代替。除了毛细管数，其他常用来表征操作窗口的无量纲数还包括基材间隙与湿膜厚度的比值等。

很多论文用毛细管数和间隙比两个无量纲数分别为横坐标和纵坐标，作图绘制出一个适合涂布的操作窗口形状，间隙比与毛细管数坐标轴构成的涂布操作窗口如图7-28所示。其本质为阻尼力和表面张力这两个受力

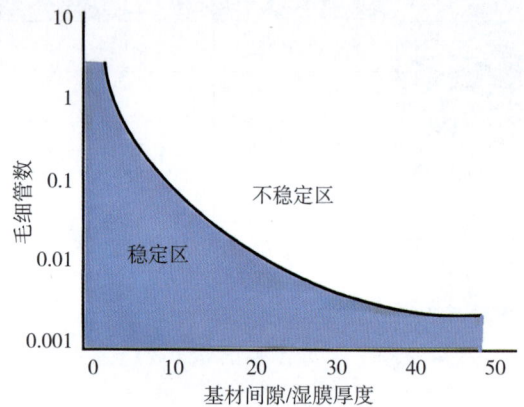

图7-28　间隙比与毛细管数坐标轴构成的涂布操作窗口

平衡的缓冲作用都不能太小，如果因间隙比增大导致阻尼力减小，那么毛细管数必须很小表面张力才能变得很大；如果毛细管数很大而表面张力很小，那么涂珠的推力与拉力平衡就必须非常精准，在实际涂布工作中很难实现。

其他常用来表征操作窗口的横坐标和纵坐标还可以是影响"刘玉青涂珠六力模型"的其他因素，包括表面张力、腔压、上下唇间隙、涂布速度、模唇厚度、浆料流量、湿膜厚度、基材间隙等。如果一些因素明显过大或过小会导致涂珠受力平衡很难适应极限挑战，所以可以绘制出一些可以稳定涂布的区域并进行实验验证，这些区域可以称为不同坐标轴表征的涂布操作窗口，分别如图7-29和图7-30所示。

图7-29所示的涂布操作窗口用"刘玉青涂珠六力模型"可以解释为：湿膜厚度越大，所产生的泊肃叶"推力"越大，其超过库埃特"拉力"作用时即会将涂珠"挤爆"，产生浆料滴落问题；而湿膜厚度越小，所产生的泊肃叶"推力"越小，库埃特"拉力"作用相对于"推力"越大时即会将涂珠"拉断"，产生气泡夹带问题。而较小的毛细管数（即较大的表面张力）可以拓宽"推力"与"拉力"不一致时的涂布操作窗口。

图7-30所示的涂布操作窗口用"刘玉青涂珠六力模型"可以解释为：涂布速度与库埃特"拉力"成正比，浆料流量与泊肃叶"推力"成正比，两者必须保持在一定的比例范围内，如果高于或低于该比例范围，则会触发相应的涂布速度和浆料流量上下限。

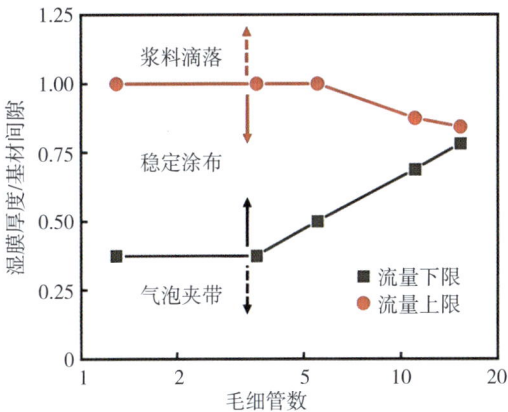

图7-29　湿膜厚度与毛细管数坐标轴构成的涂布操作窗口　　　图7-30　浆料流量与涂布速度坐标轴构成的涂布操作窗口

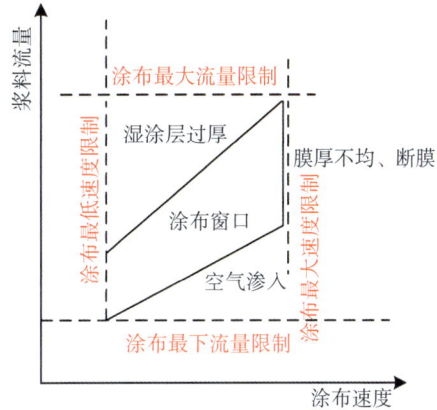

7.3.5　模头唇口与背辊的配合——基材间隙与模唇厚度的设计要诀

温故而知新、构建知识图谱：

2.3.2小节：根据Young-Laplace方程，弯曲液面的毛细管力与毛细管口半径成反比。

7.2.1小节：根据泊肃叶方程，流体运动的阻力与流道的截面积成反比，与流道的长度成正比。

一、涂布模头唇口设计要求

涂布模头唇口应该满足以下要求：

1）模唇厚度设计。模唇厚度（模唇内侧到外侧的距离）也是模头的设计的一个重要参数，较厚的模唇润湿弯月面从模唇外侧发展至模唇内侧的距离也随之增大，可以提供更大的浆料"泄压缓冲区"，可以更好地平衡"推力"与"拉力"的不平衡作用，对抑制高速涂布时的气泡流有一定效果；而较薄的模唇则需要更精确的工艺控制。但模唇厚度又不能过厚，因为基材包覆的背辊有一定弧度，过厚的模唇将导致基材间隙不稳定。所以在安装涂布模头时一定要认真对背辊与模头打等高测绘，避免模头与背辊不在一个水平线，导致基材间隙沿模头宽度方向发生非预期变化。

2）模唇精度要求高。模唇厚度往往只有几毫米锋利，但要求微米级精度，模唇直线度高（小于2μm/m），表面光洁，表面粗糙度小（$R_z \leqslant 0.2\mu m$），越窄的狭缝尺寸需要越高的加工精度保持涂布的横向均匀性。但模唇边缘不能太锋利，因为锋利的边缘很容易被损坏成锯齿状，从而造成条纹和划痕缺陷，此外操作人员很容易在锋利的模唇边缘割伤自己。

3）硬度要求高，耐颗粒磨损。浆料在运动过程中的固体颗粒会对模唇喷出面形成磨粒磨损，浆料走过的路线在涂布模头上肉眼可见，因为浆料走过的钢铁外模处明亮得可以当镜子，而没走过的地方则保留着原始模样。这就要求模唇材料硬度高、韧性好、耐磨损，抗压强度和弯曲强度高，不易发生断裂与弯曲变形。涂布模头模唇采用耐磨损性优异的硬质合金或陶瓷，可延长寿命。

4）耐化学腐蚀设计。电极浆料尤其是正极浆料往往呈碱性，因此，要求模唇耐化学腐蚀。

5）定期进行基材间隙校准。因为模头唇口使用一段时间后会出现磨损，可能导致基材间隙调节误差，所以一般定期采用塞尺进行基材间隙的调节和检测。

二、涂布模头的背辊设计要求

背辊不仅会产生弯曲变形和挤压变形，而且在连续运行后还会受热产生变形，会影响到接触区域的压力状况和接触宽度。根据钢材的膨胀系数及背辊的直径，1 ℃温度差会产生2.1 μm的间隙误差，也就是在35 ℃下调整好的基材间隙在40 ℃下的实际间隙要少10 μm，所以必须等到设定的背辊温度稳定后，才开始基材间隙的调整工作。一般背辊两侧的温度偏差应控制在3 ℃以内，并且往往要在背辊表面电镀一层类钻石的DLC（Diamond Like Carbon，类金刚石）或碳化钨硬化层。

涂布背辊的背辊表面的清洁度、形位公差、刚性、动静平衡质量、表面质量、背辊支撑结构、压力调整状况、温度均匀性和受热变形状况等都会影响到涂布均匀性，应定时检查并用无尘布擦拭背辊。如果涂布背辊跳动比较大，很容易在涂布时出现有规律的横条纹缺陷。

三、基材与模唇间的基材间隙大小调节

1）要考虑大颗粒和团聚体卡滞风险

基材间隙和上下唇间隙都不太小，太小可能导致浆料中的大颗粒或团聚体在模唇出处和基材间隙运动卡滞，造成划痕及漏金属缺陷。所对应的湿膜厚度也不能太薄，因为一旦大颗粒或团聚体尺寸相对于湿膜厚度较大，会通过对成膜弯月面稳定的局部破坏引起条纹。

2）要考虑基材间隙调节对涂珠的稳定性影响

对于毛细管力，基材间隙其实起到了Young-Laplace方程的毛细管口半径作用，基材间隙与毛细管力成反比，同时基材间隙的平方与浆料运动阻尼力成反比，所以较小的基材间隙有利于增加"泄压缓冲区"和毛细管力对推力和拉力不平衡的缓冲作用，增强涂珠稳定性并提高涂布速度，而基材间隙过大时动辄浆料滴落和空气夹带。但过小的基材间隙也可能导致浆料流动不畅，同时大颗粒刮断基材（断带）风险增加，涂布模头的成膜弯月面侧模唇成为刮刀式涂布那样的刮刀。

同时，当基材间隙较小时，浆料在基材间隙内运动的阻力增大，供料泵需要提供的静压力也增大，涂珠的运动容易被泊肃叶流动占主导；当基材间隙较大时，涂珠的运动由基材的牵引力占主导。

3）要考虑基材间隙的左右侧大小调节

基材间隙左侧与右侧的大小一般会选择同样的数值设置，但在面密度和膜区尺寸发生

偏移的情况下，有时候需要对基材间隙的左侧和右侧大小值进行变动调节，有时候称为进刀（间隙减小）或退刀（间隙加大）。如果左侧面密度偏高，或者左侧膜区宽度偏大，需要进行左侧间隙减小；右侧面密度偏高，或者右侧膜区宽度偏大，需要对右侧间隙减小。这是因为减少基材间隙的一侧，浆料流动受到的限制比未减少间隙的一侧要高，浆料会偏向于向另外一侧进行更多涂覆。

四、非对称模头结构设计

有论文研究过非对称式涂布模头的设计，包括非对称的模唇厚度与基材间隙。

1）润湿侧与成膜侧的模唇厚度不对称。让润湿侧模唇厚度增大、成膜侧模唇厚度减小，这种模唇设计可以适当增大浆料润湿侧模唇带来的缓冲区作用，同时减小了浆料向被基材拖曳运动的阻力，而如果润湿侧模唇厚度比成膜侧模唇更窄，则会导致涂布操作窗口变窄。

2）润湿侧与成膜侧的基材间隙不对称。如图7-31所示，如果润湿侧基材间隙小，而成膜侧基材间隙大，润湿侧模唇单位距离提供的阻尼力增大，动态润湿线会则处于较靠近浆料出口的位置；而如果润湿侧基材间隙大、成膜侧基材间隙小，浆料在静压力驱动下会在润湿侧移动更多距离，但进入模头与基材之间的空气流量增大，浆料涂层也可能更容易发展为气泡流。

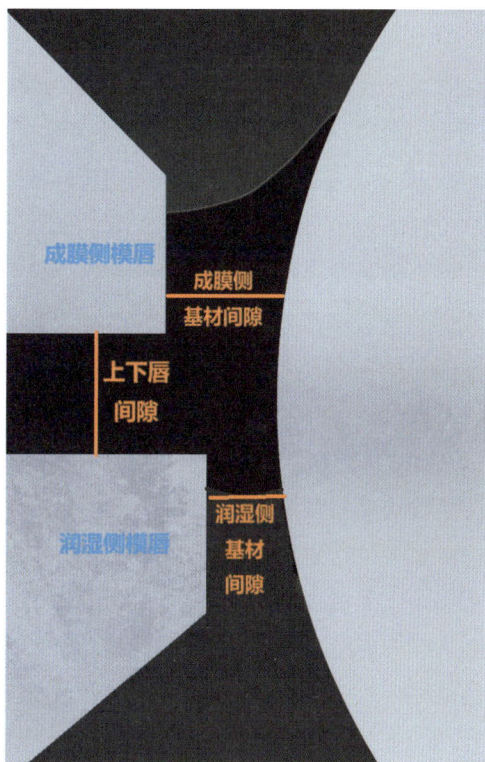

图7-31　非对称模头设计的流场模型

7.3.6　多层共涂技术与其操作窗口的额外限制

温故而知新、构建知识图谱：

2.1.2小节：流体会产生使表面积尽可能缩小的力，缩小其表面能。

利用多层浆料进行分层涂覆是一种电芯的涂层优化技术，其上下层材料通常并不相同，通过极片的物质比例梯度化分布设计调节极片的性能。例如可以在浆料及基材之间涂上携带层，改善原本不佳的基材浸润性和附着性；或涂覆两种不同活性物质、导电剂比例、黏结剂比例、孔隙率分布的浆料。下层通常是高容量、充电速度相对较慢的材料，或者导电剂比例高、黏结剂比例高、极片孔隙率低的材料；而上层通常由高功率但能量密度相对低的材料，或者导电剂比例低、黏结剂比例低、极片孔隙率高的材料（图7-32）。

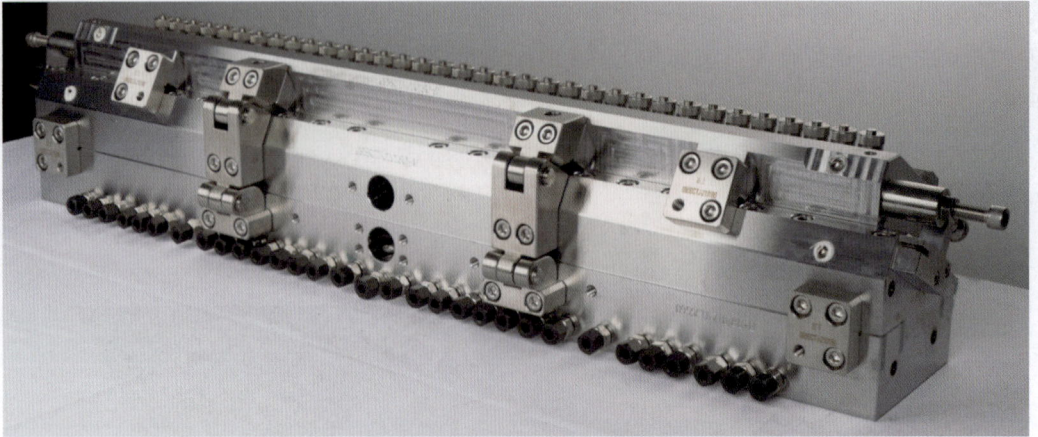

图7-32　多层涂布模头实体图

　　其中需要用到多层涂布技术，多层涂布分为分次涂布和多层共涂。分次涂布是在基材上先涂覆单层的浆料，第一层浆料干燥到一定程度之后再涂覆第二层的浆料，依此重复在基材上形成多层涂覆的产品。但分次涂布的生产效率非常低，而多层共涂技术在一个基材上同时涂上多层并烘干，可以提升产能和效率、降低制造成本。工业界上常见的多层涂布产品还包括感压胶、光学膜、照相胶卷、磁带等。

　　如图7-33所示，在多层共涂的工艺中，其模头分为上模、中模和下模及两层垫片。每一层涂覆的浆料都有一套独立的泵送系统，且每套泵送系统又是预计量式，这样各涂层的厚度仅由浆料泵送系统设定，不会因为浆料的流变性质或涂布速度改变而有所不同，这是高阶精密涂布产品量产的主要方法。多层共涂难点在于浆料在从涂布模头出来涂覆到基材上不能产生浆料的混流，所以说多层共涂工艺涂布操作窗口更窄，需要更好地控制浆料性质、涂布工艺范围，才能实现均匀稳定的涂层，相比单层涂布新增的涂布操作窗口限制有：

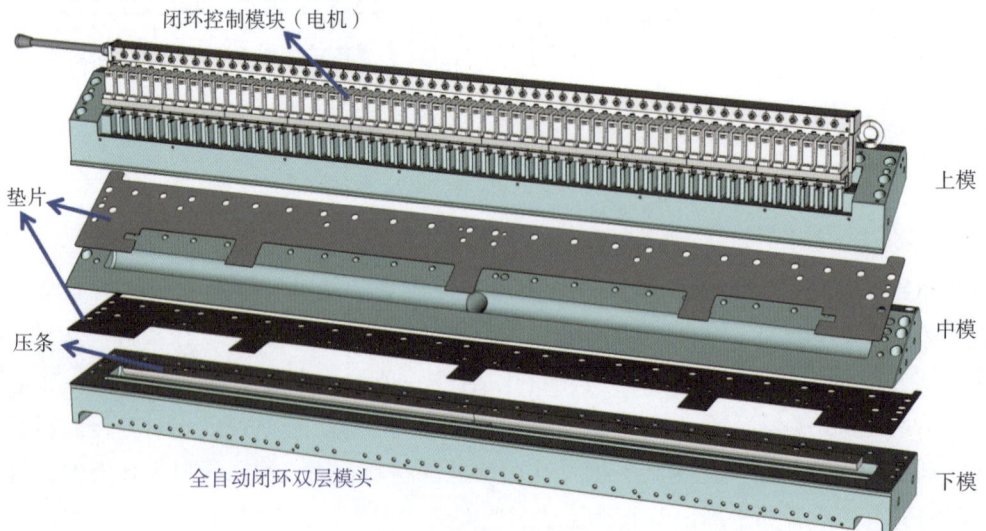

图7-33　多层涂布模头结构爆炸图

1）下层浆料的表面张力不能低于上层浆料的表面张力。大家都知道油这种表面张力低的流体可以在水这种表面张力大的流体上层形成一层均匀的覆盖膜，而当上层浆料比下层浆料的表面张力即内部凝聚力更强时，其容易不稳定，从而破坏双层涂布的层次性分布诉求，因此下层浆料的表面张力不能低于下层浆料的表面张力。

2）基材间隙/湿膜厚度的比值不能过小。如果基材间隙/湿膜厚度的比值过小，由于模唇到背辊没有给浆料运动留足空间，两层浆料会相互"拥挤"从而破坏双层浆料层流的层次性，一层浆料甚至会侵入到另一层浆料的模唇中去，产生多层共混现象。

3）双层涂布过程中，由于涂珠是由两种浆料分层构成，因此每层浆料的涂珠受力都

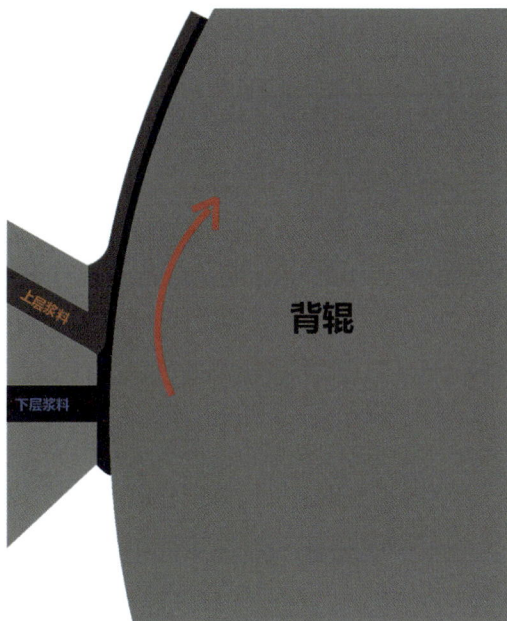

图7-34 双层涂布挤压模头流场

需要尽可能一致。避免两层浆料分别对应的涂珠受力不平衡，这样会导致两层浆料在"泄压缓冲区"内的运动距离不一致，从而产生混料现象。两层浆料涂珠受力的基材间隙、上下唇间隙、模唇厚度、涂布速度、浆料流量都是相对固定的参数，最大的变异参数就是浆料黏度，故双层涂布各层黏度必须相近，否则会产生涂珠的不稳定和混料现象。

7.4 浆料中的溶剂干燥挥发，留下孔隙与颗粒

涂覆在金属箔材上的电极浆料必须去除NMP、水分等溶剂才能获得干燥的电极，即从湿膜转化为干膜。电极浆料涂布在金属箔材表面后需进行干燥处理，蒸发和去除溶剂获得多孔干燥极片。湿浆料均匀地涂覆在箔材上后，会被送进极片烘干系统进行烘烤，极片烘干系统主要由数节不同温度分布的烘箱组成，目的是将浆料中的溶剂等蒸发掉。极片涂布干燥过程中极易发生以下缺陷：

1）极片成分的垂直偏析运动和水平偏析运动；

2）蜂窝状网络、厚边缺陷、极片开裂、卷曲打皱；

3）局部风速过高导致的干燥条痕。

所以烘箱内热空气的速度场、温度场控制对极片干燥过程至关重要，应保证极片得到充分、均匀的干燥，挥发的溶剂得到有效回收并置换为干燥空气，并尽量减少干燥过程造成的涂布缺陷。

7.4.1 烘箱内溶剂蒸发的能量输入与输出机制

温故而知新、构建知识图谱：

2.1.1小节：温度决定了分子间距离，温度越高分子的无规则热运动越剧烈，从而决定了分子的固液气三态演变。

5.1.1小节：黏度是流体阻碍其变形的阻力，是分子间引力对流体运动的一种内部摩擦力（运动阻抗）。

涂布机热源载体包括热风（电加热、蒸汽加热、导热油加热）、红外、微波等方式。用热风冲击的烘箱加热方式直接将热空气吹到湿膜外表面区域，尤其是可以将风嘴设置得靠近极片，使湿膜边界层的溶剂和气体流动均处于湍流状态。溶剂可轻易地由湿膜内部移动到干燥气流中，这种以传质与传热同时进行的方式下溶剂蒸发速率较快。而红外、微波等烘箱加热方式虽然提供了足够的能量使溶剂移动至表面，但红外、微波传质作用较弱，湿膜与空气的边界层处在层流状态，因此膜区表面会成为限制干燥速率的主要因素。由于篇幅关系，本书只以最常用的热风加热方式为背景进行烘干机理的阐述，热风干燥的烘箱结构如图7-35所示。

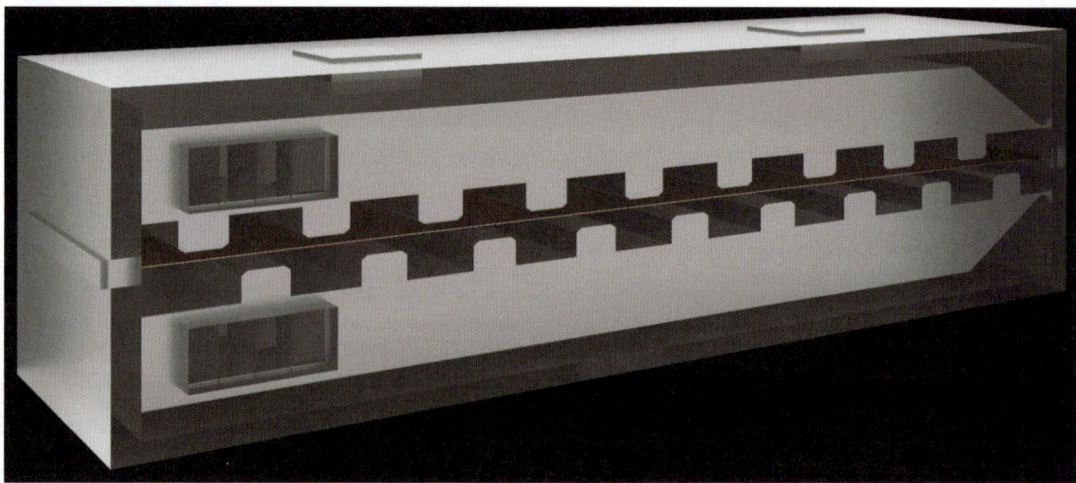

图7-35　热风干燥涂布烘箱内部结构

从原理上来讲，烘烤是将外部热量传导到锂离子电池极片的过程。溶剂蒸发涉及巨大的能量消耗，是电池电极制造的决定性成本因素。然而浆料涂层的升温及溶剂蒸发仅仅作用于涂层表面，接触面积相对较小，同时只有溶剂的汽化热才是有效使用热，而该部分热耗占比很小，大部分为加热空气以及烘箱的散热，热效率低。

溶剂在烘箱内需要完成的挥发量取决于涂布模头涂覆的流量以及浆料固含量，而溶剂在烘箱内能够完成的挥发量取决于干燥时间与干燥强度的乘积。即单位时间、单位极片面积上所能蒸发的溶剂量（$kg/m^2 \cdot h$）取决于干燥强度，而干燥强度主要由烘箱的风速及温度决定，也与影响气流流量的气流结构与热源设计有关。除了干燥强度，溶剂挥发速率还与下列烘干效率影响因素有关：

1）干燥时间

干燥时间是指湿膜在烘箱中停留的时间，它与各节烘箱累计长度成正比，与涂布走带速度成反比。

2）烘箱内的空气湿度、空气中溶剂浓度

如果空气湿度、空气中溶剂浓度过大，则热气流中存在的水分就会阻碍涂层表面溶剂挥发，所以应该利用蒸发表面失热降温程度随湿度变化的原理，通过湿球温度表征热气流温度，比干球温度能够更加精确地表征干燥强度。

3）溶剂的沸点、挥发速率、挥发所需的相变潜热

溶剂的沸点、挥发速率、挥发所需的相变潜热都会直接影响电极干燥的动力学，例如水性和油性溶剂在烘箱内的动力学行为不同。NMP有机溶剂分子量比水大，故黏度高、扩散速度慢；而水的分子量小、黏度低、扩散速度快。NMP的沸点为202℃，虽然比水高（也就意味着蒸气压非常低），但水的气化潜热是2 257 kJ/kg，是所有已知溶剂中最高的，比NMP的气化潜热439.5 kJ/kg高很多，故同样热量下NMP有机溶剂的挥发速率更快，水系溶剂不易干燥，需要的干燥温度与干燥时间更长。

4）溶剂的黏度

如果涂覆浆料的黏度极大，即便提高干燥温度，干燥速率依然较低。

7.4.2　烘箱中"风"的流体结构设计与速度调节——气体在风嘴中的泊肃叶流动

温故而知新、构建知识图谱：

7.2.1小节：根据泊肃叶方程，流体流量由流体黏度、管道的几何形状和管道压降等因素共同决定。

涂布烘烤过程中，合理的风道布局、风嘴设计、导流板、循环风场设计以及进风量、排风量、风速等都对涂布产品质量有着重要影响。

一、风嘴的风阻与均匀性平衡设计

烘干过程中，热风温度和气流速度对极片的烘干效果极具敏感性，极片表面达到均匀稳定的温度场和速度场是获得理想烘干效果的必要条件。而风嘴的射流结构对冲击射流干燥效果产生最直接的影响。风嘴（亦称空气喷嘴、风刀）在烘箱内起到组织气流的作用，烘箱热风气流的调整需要一个时间上和空间上的过程，风嘴内腔良好的几何结构可以避免产生气流漩涡，在烘箱内形成良好的空气流场和温度场分布。气体作为流体的一种，也遵从泊肃叶流动方程的规律，在干燥区形成良好的空气流场，其既应对气流起到引导、均衡的作用，又不能过于阻滞气流运行，风嘴要想得到良好的均流效果将牺牲一定的压力能，减小风嘴阻力也将牺牲一定的均流效果，具体来说：

1）风嘴应使通过的风速尽可能均匀。极片应得到均匀一致的热风干燥效果，否则势必造成干燥速率不等及其引发的热毛细现象。由于烘箱内的风嘴数量不止一个，各风嘴均应

具有良好的均流效果，并在烘箱内形成整体均衡的空气速度分布。

2）风嘴应对通过的气流阻力尽可能小。风嘴是一种阻力元件，空气通过时会有一定的压力损失。如果风嘴的阻力过大，会影响烘箱的进风、排风正常运行，增加风机能耗和烘干系统的能量损失，故设计风嘴时阻力要小。

本书仅对三种可能设计的风嘴结构进行对比分析，分别是内八狭缝风嘴、圆孔风嘴、中缝式风嘴。中缝式风嘴结构的气流经过出风口时会经历一个急促的节流过程，部分气流先冲击到风嘴顶面里侧，又反向回转后，自出风口流出，形成了较强的漩涡，造成了较大的能量损失，其结构剖视图如图7-36（c）所示；而内八狭缝风嘴形成了逐渐缩小的空气流通道，使热风吹拂的阻力和压降降低，且出口连续，故目前主流的风嘴结构都是内八狭缝风嘴，其结构剖视图如图7-36（a）所示；圆孔风嘴由于其出风口不连续，故沿风嘴横向方向上的均匀性效果不佳，容易形成干燥条痕缺陷，其结构剖视图如图7-36（b）所示。

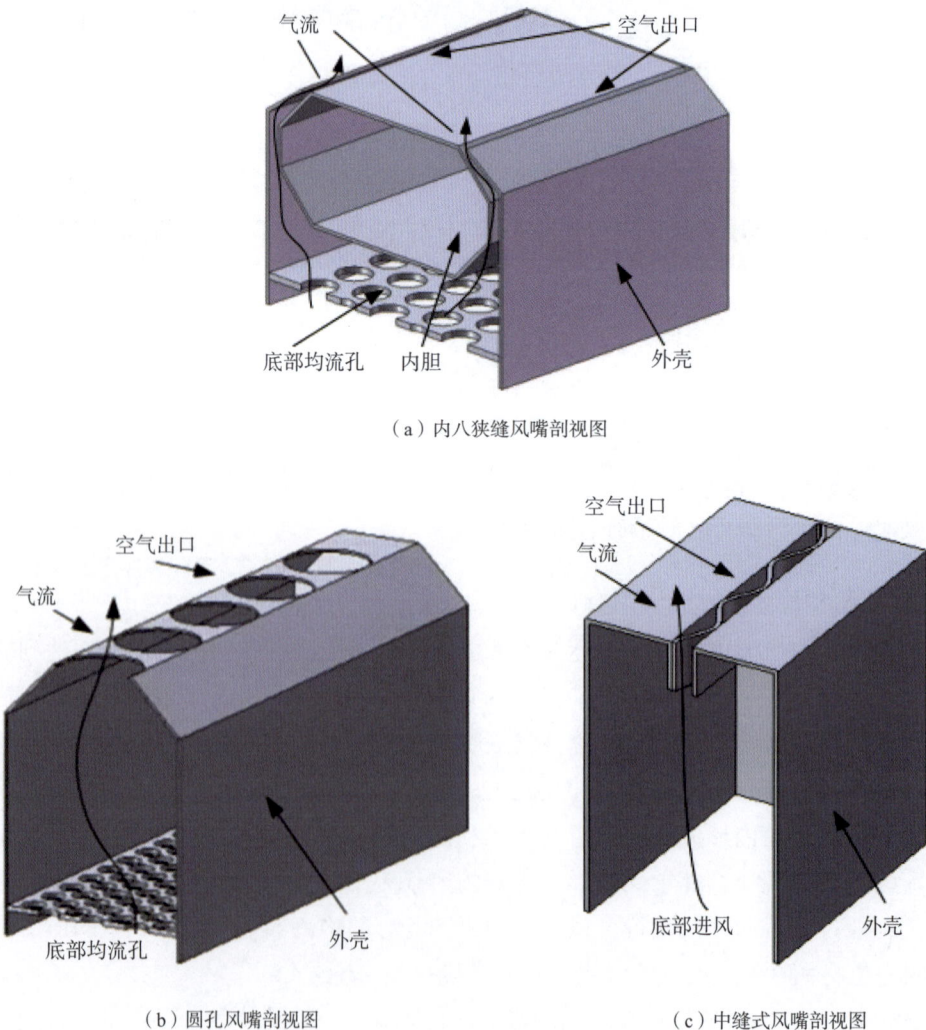

（a）内八狭缝风嘴剖视图

（b）圆孔风嘴剖视图

（c）中缝式风嘴剖视图

图7-36　三种常见的风嘴结构

二、风嘴的排布间距与高度设计

热风从风嘴口吹出后，即沿着螺旋路径发展，直至完成干燥任务从烘箱两侧排出。而旋涡的形态主要取决于风嘴与极片之间的空间结构，其中风嘴排布间距、风嘴与极片间距是两个重要的可变因素：

1）风嘴排布间距小，烘箱内可放置较多的风嘴，能在一定程度上均匀分配风量，但过小的风嘴排布间距会使旋涡过于拥挤，致使气流不畅、损失增加；排布间距大，烘箱内可放置的风嘴减少，不利于均匀分配风量。

2）如果风嘴与极片间距过大，会导致气流旋涡散乱、形状不理想，到达极片表面后风速不足，影响传质与传热效率；风嘴与极片间距过小，气流到达极片表面时速度较高，对流换热强度高，但过高的气流速度会导致极片抖动，产生剐蹭或干燥条痕缺陷。而且风嘴每次接触极片会在风嘴处残余干浆料堆积变大，进一步减少了与极片之间的安全距离。故一般风嘴与极片之间的距离设置为10 mm较多。

3）风嘴排布间距、风嘴与极片间距应该是处处相等的。由于极片属于柔性薄膜材料，属于悬浮干燥过程，通过风嘴的高温气体射流能够对极片产生一定的托举力，其在干燥极片的同时也起到稳定极片位置的作用，涂布烘箱内的风场与极片吹拂效果如图7-37所示。因此上下风嘴的风量需要稳定且基本相当，风嘴排布间距、风嘴与极片间距处处一致，确保极片在平衡稳定的受力环境下稳定前进，否则极片将在风嘴横向方向上发生弯曲，弯曲的程度将由风嘴与极片间的压强分布决定，受力不平衡也会引发极片上下抖动，极片与风嘴之间产生剐蹭，沿极片运动方向连续出现一定的沟槽或反射率不同的摩擦痕迹。

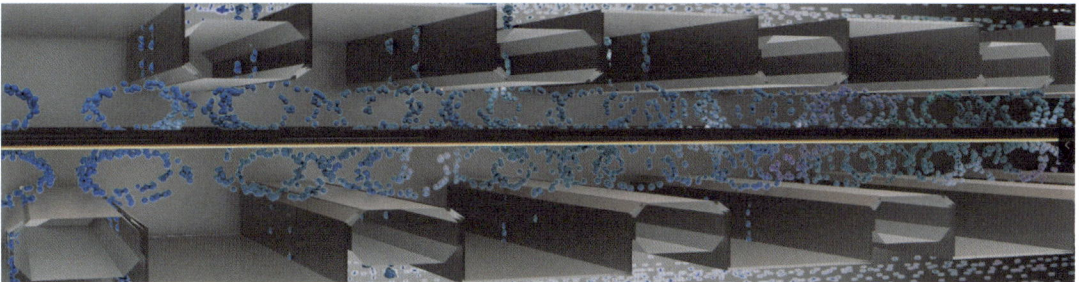

图7-37 涂布烘箱内的风场与极片吹拂效果

三、风嘴导致的干燥条痕缺陷及避免措施

干燥条痕指的是由于极片不同区域干燥程度的不同，在极片上会表现为沿机器方向运行的辙道。条痕可能表面非常粗糙，或反射率不同，或只出现一条非常模糊的条痕。干燥条痕产生的直接原因是烘箱中的气流输送分配不均匀。当风嘴是圆孔风嘴而非内八狭缝风嘴时，条痕更容易出现，条痕的宽度与风孔的直径相同，条痕的间距也与风孔的间距相同。

由冲击空气力引起的湿膜流动，随空气速度和涂层厚度的增加而增加，随浆料黏度的降低而减少，黏度较低的浆料比黏度较高的浆料更加敏感。干燥条痕经常出现在第一节烘箱，因为那时浆料溶剂含量高、黏度低，湿膜层最厚，此时热空气对极片的冲击力不宜过大。随着干燥的继续进行，溶剂挥发，涂层变得越来越黏、越来越薄，涂层受扰动的可能性降低，在随后的干燥区域，风速可以增大。当然如果在随后的干燥区域气流足够大，或者因涂层温度提高而降低浆料黏度，也同样会出现条痕。

因此说，提高风速可以降低涂层外侧溶剂的浓度，从而提高涂层表面挥发速率和内部溶剂迁移速率，增加极片涂层内部溶剂的干燥强度，提高烘干效率。但过高的风速将造成极片的震颤或诱发干燥类涂布缺陷（见7.4.5小节）；过低的风速将削弱对流传质换热效果，降低干燥速率，故通过风嘴的风速应保持在合适的范围内。

7.4.3　溶剂、黏结剂、导电剂在活性物质毛细微孔中的垂直运动机制——重的和大的下沉、轻的和小的上浮

温故而知新、构建知识图谱：

2.2.3小节：温度引发表面张力梯度和热毛细作用，驱动了液体的表面流动。

5.3.1小节：溶剂中颗粒布朗运动的剧烈程度随着溶剂的温度升高而增加。

一、固体颗粒垂直方向的三种运动过程

好的电极需要黏结剂、导电剂和活性物质均匀分散在高分子粉体颗粒网络中，即使浆料中活性物质、导电剂、黏结剂等物质都是均匀分散的，但干燥过程中溶剂挥发会造成固体颗粒的二次分布。锂离子电池极片涂布厚度最高仅为数百微米（太厚会导致电池倍率性能下降），由于黏结剂和导电剂的颗粒尺寸往往比活性物质颗粒小100倍，干燥时活性物质颗粒间的孔道足够让黏结剂及导电剂自由流动，具有毛细多孔介质特性。固体颗粒在垂直方向上的二次分布重排过程是以下三种颗粒运动过程相互耦合、相互竞争的结果：溶剂蒸发导致颗粒由非接触到接触状态的自然沉降、溶剂向涂层表面毛细运动对黏结剂和导电剂的拖曳作用、黏结剂和导电剂的浓度梯度热扩散作用。

1）溶剂蒸发导致颗粒由非接触到接触状态的自然沉降

浆料干燥经历两个显著差异的蒸发过程：第一阶段，表面溶剂以恒定速率挥发，活性物质大颗粒由基本不接触的悬浮状态，逐渐彼此接近，直到形成密集的颗粒骨架自然堆积状态，导致湿膜厚度逐渐降低；第二阶段，活性物质自然堆积状态初始成形，颗粒间的细小孔隙内仍然有大量的溶剂，这些极片内部粉体颗粒间大大小小的孔隙间是联通的，在干燥过程中形成毛细通道，并在随后的烘干过程中将极片内部溶剂挥发，形成干燥的密集堆积颗粒，此阶段电极厚度不再发生变化，干燥速率明显下降。在溶剂的蒸发过程中，大颗粒可能会由于毛细管力（浆料弯月面引发的大气压力）引发颗粒内聚。

在第一阶段，如果涂布浆料在高温下快速干燥成型，则极片中的大颗粒由于没有充足时间在溶剂中"润滑"沉降，往往具有更高的孔隙率。在第二阶段，由于大孔的毛细液面曲率小于小孔的毛细液面弯曲曲率，故小孔的毛细作用力更强，当溶剂数量少到一定程度时，溶剂开始从大孔中向着最小的孔内迁移，大孔优先排空溶剂，而细小孔洞由于毛细作

用溶剂更难排空，这抑制了黏结剂继续向电极表面的迁移，使得黏结剂的浓度梯度在一定的程度就停止了。这也解释了为何干燥后的黏结剂往往出现在颗粒的连接处，还与导电剂伴随出现，因为导电剂小颗粒会形成尺寸最小的孔，从而使得溶剂向此处聚集。放大后的浆料涂覆形貌如图7-38所示。

图7-38　负极放大了10倍颗粒尺寸后的浆料涂覆形貌

2）溶剂向涂层表面毛细运动对黏结剂和导电剂的拖曳作用

当加压空气吹扫湿膜涂层表面时，极片表面的溶剂分子首先被"吹干"蒸发，形成颗粒间微孔的空气-溶剂弯月面，产生随着溶剂蒸发而连续增加的毛细管力。由于溶剂蒸发速度大于扩散速度，随着表层溶剂的蒸发，毛细作用引发毛细扩散将底层的溶剂"吸"到电极表面，该毛细作用主要受涂布层内溶剂浓度梯度（溶质毛细作用）、温度梯度（热毛细作用）与颗粒间隙孔道特性控制，随着干燥温度和溶剂含量的增加而增加，由湿膜区向干膜区扩散。高分子及小颗粒跟随溶剂在毛细通道中一起迁移，被拖曳到涂层表面干燥后沉积下来，导致黏结剂和导电剂形成从涂层顶部到底部依次降低的浓度梯度，专业说法上称之为"偏析现象"，具体如图7-39所示。

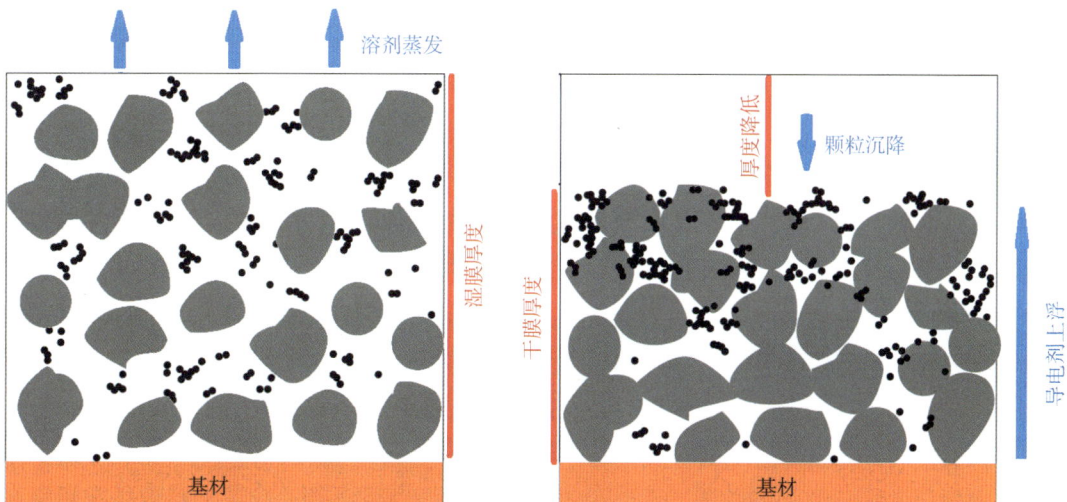

图7-39　溶剂蒸发和颗粒沉降导致涂布烘烤过程中的偏析现象

随着上层黏结剂和导电剂的偏析加剧，涂层上方干料区多孔骨架通道变窄甚至提早固化，形成固结层，如图7-40所示，该固结层就如同牛奶干燥过程中的奶皮形成原理和现象一样，奶皮的形成也是由于加热过程中乳蛋白质和脂肪球成分的上浮和聚集，该固结层的形成会对干燥效率产生一定的负面影响。

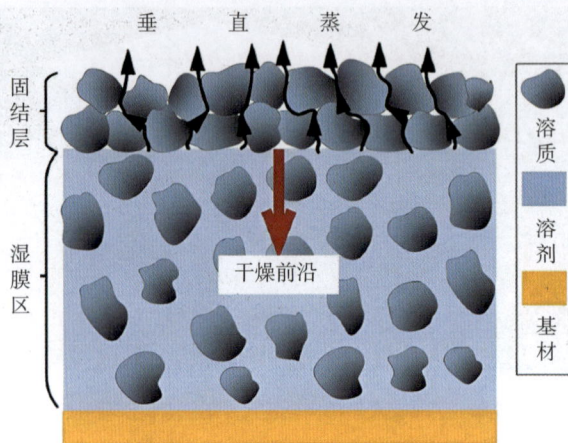

图7-40　浆料表面形成的固结层

补注1：固含量越低，在干燥过程中的溶剂向上毛细运动量越大，从而导致更多黏结剂和导电剂上浮至表面。

补注2：水的表面张力较大，对应的马兰戈尼数（见2.3.6小节）也较大，因此水比NMP向上毛细运动的趋势更加猛烈，从而更多地拖曳黏结剂和导电剂上浮到表面。而SBR颗粒因其颗粒相对较小，更容易被水拖曳上浮，因此"SBR上浮"成为锂电行业最常见的电极成分垂直偏析现象。

补注3：在CMC、SBR构成的负极浆料体系中，浆料烘烤过程中的微结构演变与吸附在石墨表面的CMC链的含量息息相关。在当CMC链浓度高于其缠结浓度时，可抑制SBR和导电剂小颗粒的迁移，形成更加均匀的极片。因此当CMC浓度降低时，就必须添加大量的SBR才能够保证极片干燥后具有足够的韧性和黏附力。

3）黏结剂和导电剂的浓度梯度热扩散作用

在干燥过程中，涂层溶剂内部的黏结剂和导电剂受热量提高的影响，不停地做着布朗扩散运动，而扩散速度又以浓度梯度差为推动力。但这部分布朗扩散运动只有当黏结剂和导电剂在NMP或水溶剂池里时才会发生，当黏结剂和导电剂颗粒到达涂层表面时，其接触的是气体界面，无法通过液体内的布朗扩散回到涂层内部，从而堆积在涂层表面。浓度梯度热扩散作用主要受温度、浆料颗粒孔隙率及分布特征影响。

二、涂布烘烤过程总结

干燥过程中的热扩散受浆料中固形物颗粒尺寸及分布、颗粒间微孔道流体的对流及热传导、固体颗粒间热传导等因素影响，溶剂分子扩散速率受涂布层内颗粒孔隙率、孔隙尺寸及分布特征影响，电极组分的分布和电极结构都与干燥过程息息相关。如果极片整体温度升高过快，湿膜中的部分液态溶剂也可能直接形成气泡上浮到涂层表面，从固液两相流演变为固液气三相流，气体分子扩散、液体的毛细扩散以及气液两相的流体压力作用交织在一起后会变得更为复杂。图7-41展示了上述各种作用下的一般负极极片涂层干燥过程：

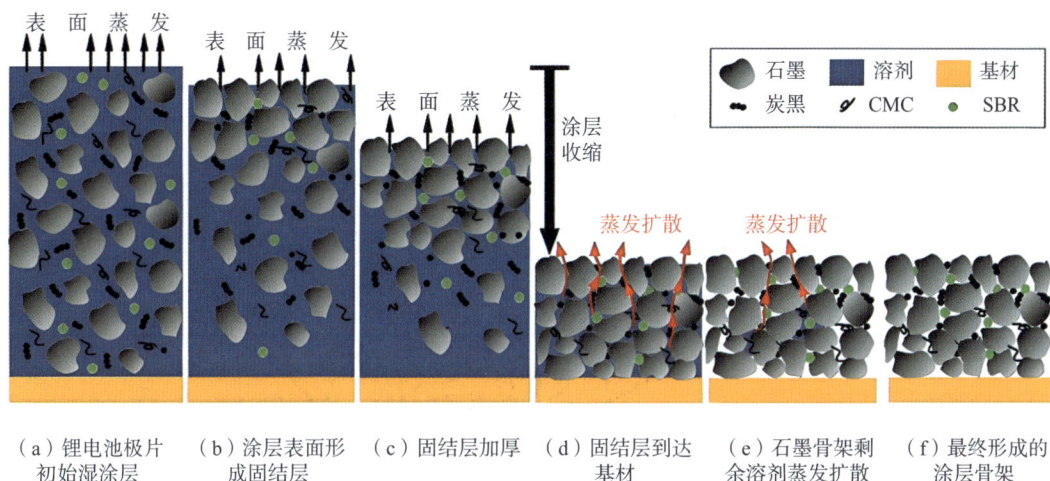

图7-41 负极极片涂层干燥收缩过程的阶段划分

图7-41（a）所示为干燥开始前的极片湿膜刚涂覆后的形态。图7-41（b）所示为湿膜在高度上收缩，气-液界面退回至溶质颗粒内部并在溶质颗粒的孔隙间形成弯月面，弯月面形成的毛细管力使湿膜内部溶剂向上移动，移动的溶剂带动导电炭黑、CMC、SBR在石墨颗粒的孔隙间向上移动，湿膜上方的石墨颗粒间距减小，湿膜表面形成固结层，湿膜内部在纵向形成温度梯度、溶剂浓度梯度的形态。

图7-41（c）所示为极片湿膜内部溶剂进一步蒸发，湿膜进一步收缩，下方溶剂在热毛细作用和溶质毛细作用下携带颗粒向上移动，湿膜内部上方固结层进一步加厚，导电炭黑、CMC、SBR被向上蒸发的溶剂带进固结层内部石墨颗粒的孔隙间，固结层的纵向通道进一步变窄的形态。

图7-41（d）所示为极片湿膜内部固结层下方的溶剂进一步向上蒸发，湿膜收缩，同时固结层向下移动，直至固结层接触基材，基材上方的固结层即为涂层的多孔骨架，降低到干膜高度之后不再收缩，石墨颗粒彼此接近形成自然堆积态，多孔骨架内部溶剂通过毛细作用向上移动或直接蒸发成气态向上扩散的形态。

图7-41（e）所示为极片涂层多孔骨架内的通道进一步被导电炭黑、CMC、SBR填充，涂层多孔骨架内部剩余溶剂受热蒸发为气态的形态。

图7-41（f）所示为极片涂层多孔骨架内的溶剂蒸发完全，湿膜最终形成干膜的形态。

三、干燥过程垂直迁移中的对流漩涡缺陷

橘皮是指涂层干燥后形成的不规则六角形图案粗糙表面。在涂布过程中浆料表面和底

层的溶剂挥发速度不同，溶剂含量也发生了浓度差和浆料黏度差，表面溶剂挥发速度快、温度下降、表面张力增加。由于溶剂从表面张力低的地方流到表面张力高的地方（马兰戈尼效应），低黏度高表面张力的浆料上升至涡流的周边（即六角形图案的凸出部位），高黏度的浆料由于密度增加下沉至涡流的中间（即六角形图案的凹陷部位），这种表面张力的梯度及自然对流的现象，这称为Benard-Marangoni对流，其类似于我们地球上水蒸气的蒸发和降落循环机制，如图7-42所示。

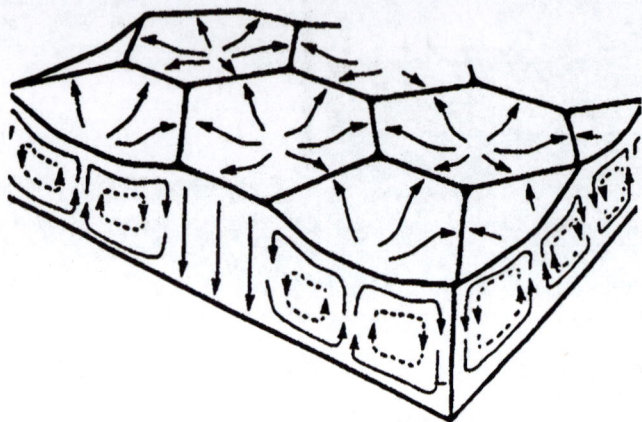

图7-42　Benard-Marangoni对流与橘皮现象的形成机制

　　Benard-Marangoni对流大致上是环形的，但当环形图案向外扩展时，会与其它环形对流图案相挤压而发生干涉紧缩，假设这个环形的干涉紧缩十分有规律，就会构成六角形图案的贝纳德涡流（Benard cells），最终造成涂布表面的橘皮现象。尽量缩小干燥过程中表面张力的变化以及平衡不同颗粒的运动能力可以抑制橘皮缺陷的形成，可采取以下措施：

　　1）降低干燥速率，让浆料可以有足够的时间流平；

　　2）减少涂层厚度从而减少涂层的纵向表面张力差异；

　　3）提高浆料黏度以增加贝纳德涡流的阻力，从而对流形成的六边形图案。

7.4.4　溶剂、黏结剂、导电剂在活性物质毛细微孔中的水平运动机制——厚边现象

温故而知新、构建知识图谱：

2.2.3小节：温度引发表面张力梯度和热毛细作用，驱动液体的表面流动，形成了咖啡环效应。

一、涂布厚边现象的原因与影响

　　涂层起始点、终止点以及两侧边缘厚度突增，中间薄的形貌现象，被称为"厚边"现象，通常涂层边缘厚度比正常区域厚几微米至十几微米。产生厚边的原因是表面张力驱动下的物质迁移，即2.2.3小节所述的"咖啡环效应"。最初，将浆料涂布到基材上后，所有颗粒悬浮在溶剂中。在涂层烘烤过程中，湿膜的边缘处溶剂较中间区域挥发面积和速度

更快，由此造成边缘膜区的温度降低和表面张力增大，引发了热毛细效应；同时涂层边缘处的浆料先干燥为固结层，固结层颗粒间的孔隙处弯月面引发的低压（毛细管力）将溶剂从内部拉出来。因此浆料内的溶剂从膜区中间流向边缘，带动了大量浆料颗粒在边缘处堆积，烘干后形成厚边，如图7-43所示。

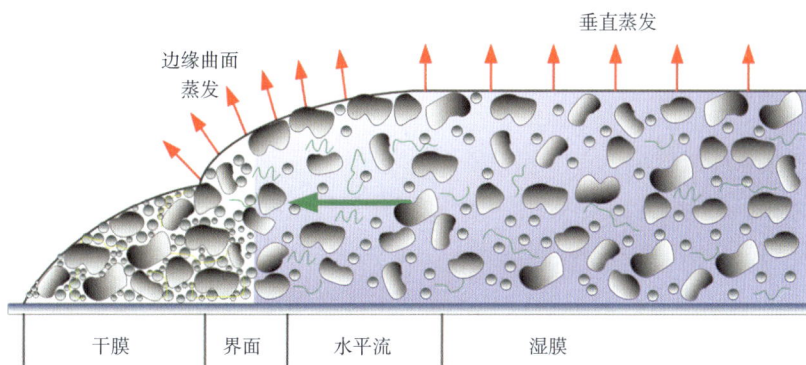

图7-43 涂布干燥过程中的横向颗粒迁移过程

测厚仪测量下的涂层边缘厚度突增典型形貌如图7-44所示，厚边的危害较大，不仅对电芯制造尺寸差异导致的安全性有影响，也会导致很多后续工序的制程问题：

1）在涂布烘烤后收卷时，成百上千层极片收成一卷，涂层侧面边缘厚度凸起线累积成几毫米，导致极卷产生鼓边现象，这严重影响涂布收卷整齐度及其后续工序。

2）厚边极片在辊压过程中，由于边缘厚度高于中间极片厚度，边缘承受了较大的压力，厚边处浆料颗粒被过压碾碎从涂层剥离，厚边区域也往往在辊压后构成卷芯内部应力集中点，出现较严重的翘曲和波浪边（蛇形极片）现象，造成后续分切和卷绕工序的极片张力分布不均匀，造成走带、对齐、整形等问题。这在本书后续辊压章节会详细论述。

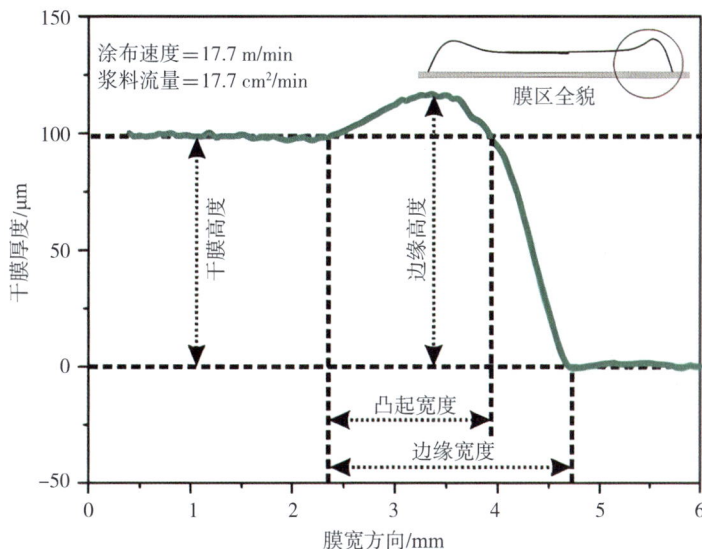

图7-44 涂层厚边现象的测量结果

二、抑制涂层厚边现象的措施

由于浆料烘烤过程中温度差异引发的马兰戈尼效应，会直接影响极片的平整性和均匀性，表征马兰戈尼效应的大小与快慢采用2.3.6小节所述的马兰戈尼数（Ma），即温度引起的表面张力梯度，除以黏滞力与热扩散率乘积的比值。马兰戈尼数越大，浆料在烘干前能够产生边缘迁移的程度越大。

$$马兰戈尼数 = \frac{单位温差引起的表面张力变化 \times 温度差 \times 流体特征长度}{黏度 \times 热扩散率} \quad (7.11)$$

从式（7.11）可以得出，抑制极片涂层厚边现象可以从降低浆料的表面张力、提高浆料黏度、增加浆料和基材的热扩散率几个方面着手。黏度越高的流体受热毛细管作用驱动的运动速度越慢，可在一定程度上遏制厚边效应的产生。通过添加表面活性剂等添加剂，可以降低浆料的表面张力，使浆料在干燥过程中更加稳定，减少向边缘流动的趋势，同时表面活性剂还可改善浆料的润湿性和分散性。

此外可以通过降低溶剂挥发速度来降低浆料边缘和中间区域的温度差，也可通过降低涂布速度的方式，因为涂布速度越快，烘烤时间越短，烘烤温度须提高，温度越高导致浆料表面和边缘的温度差越大。

三、间歇涂布的厚边

锂离子电池极片涂布工艺可分为连续涂布和间歇涂布，极片涂布生产一般采用连续涂布方式，其机头避免了间歇涂布的往复前进与后退动作，设备更加稳定、涂布速度更快、生产效率更高。

在连续涂布过程中，对电池性能和工艺有影响的厚边问题主要在涂层两侧边缘，而对于间隙涂布，除了两侧边缘，涂层的起始和结束边缘（头尾）同样可能存在这种厚边情况（图7-45）。可以通过优化进料阀和回流阀的延时时间设置，精确控制头尾部浆料的流量，实现理想的起始和结束边缘厚度控制。

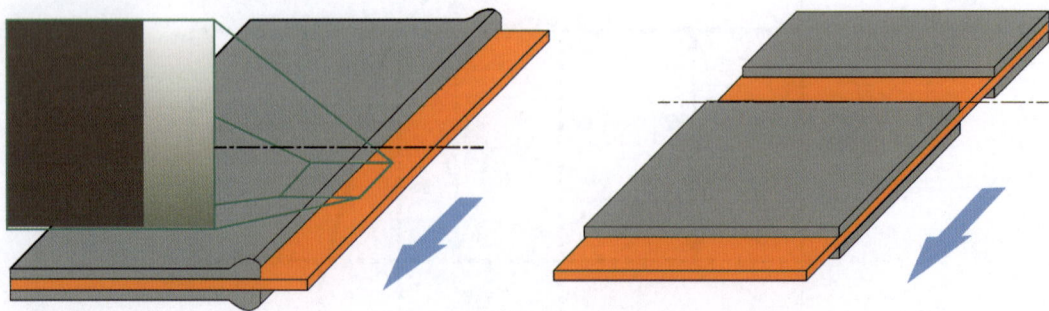

图7-45　涂布厚边现象（左）间歇涂布（右）

7.4.5　涂层干燥过程产生的应力分布不均——开裂、卷曲和打皱不可避免

温故而知新、构建知识图谱：

2.3.2小节：根据Young-Laplace方程，弯曲液面的毛细管力与毛细管口半径成反比。

4.1.2小节：高分子的分子链加热到一定温度会发生热收缩现象。

4.1.3小节：高分子具备一定柔韧性，在溶剂会发生自由体积溶胀。

在干燥过程中，涂层溶剂不断蒸发，黏度迅速增大，表面张力的剧烈和不均匀变化，容易导致蜂窝状网络、厚边缺陷、极片开裂、卷曲打皱等现象，在后续的辊压剥离强度测试中出现问题。即高温和风速吹动下，基材固体和浆料流体间容易出现各种表/界面问题，即不同表面张力、黏度的浆料及其对应的干燥阶段条件设置不匹配。本小节重点讲述一下开裂、卷曲、打皱这一类缺陷。

一、开裂、卷曲、打皱的概念区别与联系

涂层开裂是指涂层开裂成小块，但仍然黏附在基材上，就像在太阳暴晒下一块泥地出现龟裂一样。

卷曲是基材向涂层侧弯曲而非平展的趋向，打皱是由三维上卷曲的基材被张力强制拉扯成二维平面引起的，故卷曲和打皱是相伴相生的，具体详见8.3.2小节。打皱和卷曲都与涂布机张力控制和过辊水平度等高度相关，但本书对涂布机的宏观机械问题暂未涉及，故只针对干燥过程应力对其影响进行论述。

卷曲与开裂都是极片干燥过程中应力的产物，两者是可以相互转化或伴生的。如果极片卷曲无法释放残余的干燥应力，这些应力会超过浆料内黏结剂的黏结力导致涂层开裂；或者说极片的基材硬度较大无法卷曲，那么涂层残余应力也可能超过黏结剂的黏结力导致涂层开裂；而在形成应力的过程中，干燥涂层与不能收缩的基体之间如果有一层可以流动的浆料存在，则应力可以通过浆料滑动而释放，通常不会形成涂层开裂；或者卷曲的极片进行后续辊压展平工艺时，内部应力被强行消除过程中黏结剂高分子被拉断导致涂层开裂。故低弹性模量的基材开裂较少而打皱和卷曲较多，而高弹性模量的基材打皱和卷曲较少而开裂较多。

二、开裂、卷曲、打皱的引发的热应力内因

从干燥过程分析，卷曲、打皱、开裂这三个问题的原因基本相似，只是张力和基材等触发条件不同。引起上述三个问题的应力主要有：毛细管力的不平衡牵引导致的拉应力、高分子材料热收缩对涂层颗粒的牵引应力、内部溶剂汽化蒸发对涂层表面固结层的顶起应力、黏结剂与基材收缩率不匹配引发的拉应力。极片干燥过程中的开裂、卷曲、打皱现象，跟纸张润湿后再干燥产生的开裂、卷曲、打皱现象很类似。土地龟裂产生的泥裂现象，也是因为湿泥土干燥过程中的内部应力导致。

1）毛细管力的不平衡牵引导致的拉应力

干燥过程中涂层多孔结构的内部毛细管力分布不均会积累涂层内应力。最初所有溶质颗粒悬浮在溶剂中，空气-溶剂界面在干燥过程中下沉，当气液界面遇到随后紧密堆积的颗粒网络时，在表面颗粒之间形成液体弯月面，产生负的毛细管力，这个毛管管力可能是巨大的。随着溶剂蒸发，弯月面产生的毛细管力使溶质颗粒互相靠近。由于毛细管力的大小与孔隙半径成反比，涂层因各个毛细孔道宽窄不均会引起毛细管力分布不均，某处颗粒孔隙较大且毛细管力较弱，之后表面产生的裂纹将在该处率先突破成核，裂纹扩散过程会沿着裂纹成核处不断拓宽、加深、加长，具体开裂过程如图7-46所示。

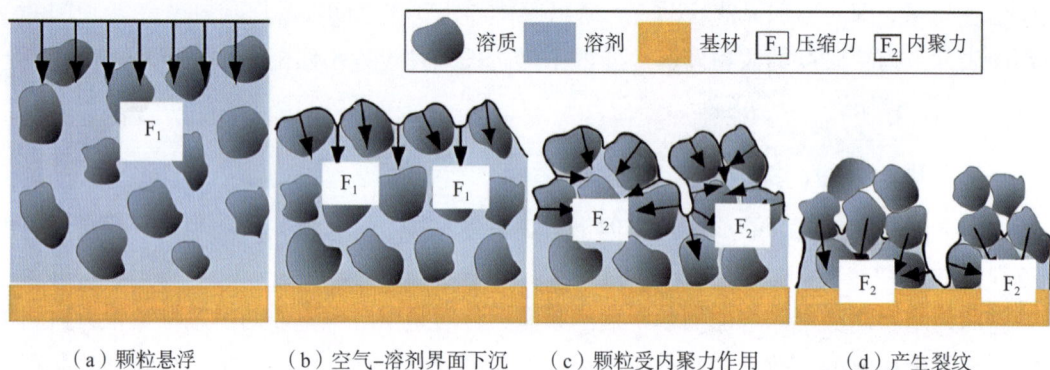

（a）颗粒悬浮　　　（b）空气-溶剂界面下沉　　　（c）颗粒受内聚力作用　　　（d）产生裂纹

图7-46　干燥过程毛细管力作用导致极片开裂

同时，浆料内部高分子和导电剂随溶剂挥发产生的垂直和水平运动在涂层表面和膜区边缘处积累，涂层表面和膜区边缘处的颗粒更小、弯月面曲率更大、毛细管力更大，造成毛细管力的分布更加不均匀，也更加容易开裂。

2）高分子材料热收缩对涂层颗粒的牵引应力

涂层内部的高分子材料也会受热收缩。同时，随着烘烤过程中溶剂的收缩，高分子的溶胀作用消失，会产生跟溶胀变大反向的收缩现象（但这个收缩和溶胀不可逆，收缩程度低于溶胀程度）。高分子材料对涂层颗粒起到黏结作用，黏结剂在活性物质颗粒之间形成桥接力，拖动涂层颗粒一起收缩。而涂层受到刚性基体的约束，当其增大至一定程度时，便会引起裂纹的产生，从而释放膜区内部应力。

3）内部溶剂汽化蒸发对涂层表面固结层的顶起应力

当锂离子电池负极极片涂层上方的固结层成型后，如果毛细通道被黏结剂与导电剂等小颗粒堵塞进一步变窄，其下方还存在大量未被毛细传输的溶剂，这些固结层下方的溶剂增发扩散变得困难，只能汽化升压逃逸出极片涂层。当溶剂蒸发扩散通过涂层表面的裂纹成核点时，会对表面固结层产生一个"顶起"作用力，逐渐扩大裂纹成核点的长度、宽度，宏观上表现为涂层表面在裂纹成核点处会衍生裂纹，从而使得多余的溶剂蒸发扩散。干燥温度和风速越高，固结层形成的时间越短，固结层下方溶剂的储存量越大，固结层内部通道越窄，涂层表面裂纹的长度和宽度越大。

4）黏结剂与基材收缩率不匹配引发的拉应力

黏结剂在活性物质颗粒之间形成桥接，当这些黏结剂收缩时其桥接距离也同时缩短，因此涂层在干燥过程中浆料会变干、回缩和皱褶，但基材面积未变，基材受到膜区涂层产生的收缩拉应力，极片将趋向于响应应力而卷曲向涂层侧。由于黏结剂的收缩率与基材的收缩率不匹配，基材会随着干燥的涂层一起弯曲，卷曲程度取决于弹性模量和基材厚度，当累积应力超过颗粒间的高分子结合力时，裂纹便产生以释放这些应力。如果基材比较厚、基材弹性模量和刚度比较强、基材所受拉伸张力大，或者涂层比较薄，则基材抵御卷曲的能力更强，不容易发生卷曲。

三、开裂、卷曲、打皱的消除与管控措施

通过下列消除与管控措施，可以有效避免涂层干燥过程中产生的应力和对应的开裂、卷曲、打皱缺陷，否则产生的裂纹长度、宽度、裂纹数量都会增大：

1）涂层厚度和黏结剂分布均匀。当涂层厚度和黏结剂分布均不均匀时，涂层会产生更大的内部热应力分布不均匀现象，加重了热应力的涂层开裂作用。

2）降低烘箱风速和温度来降低干燥速率。快速干燥的应力释放时间比慢速干燥时间短；干燥温度越高，高分子黏结剂产生更多热收缩应力；快速干燥过程溶剂蒸发汽化向上的顶起应力也会增大；同时容易出现黏结剂局部富集的现象，涂层黏附力降低，涂布层内局部应力过大。

3）降低浆料的表面张力。由于干燥过程中的毛细管力会引发涂层开裂，因此通过表面活性剂降低浆料的表面张力是缓解或消除内部应力的有效方法。

4）优化浆料内的颗粒粒径与粒径分布。因为毛管管力与颗粒的半径成反比，故粉体的平均颗粒粒径越小，产生的干燥过程应力越大，越容易开裂。同时颗粒的粒径分布越大、大小粒径分布越不均匀，产生的干燥应力分布越不均匀，也越容易开裂。

5）降低高分子材料的屈服应力，可以降低高分子材料热收缩对涂层颗粒的牵引应力，从而减少开裂现象。

6）优化合浆过程中的粒径分布均匀性。因毛细管力大小不均匀与极片颗粒粒径分布不均匀高度相关，故涂布开裂问题也很可能是因为合浆过程中颗粒粒径分布不均匀所致。

7）不要超过涂层开裂的临界厚度。涂层厚度越厚，裂纹成核后的向上扩散影响越大，各种应力在涂层内随着厚度增大而积聚，内部溶剂汽化蒸发对涂层表面固结层的顶起应力也越大。故存在一个临界开裂厚度，当厚度小于临界开裂厚度时，涂层不开裂。

8）负极极片涂布中更加容易开裂。由于极性水的表面张力（72.8达因/厘米）远高于NMP（40.7达因/厘米），导致水系浆料的干燥过程中毛细管力较高，这更容易导致涂层开裂。

四、超临界干燥原理：一个超纲的有意思问题

超临界干燥旨在通过压力和温度的控制，使溶剂在干燥过程中达到其本身的临界点，

完成液相至超临界流体的转变。在超临界状态下，气体和液体之间不再有界面存在，而是成为介于气体和液体之间的一种均匀流体。由于不存在气-液界面，也就不存在毛细管力，因此不会引起浆料多孔结构的收缩和破坏，维持骨架结构的前提下，最后得到充满气体的多孔结构材料。

7.4.6 极片干燥的速率与阶段——溶剂蒸发由外及内、向上翻涌

温故而知新、构建知识图谱：

2.2.3小节：温度引发表面张力梯度和热毛细作用，驱动了液体的表面流动。

极片的干燥过程主要包括：恒速干燥阶段、降速干燥阶段和平衡阶段，亦可将恒速干燥阶段根据温度设定的区别划分为高温预热和低温恒速干燥两个阶段（见7.4.7小节），涂布的干燥速率与阶段如图7-47所示。大部分干燥过程主要在恒速干燥阶段和降速干燥阶段完成。

1）恒速干燥阶段

恒速干燥阶段是湿膜充当溶剂池时的初始干燥阶段，湿膜区涂层表面始终保持着湿润进行蒸发，浆料溶剂含量大，溶剂向表面的扩散速率快于蒸发速率，此时蒸发速率成为控制速率，溶剂能够恒速迁移到表面边界层并离开流体表面，干燥速率受涂层表面气相干燥界面物质扩散动力学控制。蒸汽中的热量被浆料吸收，这些热量全部用来蒸发浆料

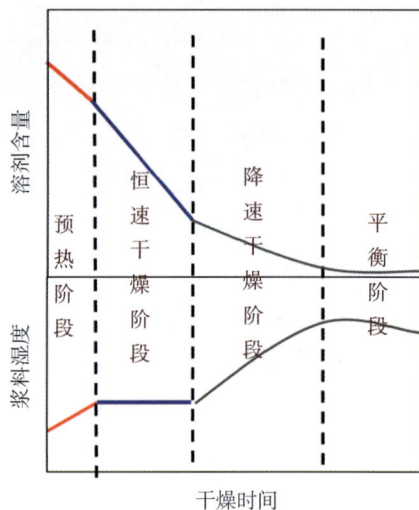

图7-47 涂布的干燥速率与阶段

表面的溶剂，向涂层表面传热的速度决定了蒸发速度。因此干燥速率取决于热风温度、风速、回风比以及浆料配方，干燥速率基本保持稳定，呈现恒速干燥状态。

恒速干燥阶段一开始气液界面处的溶剂浓度保持不变，涂布层内部浆料溶剂因毛细作用迁移至表面，涂布浆料中NMP以及水等溶剂在恒速干燥阶段大量蒸发，由于热风直接作用于浆料表面，涂布浆料表层溶剂完全汽化；当溶剂进一步蒸发时，气液界面处溶剂溶度开始下降，膜区涂层逐步收缩。恒速干燥阶段是黏结剂上浮的主要阶段。当湿含量达到临界状态下，极片表面出现不连续"干区"或"干燥点"，从开始蒸发到表面出现"干区"或"干燥点"的干燥阶段，都称为恒速干燥阶段，之后为降速干燥阶段。

2）降速干燥阶段

降速干燥阶段中浆料内部溶剂扩散速率小于表面溶剂的汽化速率，这时浆料表面不能维持全面湿润而形成固结层，固结层由聚结的溶质颗粒组成，溶剂向上的热毛细运动主导着溶剂向涂层表面的运动，干燥速率受溶剂热毛细迁移速率控制，即受到半干涂布层颗粒及间隙分布方式控制，溶剂蒸发量下降，导致干燥速率下降。降速干燥阶段已经完成了大部分的干燥，多达一半的干燥时间用于提取最终的10%的溶剂。由于溶剂蒸发量减少而带

来的蒸发降温减少，此阶段输入的大部分热量，都用于升高膜区涂层温度，热量由表层传入涂布层内部。

在恒速干燥阶段，极片换热速率是控制速率；而在降速干燥阶段，传质迁移速率是控制速率。在降速干燥阶段中，向极片中引入更多热量并不会提高干燥速率，而只是加热湿的涂层，此阶段热量持续输入而干燥效率逐渐降低，极片温度整体升高并形成温度梯度。故恒速干燥阶段和降速干燥阶段的区分位置，也可以通过涂层温度曲线快速升高位置来确定。由于涂布厚度大多为数百微米，其预热、加热以及恒速干燥阶段非常迅速，降速干燥阶段占据干燥周期中相当大比重。

另外，水性溶剂具有表面张力高、气化潜热大的特点，故其相对NMP蒸发的阻力很高，蒸发速率容易成为限速步骤，水基浆料的干燥恒速率区间相对较长；NMP挥发速度快，其蒸发速率不容易成为限速步骤，而有机溶剂体系的降速率区间相对较长。

3）平衡阶段

为了获得干燥的涂层，最后一个干燥区的干燥空气中，必须无溶剂。此阶段干燥空气仍然在吹，但很显然涂层中溶剂的浓度无法降低到与空气中溶剂浓度相平衡的水平，且温度越高，烘箱中的溶剂分子浓度越高；为了降低空气中溶剂分子的浓度水平需要降低温度。平衡阶段是为极片出烘箱做准备，防止极片温度突然由烘箱内高温转为低温，造成极片表面出现裂纹，此时吹入空气相对低温低速，使涂层温度在收卷前达到贮存状态。

7.4.7 烘箱的温度区间设置——提高涂布产能与降低上浮迁移的平衡策略

温故而知新、构建知识图谱：

7.4.4小节：涂布干燥时溶剂向涂层表面的毛细运动，对黏结剂和导电剂产生拖曳作用，导致成分偏析和剥离强度降低等问题。

烘箱的热风或其他热源的温度设置，对涂布产能和黏结剂导电剂上浮都有重要影响，因此如何进行温度的平衡策略。

1）从提升涂布效率与产能角度，温度越高越好

烘箱温度过低或烘干时间不足会使溶剂残留，黏结剂部分溶解，造成部分活性物质容易剥离。我们追求较快的涂布速度时，必须要极片烘干，这样就需要提高烘箱温度和风速来提升干燥强度。但风速与温度提高带来的干燥强度越高，溶剂挥发速率越快，黏结剂和导电剂等组分浓度梯度越明显。因此说，限制涂布极片产能的主要是涂布速度，而干燥和溶剂蒸发过程是涂布工序的"瓶颈"和限速步骤，通常持续1～2分钟。涂布烘箱每米极片的能耗与涂布速度、单节烘箱能耗等因素成正比，如式（7.12）所示。

$$每米极片的能耗 \propto \frac{烘箱节数}{涂布速度} \times 每分钟单节烘箱能耗 \qquad (7.12)$$

所以从提升涂布效率与产能角度，温度越高越好，极片干燥通常在较高温度下进行，

这样单位产能的能耗也能有效降低。在实际操作中，涂布速度快慢取决于浆料成膜质量和湿膜干燥速度。并非所有烘箱都能以最大的干燥能力运行，例如需要注意PVDF在温度过高（316℃为热分解温度）时会出现氧化和脱氢（焦化），造成黏结剂炭化和电极材料的不可逆损伤；而SBR/CMC在高温干燥后仍能保持较高的拉伸强度/模量比。

2）从提高极片黏结剂与导电剂均匀分布角度，温度较低才好

在低温慢速烘干过程中，溶剂蒸发的速度≤溶剂向表面的迁移扩散速度，黏结剂与导电剂的热扩散速度＞热毛细输送速度，黏结剂与导电剂在极片内不容易形成浓度梯度。

而一旦进行高温快速干燥，引起极片表面溶剂的快速蒸发，表层颗粒会快速下降聚集，在湿膜的表面形成一层干燥颗粒层。黏结剂与导电剂的热毛细输送成为主流趋势。在对流作用下，黏结剂与导电剂会被热毛细输送到极片表面，从而在极片内部形成显著的浓度梯度。涂层的干燥速率越快，表面溶剂的蒸发速率就越快，迁移到涂层表面的黏结剂和导电剂没有足够时间向内部扩散均匀化，浓度梯度下的扩散效应在短时间内不足以平衡该浓度差异。上述现象主要发生在高干燥速率的恒速干燥阶段。

黏结剂和导电剂分层阻碍了高分子-粉体颗粒网络的形成。导电剂上浮导致极片底部导电剂不足而内阻增加，黏结剂上浮降低了电极和金属箔材之间的吸附力，因此干燥温度较低时，金属箔材同活性物质的黏结更为牢固，极片内阻也相对较小。

3）结合上述高温与低温干燥的优缺点，可采用多段式温度梯度分布

为了有效提升涂布效率且同步提高极片性能，温区控制会选择多段式温度梯度分布，例如高温预热、低温恒速干燥、高温降速干燥、低温平衡等。在溶剂开始蒸发前采用高温高风频的预热方式提高涂布产能；然后采用低温恒速干燥或者部分回风的方式降低热风的相对干度，可以防止湿膜进入高温区后烘干过快造成溶剂向上热毛细运动剧烈，这一阶段较大的活性物质颗粒形成颗粒骨架；中段是高温区间，此时极片进入降速干燥阶段，干燥速率明显下降，溶剂的热毛细运动及其对黏结剂和导电剂的带动也大幅减小，适当提升温度可提升干燥效率、降低溶剂残留，而对导电剂和黏结剂的上浮影响较小；最后在低温平衡阶段再将温度降为较低温度，以防止过高的温度突然遇冷后出现收缩现象，出现涂布缺陷。因此上述先低温后高温的多段式温度梯度分布烘烤方式，可以在尽可能少黏结剂和导电剂迁移的情况下有效去除溶剂，在保证组分均匀分布的前提下缩短总干燥时间。

7.4.8　NMP回收与监测系统——有机、可燃、污染废气的处理

温故而知新、构建知识图谱：

4.3.2小节：NMP溶剂具备易挥发，操作不当可能导致闪爆，具备一定毒性且成本较高。

7.4.5小节：通过表面活性剂降低浆料的表面张力是缓解或消除极片开裂的有效方法。

涂布机的烘箱需要配备NMP浓度自动监控装置，自动监测并具备报警、超限停机功能，建议控制NMP蒸气浓度不大于爆炸下限的50%。NMP一旦挥发浓度超标可引发爆炸（烈度较大），所以须严格管理涂布烘箱、回收风道与NMP冷却塔，千万注意NMP浓度探头的灵敏度与报警值监测。

NMP溶剂将对环境造成污染，且价格较贵，不能排放到大气中，我们需要对NMP进行回收利用以便满足环保与回收利用要求。废液中的N-甲基吡咯烷酮因其沸点较高，不能采用直接回收方法，通过NMP废气回收处理系统和余热回装置，空气经过净化处理后，达到"零"排放要求。冷凝回收有毒且昂贵的NMP溶剂进行蒸馏。残余NMP聚合物及杂质排出系统送电厂焚烧处理，保证了回收品质和废弃物的处理，提高回收安全系数。

由于涂布机排气风量大、浓度低，采用内循环不断将废气中的有机溶剂稀释到一定浓度，然后再进行冷凝回收，降低回收成本。废气被浓缩到一定的浓度后，利用冷冻法可冷凝回收NMP。部分锂电制造工厂曾经在负极极片开裂时使用NMP作为表面活性剂，以达到7.4.5小节所述的降低水系浆料表面张力效果。但由于负极烘箱一般没有配备NMP回收系统，故这种方式可能会对大气产生一定的污染排放，应该对这种方法不予以鼓励使用。

7.5 浆料流变性、黏弹性问题带来的涂布流动、膜区宽度问题

7.5.1 浆料黏度与抗流动性、流平、流挂问题

温故而知新、构建知识图谱：

2.2.3小节：温度引发表面张力梯度和热毛细作用，驱动了液体的表面流动。

2.3.2小节：弯曲液面通过附加大气压力驱动产生毛细管力。

7.1.2小节：在拖曳力的边界层之内，拖曳力大于排水重力，可以将浆料附在基材上一起带出。在拖曳力的边界层之外，浆料会向下流动而不会被拖曳带出。

一、浆料的流平问题

如果涂覆在基材的浆料是凹凸不平的湿膜，要达到光滑平整的表面工艺要求，需具有良好的流动与流平特性。自流平性能是湿膜由不规则、不平整的表面，流展成平整光滑表面的能力。浆料自流平的驱动力包括重力，但其最重要的驱动力是表面张力，阻力为黏滞力。这里的表面张力包括大气压驱动的毛细管力与马兰戈尼效应。如果是挥发度低的溶剂，其自流平主要由毛细管力驱动；而高挥发度的溶剂，其主要效应即引起表面张力差的马兰戈尼效应（图7-48）。

1）毛细管力促进浆料流平

湿膜凹的一侧毛细管力指向凹表面上方，而湿膜凸的一侧毛细管力指向凸表面上方，由于浆料会按照毛细管力的指引方向进行流动，所以表现为浆料从条纹的山峰流向山谷。因为平整的表面其表面积最小，即表面能最小。

2）热毛细效应促进浆料流平

凹处的湿膜厚度要比凸处的小，当浆料表面单位时间挥发同样体量的溶剂时，凹处涂层所挥发的溶剂分数要比凸处大，因此成凹处的浆料浓度和降温程度都高于凸处，相应地凹处表面张力也高于凸处，根据热毛细效应，浆料就从凸处流向表面张力更大的凹处。

3）浆料黏度的流平阻碍作用

湿膜的流平需要时间和相对较低的黏度，否则高黏度浆料在烘箱干燥前来不及流平就凝固了，所以黏度过高的浆料流动性差，在快速干燥的情况下不太可能发生流平。

润湿效应要求流体的表面张力尽量小一点；流平效应要求流体的表面张力大一点。涂层越厚越容易保持表面的平整；涂层越薄，粉体之间的孔隙会凸显，表面不平，且流平性会出现问题。

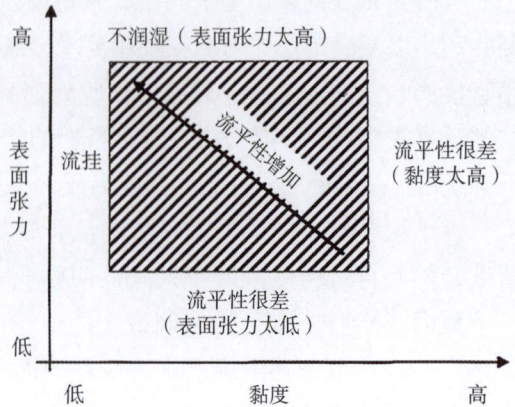

图7-48　黏度和表面张力对流平流挂问题的影响

二、浆料的流挂问题

狭缝挤压式涂布的最大膜厚原理跟没有挤压模头的浸涂膜厚原理相似，如果超过最大膜厚在垂直涂布（模头水平放置）时会产生流挂现象，即在湿膜未干燥以前，过厚的涂层重力作用明显，在重力作用下浆料突破了表面张力的束缚，产生浆料向下流淌的现象，我们称为流挂现象，流挂现象如图7-49所示。

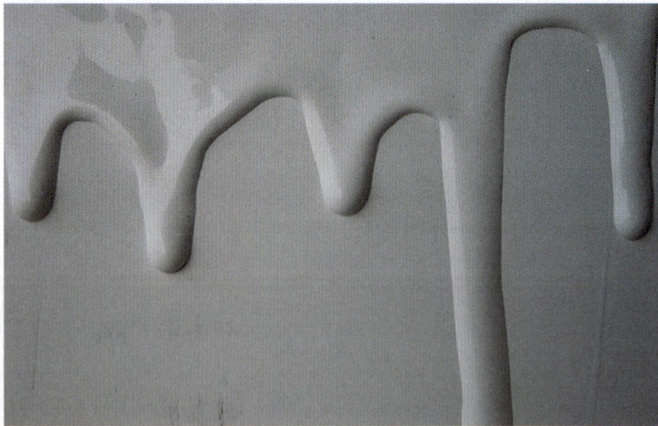

图7-49　浆料产生的流挂问题

通常情况下，最小的流挂性能和最佳的流平性能是相互矛盾的目标。通常适当增加湿膜厚度能够加速流平，但可能同时增加流挂风险。提高黏度可以控制流挂，却可能带来流平性能下降的效果。

7.5.2　浆料的流变性在涂布流动过程中的各种影响关系

温故而知新、构建知识图谱：

5.1.2小节：电极浆料具有流变性，黏度随着搅拌速度提高而降低。

5.1.4小节：在一定范围内，温度越高黏度越低。

1）浆料流变性对涂布过程的影响

电极浆料体系属于剪切变稀型的，实际影响涂布效果的黏度是在涂布工艺实际的剪切速率下的黏度值。浆料从中转罐经过螺杆泵输送，经过过滤罐之后到达涂布腔体，浆料在气压阀的作用下从腔体转移到基材上。储存罐内一般是用搅拌桨进行低剪切速率搅拌，此时黏度较大，黏度越大，浆料越稳定；在浆料输送和模头挤压过程中剪切速率开始提高，唇口处的垫片流道最为狭小，挤压速率也最高，在从唇口转移到基材上的一瞬间剪切速率达到最大，此时浆料黏度最小；浆料喷出后涂覆在基材表面上，挤出后的浆料剪切速率迅速下降到零，浆料的黏度开始恢复。

浆料的理想性能是在挤压模头高剪切率时具有较低黏度，流动性能好，有利于流平，从而实现快速均匀涂覆；但在未涂布时具有较高的黏度从而防止静置时颗粒沉降、流挂，干燥时也具有较高黏度防止颗粒团聚、开裂等缺陷。在剪切速率的切换下，浆料黏度恢复到最初稳定的状态的速度、恢复能力，是确保涂布稳定性的先决条件之一。如果恢复黏度时间太长，浆料在平流过程中黏度太小，则浆料会向周边流动，造成涂布极片边缘厚度较大以及拖尾现象。如果恢复黏度的时间太短，浆料没有时间在重力和表面张力的作用下平流和浸润，导致电极表面出现划痕。

2）涂布开机启涂的头厚和黏度稳定问题

涂布的"头厚"现象，是因为模头为了克服浆料的静摩擦，而在刚开始涂布时浆料瞬时压力较高产生的，启涂时多余的浆料会在基材与浆料接触处会形成一个凸弯月面。这个问题尤其对于间歇性涂布问题非常严重，为此可以在模头开始向箔材涂覆浆料时，挤压模头缝口处的浆料进行倒吸，使浆料在开始供料的瞬间微量回流，减少涂覆于基材上的浆料量，有效控制间歇涂布头部的启涂厚度。

同时长时间不开机，刚开机启涂时也有比这更严重的涂布质量波动问题。因此要注意控制停机时间，防止浆料沉降或黏度过高，在浆料缓存罐储存时进行搅拌和打内循环避免浆料过于黏稠；使用周转桶转移浆料时需尽可能缩短出料到涂布的时间。

3）环境温度变化对浆料流变性的影响

环境温度主要通过影响浆料性质，间接对涂布过程产生影响。低剪切速率黏度会影响涂层的边缘效应，较高的低剪切速率黏度能够消除锯齿边缘，使涂层具有更清晰的边界。黏度的变化可以通过加热来抵消，浆料中活性物质的比例可以提高，固体颗粒浓度增加使溶剂的用量减少，从而采用更短的时间、更少的热能和更安全的涂布干燥条件。

如果进入涂布模头的浆料温度和涂布模头唇口本身温度不同，涂布模头唇口就变成了热交换器，其结果是涂布浆料从分配腔进口到末端流动时浆料的温度发生变化。温度的变化会引起黏度变化，尤其是浆料温度下降导致黏度过高，可能会造成启涂时的泵送困难，从而加剧了头厚尾薄缺陷。造成涂布厚度不均匀。所以需要对浆料的温度进行测试，并在浆料输送过程中安装温度控制系统，尽量保持浆料温度、涂布模头温度、环境温度的一致性，以确保浆料涂布面密度的一致性。

7.5.3　浆料的黏弹性导致离模膨胀的尺寸波动

温故而知新、构建知识图谱：

4.1.5小节：高分子具备一定的熵弹性，且在流动过程中会发生高分子链的拉伸取向。

大家都见到过水管放水，如果水流以较大的出口压力喷出水管，喷出水管后的水流直径必然比水管的直径大。这是由于水流在水管内部受到水管壁的约束作用，在出口压力作用下水流处于被压缩状态（有膨胀的趋势），当水流离开水管后，水管壁对水流的压约束作用消失，水流内部依然有一个反作用力（膨胀趋势）。这就是水流在水管出口处的离模膨胀效应（巴勒斯效应）。

而在锂离子电池极片涂布过程中，黏弹性浆料流体从模头挤压喷出时，由于涂布模头边缘处有额外的壁（垫片或唇口内壁），这个额外的壁边缘处有额外的应力，一旦挤出模头后额外应力消失导致额外的膨胀，使浆料被推向边缘，这种边缘效应也导致了浆料在膜区宽度方向上的额外膨胀，加剧了涂布干燥过程中造成的厚边问题，也导致了膜区宽度波动，而锂离子电池的膜区宽度是极为重要的控制指标，因为宽度超标会导致Overhang析锂风险（此处省略锂离子电池析锂原理论述）。

同时，电极浆料是典型的黏弹性流体，浆料在流动中的压降除了消耗于黏性浆料流动时的摩擦外，还要消耗于浆料大分子流动过程的高弹形变，即会产生相应的弹性可逆储能模量和黏性不可逆损耗模量。而具有黏弹性的流体在模口挤出过程中会发生明显的入口收敛流动和离模膨胀效应，即黏弹性的浆料从横截面积大的流道（如模头腔体）进入横截面积小的流道（如模头唇口）时，产生入口收敛效应；在离开挤压模头后，湿膜宽度尺寸必然大于垫片流道宽度尺寸，产生膜区两侧"变胖"的离模膨胀效应。涂布过程中的离模膨胀效应如图7-50所示。

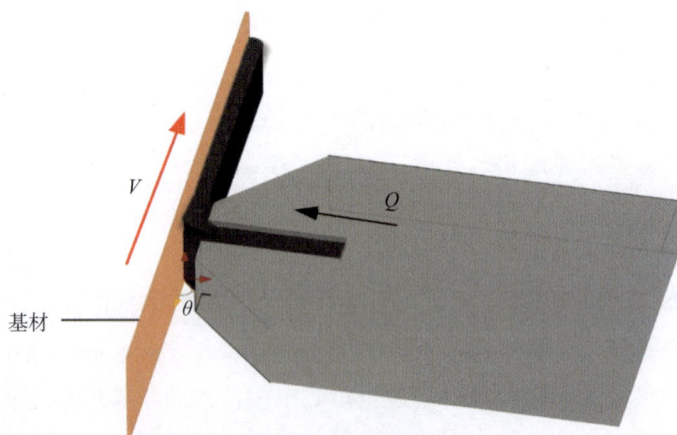

图7-50　浆料在狭缝挤压出口处的离模膨胀

从高分子链运动的微观角度，浆料从较大空间的腔体挤压进入狭小模头唇口的入口收敛过程中，会使分子链在延展流动过程中产生相应的挤压、拉伸和剪切变形，黏结剂的高分子链处于被强制取向后的应力状态，高分子在收敛流道中被强制取向的状态如图7-51所示。由于狭缝挤压区域相对运动距离较短，入口收敛效应所贮存的弹性可逆储能模量在离开模头前来不及完全松弛，高分子链应力在浆料挤出模头无应力约束后才得到释放，高分子链延基材方向的径向拉长产生弹性蜷曲恢复和解取向，从而导致轴向收缩和径向膨胀的离模膨胀。

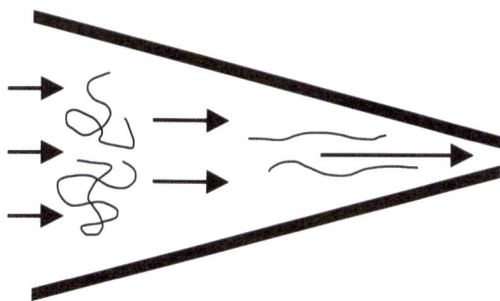

图7-51　高分子在收敛流道中被强制取向

而狭缝挤压区域浆料的相对运动距离（唇口长度）越短，高分子链的应力越来不及收缩，离模膨胀的膨胀比越大；同时上下唇间隙越窄，涂布浆料中的高分子应力就越大，离模膨胀的膨胀比越大。而基材间隙越小离模膨胀效应越明显。这是因为额外边缘应力消失后，其反作用力的受力面积与基材间隙成正比，反作用力压强也就随基材间隙成反比，被反作用力推向边缘的浆料可释放的面积也越小，这些被推到边缘的浆料不能像基材间隙较大那样向前释放，只能被"挤向"更加膜区边缘的位置。

7.5.4　离模膨胀效应和厚边效应管控措施——垫片设计补偿

温故而知新、构建知识图谱：

7.4.4小节：溶剂挥发导致表面张力梯度，引发涂层边缘厚度增大的厚边效应。

7.5.3小节：由于离模膨胀效应，浆料在离开模头后的湿膜尺寸大于垫片流道宽度尺寸。

浆料在经历模头内部压力、出口速度、流量的均一化作用后，会从模头唇口处挤出形成湿膜涂层。对于模头出口段而言，最重要的尺寸参数是模头狭缝膜区出口的宽度与高度。由于涂布通常需要生产条带状极片，这主要通过固定在上下涂布模头之间的垫片来调节膜区出口形状的宽度与高度，即垫片的厚度决定了上模与下模间距离（膜区出口高度），垫片的流道宽度决定膜区出口宽度。垫片的形状会影响涂布模头内流体的速度分布，最终影响涂层干燥后的几何尺寸形貌。垫片的细节形貌如图7-52所示。对于挤出过程的离模膨胀效应和干燥过程的厚边效应，都是通过垫片设计来实现管控的。

图7-52　涂布模头垫片细节形貌

1）挤出过程的离模膨胀效应管控

由于挤出过程的离模膨胀效应，实际锂电涂布人员工作过程中往往采用经验法和试错法，来设计相对膜区尺寸缩小0～1毫米的垫片流道尺寸。

2）干燥过程的厚边效应管控

在采用狭缝挤压涂布技术时，涂布边缘削薄控制是涂布技术的最重要指标，业内一直通过涂布垫片的倒角分流来控制部分浆料。垫片的倒角结构会引发湿膜区域边缘的流速、压力、剪切速率和涡流的变化，从而减少模口膨胀效应和厚边现象的发生，垫片的倒角结构如图7-53所示。

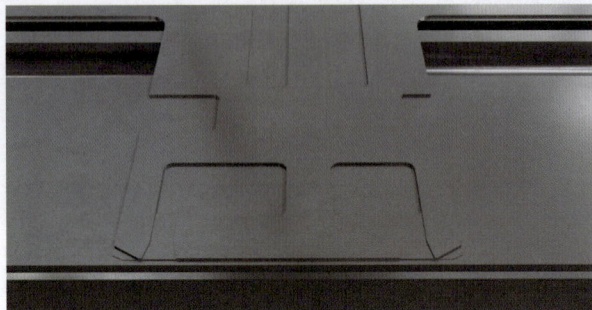

图7-53 涂布垫片的倒角优化设计

虽然涂布垫片对涂布边缘削薄和膜区尺寸控制起到了一定作用，但垫片一旦确定就无法调节。如果倒角尺寸过大或过小，常会出现无法削薄或过度削薄的问题。若离模膨胀效应与垫片补偿作用不匹配，就需重新设计涂布垫片，耗费大量时间与成本。一般可以通过实验和模拟，确定合适的倒角尺寸和垫片流道宽度。

最后，对于边缘削薄问题，也可采取切除极片边缘方式来消除这种厚边的不利影响（消费类锂电产品很多是通过这种方式进行极片加工制造）。

7.6 涂布过程中的点状缺陷分类与辨别

涂布过程中经常发生各种类型的点状缺陷，图7-54展示了几个点状缺陷，它们均为气泡所致。但是从显微镜下可以看出，这些缺陷引发的原因是各不相同的。这些点状缺陷主要包括两类：气泡、污染物引入的缩孔缺陷和大颗粒导致的麻点缺陷。其中气泡和缩孔缺陷处的活性物质涂层较薄，容易造成电芯安全隐患。

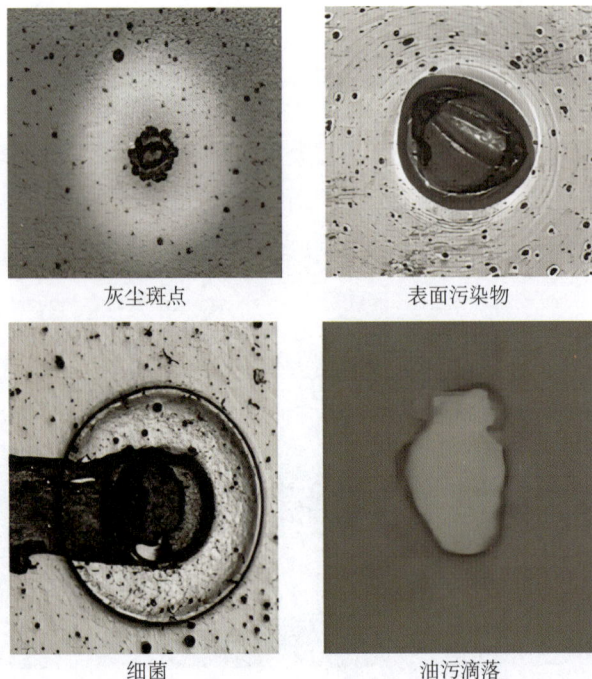

灰尘斑点

表面污染物

细菌

油污滴落

图7-54 显微镜下最初被命名为气泡的点状缺陷

7.6.1　涂布过程中的气泡缺陷引入原因总结

温故而知新、构建知识图谱：

7.3.1小节：基材和浆料之间的空气膜，会破坏动态润湿线从而在浆料涂层中出现气泡。

在涂布工艺中，气泡产生的针孔缺陷一直是生产报废的主力军之一，其有可能是有规律地间隔出现，也有可能无规律到处都是。涂布过程中的浆料内部气泡涂在极片上，经烘箱时湿膜中的气泡从内层向膜表面迁移，在湿膜表面破裂形成大小不一的针孔、微小凹陷或漏箔，其缺陷位置随机，可能出现在涂层的任何位置。气泡的来源多种，可能来自搅拌中脱泡未完全、供料工作过程中、涂布或烘烤等各个过程中。

1）空气环境暴露引入气泡

合浆与输送过程中，浆料禁止暴露在外部空气环境中，需要加强生产过程密闭性，否则空气环境中气体容易通过管道缝隙等途径卷入涂布浆料中。

2）搅拌过猛导致空气卷入浆料中

在合浆过程中，如果搅拌速率过快，可能将浆料颗粒表面吸附的空气卷入浆料中，或者当浆料被泵入另一个容器时，最初充满空气的容器内气体可能来不及排出。

3）润湿弯月面夹带空气引入气泡

在涂布过程中，如果涂布速度过快，浆料涂覆时在模唇处夹带空气薄膜，也会引入气泡且涂布速度越快越容易造成气泡引入。

4）溶剂干燥沸腾引入气泡

在烘箱高温和挥发性溶剂情况下，涂层的温度可能接近浆料的沸点，形成溶剂蒸气气泡。所有这些气泡都会随着气体膨胀增长突破表面，随着干燥过程的进行，气体膨胀后塌陷，气泡挥发引发的凹坑形成机理如图7-55所示。如果在烘箱入口前看不到气泡，但在烘箱末端看到，则很可能是由溶剂沸腾引起的。为了消除烘箱引起的气泡，必须控制涂布速度和烘箱温度。

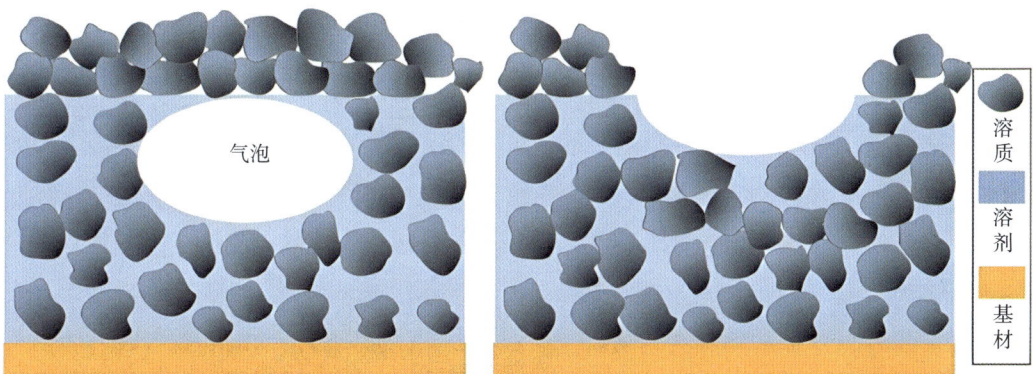

（a）原始气泡　　　　　　　　　　（b）破裂后

图7-55　气泡挥发引发的凹坑形成机理

7.6.2　污染物在表面张力作用下引入的缩孔缺陷

温故而知新、构建知识图谱：

2.2.4小节：溶质毛细效应的表面张力差引发流体从表面张力低的位置流向表面张力高的位置。

"缩孔"表现为四周隆起而中心凹陷的小坑，看上去就像火山口、陨石坑或小酒窝，其有一个非常清晰的中心，周围的边缘和弹着点很高。缩孔是由于涂层湿外表沾上低表面张力的污染颗粒而形成的，一般低表面张力污染物是灰尘、油滴、金属颗粒、毛絮物等，其来源包括加工过程中的浆料、基材和空气，也可能是浆料中某些未被充分润湿的粉料，极片表面污染物引发的缩孔缺陷如图7-56所示。

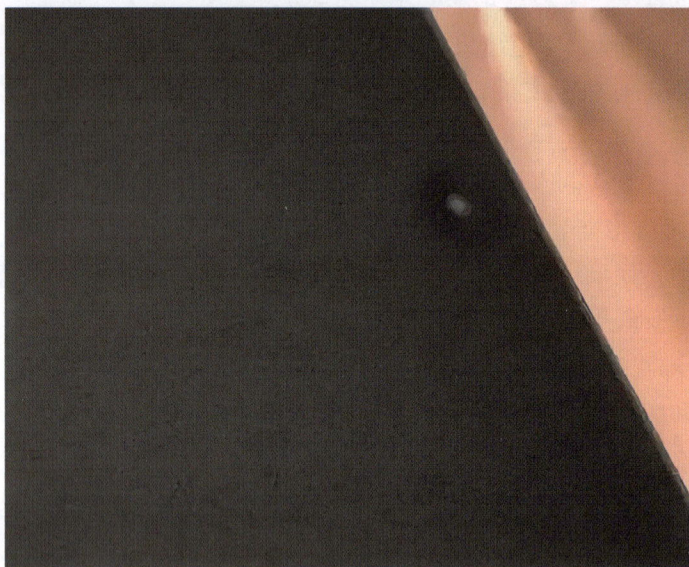

图7-56　极片表面污染物引发的缩孔缺陷

在涂布过程中，涂布基材受到较低表面张力物体（如油滴、灰尘等）的污染后，外来污染物的存在导致颗粒表面处的湿膜存在低表面张力区域，成其中央表面张力较低，促使浆料以"污染物"为中心向四周呈发射状迁移，会流向具有较高表面张力的区域。但是随着溶剂的挥发，浆料黏度上升阻碍了活动，构成了凹坑周围有高峰特征的缩孔。污染物本身较小，可能刚开始会被厚的湿膜覆盖。然而随着干燥的进行，湿膜厚度变薄，就可以在缩孔中央看到被污染的颗粒，张力污染物引发浆料向四周迁移导致缩孔的过程如图7-57所示。

如果管道的外壁在室温或接近室温时低于空气的饱和温度，溶剂将冷凝并滴到涂布上。这种情况更有可能发生在回风系统相对停滞的区域。如果使用冷水机，它也可能发生在干燥机和冷水机分开的墙壁上。这些缺陷很难分析，因为在大多数情况下，当烘烤过程暂停，烘箱门打开时，溶剂有机会蒸发，无法再被检测到。这种缺陷的特点是会出现一个周围环绕着飞溅痕迹的清晰中心。

（a）低表面张力污染物引发浆料向四周迁移导致缩孔的宏观图

（b）低表面张力污染物引发浆料向四周迁移导致缩孔的微观图

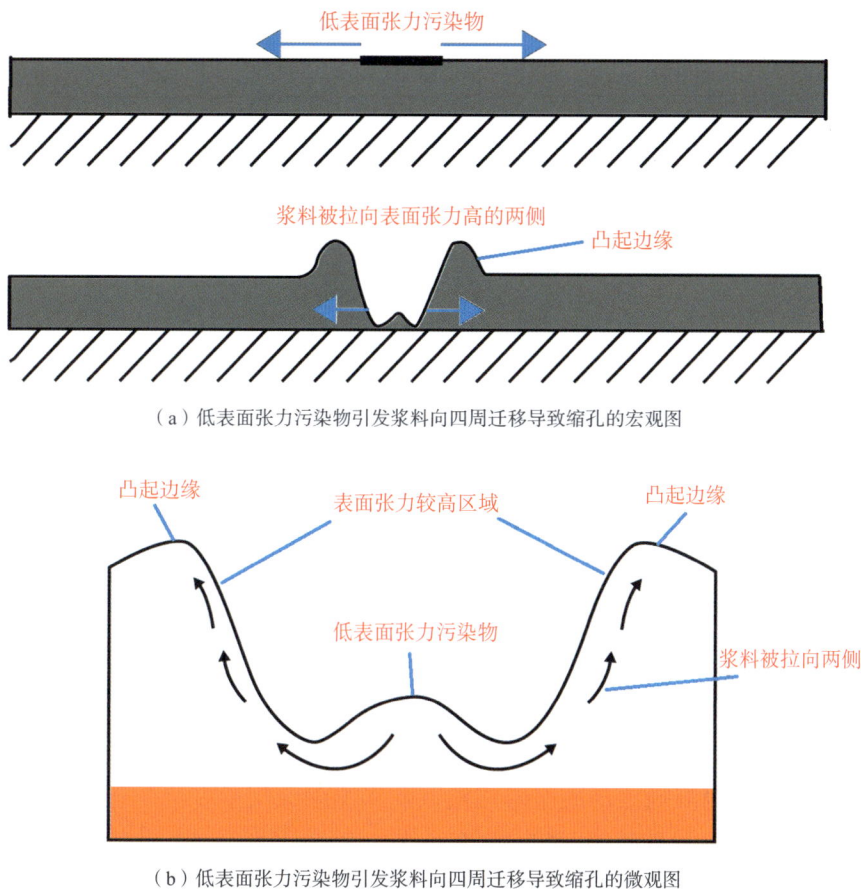

图7-57 张力污染物引发浆料向四周迁移导致缩孔的过程

要减少缩孔缺陷，应采取的管控与防治措施主要有：

1）控制表面张力差造成的浆料流动性

缩孔的形成取决于浆料本身的流动性，缩孔中心与周围的浆料的表面张力差值是缩孔形成的动力，当涂层上形成表面张力梯度时，流体由一点到另一点流动，表面张力的差别越大，这种缩孔缺陷越明显。要求涂层薄、黏度高以及尽量使表面张力均匀能够使浆料流动性减小。过低黏度的浆料在涂布后，浆料也可能因大颗粒石墨表面与其他地方的表面张力不同，脱离疏水的石墨、积聚到表面张力较高的位置，同样形成缩孔缺陷。

补注：锂离子电池工厂的洁净度标准中，1万级洁净室指的是每立方米空气中，粒径≥0.5μm的颗粒物数量不超过1万个；100万级洁净室指的是每立方米空气中，粒径≥0.5μm的颗粒物数量不超过100万个；以此类推。

2）加强车间洁净度管控

严控原材料的生产、包装、运输、存储、检验等过程，防止浆料自带异物或存储不当混入异物。在铜箔/铝箔的基材生产工艺中也需要比较好的清洁度，在冬天尤其需要防止基材产生的静电吸附空气灰尘。合浆工艺优化防止浆料团聚，加强对浆料除磁过滤装置的检查，加强合浆浆料输送管道的清洗清洁。

由于污染源可能来自空气，因此通过加盖防护罩、过滤涂布机进风空气可以减少污染源。烘箱、风道等加热和风机系统定期除尘，防止增大烘箱风量时将积尘吹入烘箱落在湿膜上。同时烘箱要保持微正压，这样气体可以从烘箱吹出，以免烘箱吸收室内的气体。同时可以令涂布机接地，且装一些抗静电的装置，防止背辊和基材上的静电沾染灰尘异物。

3）对基材进行除静电处理

金属箔材在卷材的分离过程中会积聚电荷，从而吸引灰尘，导致污染缺陷。基材静电消除装置通过产生正负离子或利用接触放电等方式，可以有效地中和或消除基材表面的静电，防止静电积累对涂布造成干扰。

4）人员需使用无尘布、橡胶手套等劳保用品进行作业

假设我们用手拿涂有底漆的钢板，然后在下面涂上表面张力较大的面漆，那么面漆会在手印中留下的油迹上回缩。手印是手上的汗液留下的痕迹，其主要成分是人体分泌的盐分和油脂，如果涂布时未戴手套触碰基材，留在铜箔/铝箔上的手印（即汗渍）也会导致在涂布时形成回缩。

因此，合浆与涂布工序员工需穿防尘服，并使用无尘布、橡胶手套等劳保用品进行作业。同时对铜箔/铝箔的表面清洁度和表面张力进行监测控制。

5）加强设备维保监控

需要防止烘箱内溶剂冷却凝聚形成液滴滴入湿膜涂层中，当烘箱内温度低于溶剂的饱和温度时便会冷凝，且此问题很难检测分析，因为当烘箱门打开时溶剂会蒸发而无法检测。

同时需要注意设备润滑中的油脂，加强各个辊的清洁，以及辊磨损后的修复。

7.6.3　团聚体、大颗粒、异物造成的麻点与竖条纹缺陷

温故而知新、构建知识图谱：

5.2.1小节：小颗粒可能因为范德华力团聚成为"软颗粒"，并且可能通过表面反应、表面扩散或体积扩散，在颗粒间搭建了"固体桥"，"软颗粒"成为"硬颗粒"。

浆料是包含固体颗粒的悬浮液，不仅固体颗粒尺寸要小于涂层的厚度，粉体颗粒团聚体的尺寸也要小于湿膜的厚度，否则电极性能会受到影响。颗粒细度好、分散程度好的浆料，其固体颗粒能很好地被润湿，所制备涂层均匀、表面平整。如果合浆阶段因环境湿度等原因导致黏结剂溶解不良、呈果冻状等性状变化，或者出现细粉过多导致团聚、搅拌不均匀等情况，就会产生大颗粒团聚体，容易造成堵滤芯、竖条纹、划痕、麻点、面密度不稳等涂布问题。为了避免上述问题，同时要求涂布模唇表面光洁、粗糙度小，发生大颗粒堵塞模唇和滤芯时，及时清理模唇和更换滤芯。

1）竖条纹缺陷

竖条纹缺陷指的是沿基材行进方向出现的线状薄区或漏箔线条，在烘干过程中很难通过流平消除，涂布极片竖条纹缺陷如图7-58所示。极片如果出现针孔和漏金属等缺陷，可

以对该小部分区域切割或在模切工序打黄标去除；一旦发生竖条纹缺陷，极片几乎找不到一块能用的部分，产品U率会降到0%。

　　在涂布过程中，浆料流经模唇然后从狭缝喷出，如果异物或大颗粒在前期合浆过程中生成的团聚体卡在模唇与背辊间几十微米的狭缝上，将在某处阻塞堆积，造成涂布厚度不均匀，所制备涂层出现竖直划痕、竖条纹、暗痕等缺陷。一段时间后，这些结块可能被冲出狭缝间区域，并在湿膜中可见。对于逗号刮刀涂布、凹版涂布、微凹涂布等带有刮刀的涂布方式，其刮刀处也容易吸收结块颗粒造成涂布划痕，大颗粒造成的划痕缺陷如图7-59所示。

图7-58　涂布极片竖条纹缺陷

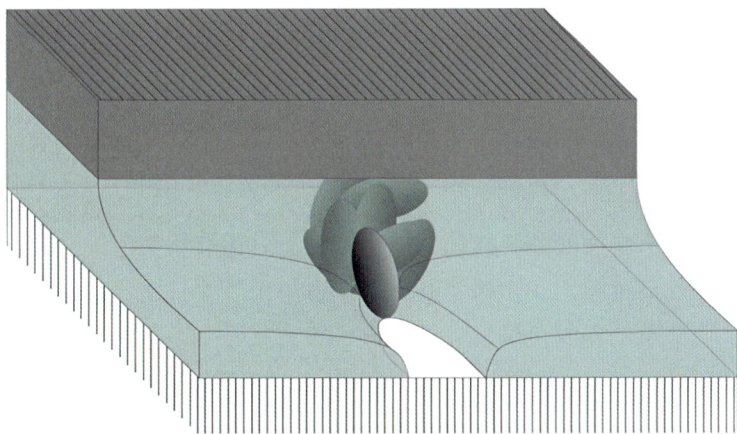

图7-59　大颗粒造成的划痕缺陷

2）麻点与凸起缺陷

　　极片出现团聚体大颗粒后，极片表面会产生大面积的麻点和凸起缺陷。在后续极片辊压时，麻点和凸起中较软的颗粒可被碾成粉末、从极片表面脱落；较硬的颗粒则会凸显出来、形成尖点，在辊压中由于受力不均极易造成极片断裂、局部微裂纹，在卷绕后热压电芯时很容易出现硬点穿透隔膜，造成电池短路。

7.7　涂布缺陷问题和影响因素汇总及其对应的闭环控制策略

　　涂布一章的最后一节，我们对各种涂布缺陷问题进行了总结，并且对解决这些涂布缺陷的涂布控制策略问题进行探讨，由于本节对涂布一章的几乎所有问题都有回溯总结，故不再对相关前述知识点进行罗列。

7.7.1 涂布各类缺陷问题与主动被动影响因素汇总

合格的极片要求表面平整、光滑、敷料均匀、粘接力强、干燥、膜区宽度与厚度合格、不脱粉掉料、无积尘、无划痕、无气泡的极片。本章提到的涂布过程中缺陷问题包括：面密度横向一致性、面密度纵向波动、浆料滴落缺陷、气泡缺陷、异物缩孔缺陷、大颗粒麻点缺陷、黏结剂上浮、厚边与削薄、开裂、卷曲、打皱、橘皮多边形、干燥条痕、流平、流挂、膜区尺寸问题、头厚、拖尾等。水系浆料体系现阶段存在很多亟待解决的问题，包括合浆过程中的二次颗粒团聚，对基材的润湿性、黏附力较差，干燥过程中的表面张力和应力控制问题。

导致这些问题的原因众多，其中有些属于涂布过程的被动接受影响因素、有些属于主动控制因素。如果浆料和设备的各种特性在涂布过程中一直保持不变，则涂布过程中需要控制的过程参数与产品参数会相对稳定。但涂布过程中浆料的特性一直在动态变化，涂布机本身的内在耗损与外在干扰也经常存在，故对涂布过程造成了很多不确定性的影响，尤其是在涂布机启动阶段各种浆料参数变化与控制过程非常不稳定。

因此对涂布的过程控制需要通过多物理场耦合监测技术来实时监控，或者通过数据驱动模型来预测设计，并通知涂布机自动控制系统或操作人员进行干预处理。锂电实际工程化中迫切需要能够实现自动控制的智能化操作方法，即出现问题后能否快速解决甚至无须人工干预自行解决。即对涂布后的质量问题进行实时监控，超过工艺范围能够实现自动报警并进行智能化无人处理等，这是整个涂布行业的挑战，也是近年来锂电制造厂家与涂布设备厂家的追求目标。

浆料流变性、表面张力及黏弹性等特性是涂布上一道合浆工序的产物，对于涂布工序来说属于只能适应的不可控因子。除了浆料、基材与极片设计对涂布机的被动影响输出，本书对涂布设备调节主动控制机构、被动因素、涂布核心工艺指标间的相互影响矩阵，一起汇总整理成表7-3。

表7-3　涂布质量密度与膜区形貌的主动与被动影响因素汇总

因素分类	详细因素	面密度横向一致性	面密度纵向一致性	边缘厚度	膜区宽度	漏涂缺陷	辊压后剥离强度
浆料特性	黏度	√		√			
	弹性				√		
	粒度					√	
	表面张力			√	√	√	
成膜能力	设计膜区厚度					√	
	基材表面能					√	
供料系统	缓存罐液位差	√	√				
	螺杆泵磨损	√	√				
	滤芯堵塞	√	√				

因素分类	详细因素	面密度横向一致性	面密度纵向一致性	边缘厚度	膜区宽度	漏涂缺陷	辊压后剥离强度
模头系统	腔体数量/形状	√					
	腔体压条	√					
	模唇阻流块	√					
	模唇变形推拉杆	√					
	垫片厚度	√				√	
	垫片流道宽度				√		
	垫片开角			√			
模唇与背辊空间	模唇水平度	√				√	
	基材间隙	√		√	√	√	
	背辊圆跳动	√	√				
烘箱系统	烘箱温度			√			√
	烘烤风速			√			√

由于篇幅关系，表7-3只罗列了面密度横向与纵向一致性、边缘厚度、膜区宽度、漏涂缺陷、辊压后剥离强度这6个涂布最常见且耦合度较高的质量问题。其中边缘厚度主要是为了涂布厚边问题并且有效实现涂布边缘削薄控制。辊压后剥离强度的相关论述详见第八章第二节，但由于剥离强度失效的主要原因发生在涂布工序，故与涂布其他问题一起在影响因素矩阵中进行合并论述。

对于上述涂布质量密度与膜区形貌的主动与被动影响因素能否被智能检测，主动控制因素是否能够智能化自动实现、还是仅能通过人工调节更换实现，本书也进行了总结阐述，汇总如表7-4所示。

表7-4 涂布质量密度与膜区形貌的智能化监测与控制

因素分类	详细因素	能否智能监测	能否智能控制
浆料特性	黏度	流变仪	被动变量
	弹性	流变仪	
	粒度	人工测量	
	表面张力	人工测量	
成膜能力	设计膜区厚度	面密度测重仪	
	基材表面能	人工测量	
供料系统	缓存罐液位差	上料压力波动监控	可智能（泵速调节）
	螺杆泵磨损		
	滤芯堵塞		

因素分类	详细因素	能否智能监测	能否智能控制
模头系统	腔体数量/形状	人工设计	被动变量
	腔体压条	人工测量	人工更换（需停机）
	模唇阻流块	位移传感器	可智能（阻流块位移）
	模唇变形推拉杆	人工测量	人工调节（无需停机）
	垫片	人工测量	人工更换（需停机）
模唇与背辊空间	模唇水平度	人工测量	人工修复（需停机）
	基材间隙	位移传感器	可智能（进退模头）
	背辊圆跳动	人工测量	人工修复（需停机）
烘箱系统	烘箱温度	温度传感器	可智能（温度调节）
	烘烤风速	风速仪	可智能（风速调节）

7.7.2　涂布质量密度与膜区形貌控制的闭环控制策略

针对面密度横向与纵向一致性、边缘厚度、膜区宽度、漏涂缺陷、辊压后剥离强度这6个涂布常见质量问题，其监测工具如何实现（例如需要结合机器视觉对划痕、漏金属等涂布缺陷进行实时在线的检测和识别）、监测时延如何、调整策略数量与优先级，本书也进行了汇总整理，如表7-5所示。其中监测时延又分为干膜监测时延与湿膜监测时延两种，虽然湿膜监测相比干膜监测减少了一个烘箱烘烤时延可以更加迅速调整控制，但由于湿膜与干膜间存在着质量密度与膜区形貌的第四个演变过程，一般涂布质量是以干膜最终效果作为最终评判指标，湿膜监测仅供参考使用。

表7-5　涂布常见质量问题的监测与控制策略汇总

质量问题	监测工具	湿膜监测时延	干膜监测时延	调节策略数量	智能化调节策略数量	优先级
面密度横向一致性	面密度仪	实时	涂布烘烤时间	9	3	低
面密度纵向一致性	面密度仪	实时	涂布烘烤时间	2	1	高
边缘厚度	激光测厚仪	实时	涂布烘烤时间	4	3	低
膜区宽度	机器视觉	实时	涂布烘烤时间	1	1	高
漏涂缺陷	机器视觉	实时	涂布烘烤时间	3	1	中
辊压后剥离强度	拉力机	无法监测	涂布烘烤时间+辊压时间+等待时间	2	2	中

通过对表7-5涂布质量问题与设备主动调节控制机构的影响关系矩阵纵列分析，本书对涂布过程中的6大类核心工艺指标，提出了智能调节与人工干预相结合的6个闭环控制策略，其设计原则如下：

1）从效率与成本角度出发，本书在涂布质量问题的处理上，优先选择可智能化调节控制的主动因素进行涂布质量问题干预，其次选择不停机即可人工完成的调节策略，最次选择为停机拆卸方可完成的调节策略；

2）从减少涂布质量问题间相互耦合的复杂性出发，本书优先选择影响单一质量问题的调节策略，避免对其他质量问题闭环的调节发生干扰；

3）从控制理论的角度，耦合系统中自由度高的闭环反馈需尽可能不干涉自由度低的闭环反馈，故调节手段越少，尤其是智能化策略少的涂布质量问题闭环优先级越高。

如图7-60所示，膜区宽度和纵向面密度采用高优先级的闭环策略，是因为这两个涂布问题需要的调节手段都跟其他问题的闭环策略耦合度很高，其他很多涂布问题都与泵速和基材间隙这两个变量相关，但膜区宽度和纵向面密度这两个问题的调节手段又较为单一，故采用高优先级在其先确定好相关参数后，其他涂布问题才方便进行进一步调节，避免其他涂布问题先调节而限制了这两个问题的调节措施。

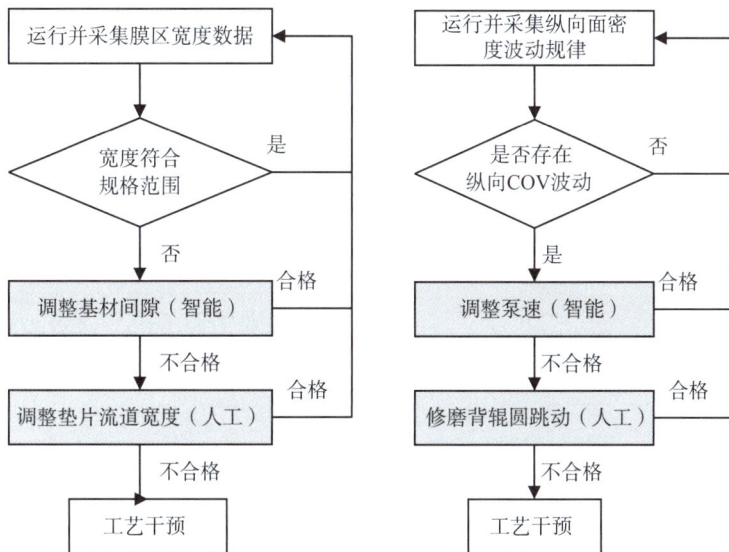

图7-60　高优先级的涂布膜区宽度（左）和纵向面密度（右）闭环策略

如图7-61所示，剥离强度闭环采用中优先级的闭环策略，是因为这个涂布问题仅仅与烘箱风速和温度相关，且烘箱风速和温度又与边缘厚度相关，而边缘厚度还有其他调节手段，因此需要先确认烘箱风速和温度，将剥离强度稳定下来，即将影响边缘厚度的烘箱风速和温度确定下来，边缘厚度才方便用其他方式进一步调节。

而极片外观漏涂缺陷也采用中优先级的闭环策略，是因为高优先级确定了基材间隙后，其唇口水平度和垫片厚度调整都是需要人工和机加工介入的，确定好基材间隙与垫片厚度后才能将涂珠稳定下来，方便进一步横向面密度的调节策略介入。

如图7-62所示，边缘厚度和横向面密度采用低优先级的闭环策略，是因为其需要在基材间隙、烘箱风速和温度等变量确认好后才能进一步开展涂布的横向问题干预。垫片厚度虽然需要人工修磨垫片开角，但其开角修磨较为容易且是一个长期的精细活。而横向

　　COV的调节可以动用推拉杆和阻流块等进行干预，尤其是阻流块的干预可以采用电机控制非常智能，故其闭环策略优先级最低，优先让其他调解手段单一和需要停机的涂布问题得到调解。

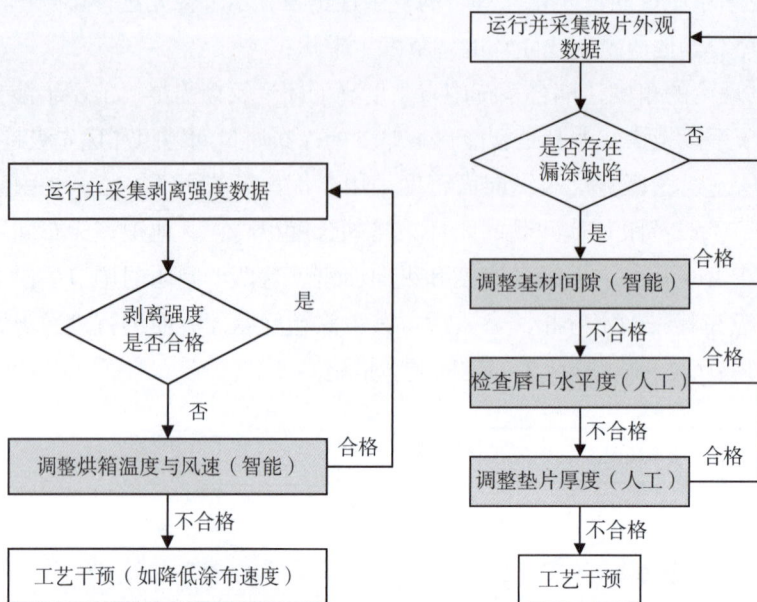

图7-61　中优先级的剥离强度（左）和漏涂缺陷（右）闭环策略

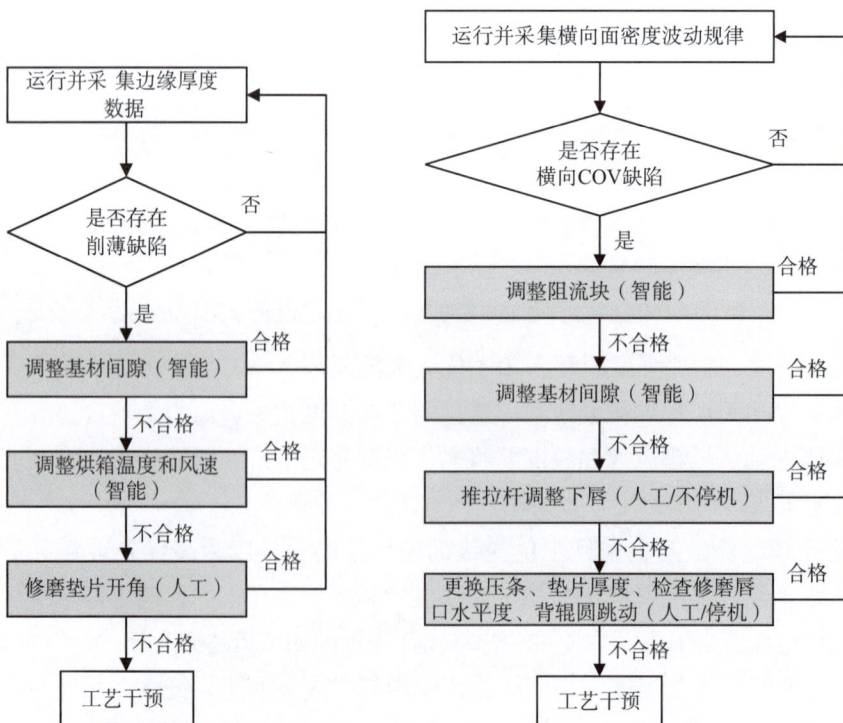

图7-62　低优先级的涂布边缘厚度（左）和横向面密度（右）闭环策略

辊压工序机理：溶剂蒸发后留下的粉体颗粒孔隙由大到小、由松到密

——驱使粉体压实的辊压工序

涂布之后的下一步工序是辊压工序，其涉及粉体力学、高分子物理、土力学、金属工艺学等多学科融合，本章对辊压的各类压实密度、剥离强度、塑性形变等问题进行了论述。与上一章涂布内容相似，对于张力控制、收卷放卷等非流体和粉体的技术内容，辊压一章暂时不做论述。

8.1 辊压第一重要的参数：压实密度对电池的影响与合理设置

8.1.1 辊压和压实密度对电池性能提升的意义

温故而知新、构建知识图谱：

6.1.2小节：通过分析辊压前后极片的电阻率，可以探索极片的微观结构和微观粒子的相互作用。

因为极片在涂布、干燥完成后，其各种固体颗粒和黏结剂都是一种自然堆积状态，这种自然堆积状态的孔隙率高、黏结性低，而活性物质容易剥离集流体，故需要对其进行辊压，以增强活性物质与箔片的黏结强度，避免电极材料在电解液浸泡、充放电循环过程中剥落。同时，在电池设计中，由于电池壳体积相同，想要在一定空间内获得较大的容量，则需要将同样体积内的颗粒密度（压实密度）提升到最大，而辊压工序可以降低极片内部活性物质、导电剂、黏结剂之间的孔隙率，可以压缩电芯体积，提高电芯能量密度，同时降低电池的电阻。

电池极片轧制的过程是电池极片由轧辊（也称压辊）与电池极片间产生的摩擦力拉进旋转的轧辊之间，电池极片受压形变的过程如图8-1所示。电池极片的辊压不同于板带材的轧制，板带材辊压是一个金属材料发生纵向延展和横向宽展的过程，辊压过程中材料密度不发生变化。而电池极片辊压属于粉末轧制，极片涂层是一种多孔材料结构，辊压过程中正负极片上电极材料被压实，密度发生变化，极片辊压是一个孔隙结构被填充，涂层颗粒逐渐密实的过程。故致密材料辊压过程遵从质量不变和体积不变原理，而粉末材料的辊压过程仅遵从质量不变原理。

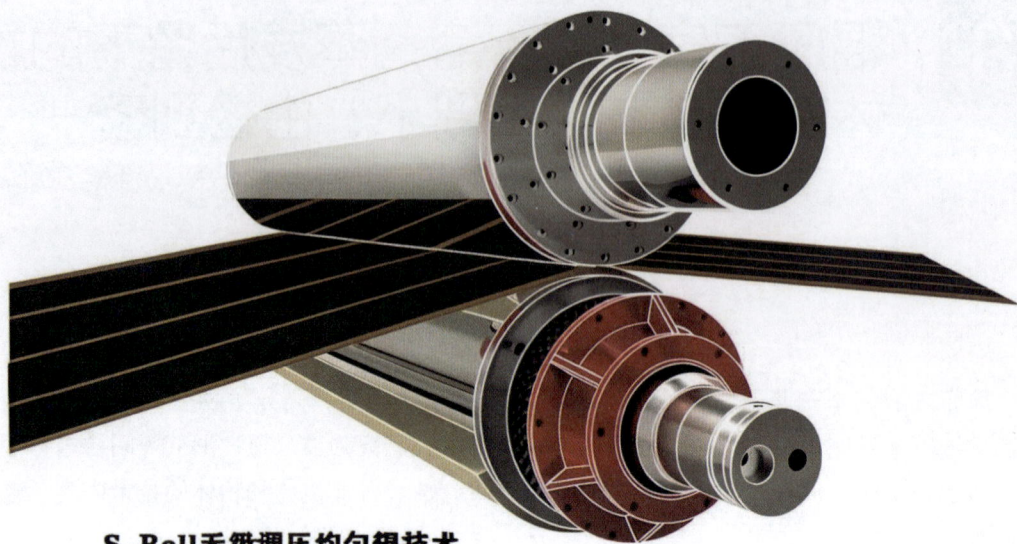

S-Roll无级调压均匀辊技术

图8-1　极片辊压过程中轧辊对极片的施力示意图

锂离子电池极片是一种多孔结构的复合材料，其孔隙率是颗粒内部的孔隙和颗粒之间的孔隙在涂层的体积分数，是判断电解液吸液量、浸润速率的一项重要指标。随着压实密度的增加，颗粒的排列变得越来越紧密，颗粒间孔隙也变得越来越小。孔隙率可由式（8.1）计算得出：

$$孔隙率 = 1 - \frac{压实密度}{真密度} \qquad (8.1)$$

迂曲度为渗流通道的实际长度与穿过渗流介质的直线长度的比值。辊压工艺会影响电极结构的孔隙率、比表面积、孔径分布和迂曲度等，同时也会影响电极中黏结剂和导电剂的分布、集流体与涂层的结合状态、电极的机械性能（硬度和弹性形变性），并直接决定多孔电极的最终微观/介观结构，这会对锂离子电池的倍率等电化学性能产生显著影响。

极片的导电性主要由电子电导率和离子电导率决定：电子主要通过固体颗粒特别是导电剂组成的三维网络传导；而锂离子传导主要通过多孔电极材料孔隙中填充的电解液进行。而极片电子电导率和离子电导率都与其孔隙率密切相关，并为相互竞争关系，随着孔隙率降低，锂离子有效电导率降低，电子有效电导率升高。因此电极设计中如何平衡电子电导率和离子电导率也很关键，压实密度选取过大或过小都不合适。在一定范围内，随着压实密度增加电池内阻降低；超过此压实密度范围后，电池内阻升高。合适的压实密度还可以增大电池的放电容量、延长电池的循环寿命，具体从物理层面的机理如下：

1）压实密度与电子电导率的关系

当多孔电极的压实密度较低时，颗粒之间的间距较大，接触概率和接触面积较小，部分活性物质颗粒可能失去导电剂的连接，部分颗粒无法接收电流从而造成容量损失，能够接收电流的颗粒其接触电阻也必然较大，同时颗粒与集流体之间的接触性能也较差。

压实极片能够改善电极中颗粒之间的接触，以及电极涂层和集流体之间的接触面积，导电剂之间也可以实现更加紧密和连续的联结，降低不可逆容量损失和接触内阻。对于导电剂浓度低的电极而言，电子电导率和接触性能的提升很重要。但当压实密度达到一定区间之后，颗粒之间的接触已经达到最佳值，再增加压实密度，接触电阻将保持不变。

2）压实密度与离子电导率的关系

孔隙率越大，电解液的体积分数越高，极片的浸润性能也有所提升，能够增加电解液进入孔隙的量，传输离子通道越多且通道直径越大，越有利于锂离子的移动，同时还可以增加活性物质与电解液间的有效反应面积，因此压实密度越低，点击的离子电导率越高。

随着压实密度的增加，颗粒之间的挤压程度增大，极片孔隙率逐渐降低（其离子导电能力势必降低），颗粒发生排列取向、塑性形变或颗粒破碎，孔隙的迂曲度增加，甚至可能增加了一些电解液无法进入的闭孔，电解液浸润性下降，锂离子通道减少或者堵塞，锂离子扩散阻力增加，不利于大量锂离子的快速移动，电池倍率性能下降。特别是在高压实密度下，电解液在垂直电极方向上的浸润性能非常小，电解液主要浸润在电极表面和隔膜上。

处于同样的压实密度下，不同厚度的极片内阻也存在差异，极片越厚，内阻越大；对于同样厚度的极片，压实密度不同，极片内阻也不同。生产过程中要求辊压后的极片厚度和压实密度一致性越高越好，表现为表面平整、光泽度一致、无暗斑、厚度反弹小、无明显褶皱、无大程度翘曲等，同时也需要涂层在基材上的黏附性好。因此辊压需要监控的相关参数有：面密度、压实密度、活性物质与基材的黏结性、颗粒完整度、极片外观和翘曲弧高等。

8.1.2　极片压实密度的内在机理与影响因素

温故而知新、构建知识图谱：

3.2.2小节：粉体的粒径分布越宽，小颗粒会填充在大颗粒堆积的孔隙中间（填充效应），从而减少孔径和降低孔隙率。

7.4.3小节：涂布干燥过程中大颗粒由基本不接触的悬浮状态，逐渐彼此接近，形成密集的颗粒骨架自然堆积状态。

从涂布到辊压，极片经历了从厚变薄、孔隙率从大变小的过程。压实密度和孔隙率通常由固有的电极特性（材料的振实密度、成分比例、粒径、粒径分布、形貌、堆积方式等）和辊压条件决定。通常原材料供应商会给锂离子电池厂提供一个最大压实密度范围。

1）材料真密度

极片材料的密度分为真密度、松装密度、振实密度、压实密度等。真密度是由材料中原子、分子或离子的原子量和原子层面的实际堆积密度所决定；松装密度是指无外部压力作用下颗粒自由堆积时的密度，涂布过程中自然形成的材料密度与松装密度接近；振实密度是指经过振动使颗粒之间紧密排列时的密度；压实密度是指在辊压后所测定的粉末或极片密度。按照从大到小排序分别为：真密度、压实密度、振实密度、松装密度。

由表8-1可知，目前几种商业化电极材料的真密度排序为：钴酸锂＞三元材料＞锰酸锂＞磷酸铁锂＞石墨，这与压实密度规律一致，材料的真密度对压实密度的影响是无法改变的。钴酸锂的压实密度最高，这也是其在智能手机、无人机等3C市场无法被其他材料取代的原因。磷酸铁锂因其理论真密度最低，极片压实密度在常见的几种正极材料中垫底。

表8-1　常见商业电极材料的各种密度值范围

指　　标	钴酸锂	NCM111 三元材料	锰酸锂	磷酸铁锂	石　　墨
松装密度 / (g/cm³)	>1.2	≥0.7	>1.2	≥0.7	≥0.4
振实密度 / (g/cm³)	2.1～2.8	2.2～2.5	1.4～1.6	1.2～1.5	0.8～1.2
压实密度 / (g/cm³)	3.6～4.3	3.3～3.7	2.9～3.2	2.1～2.9	1.5～2.2
真密度 / (g/cm³)	5.1	4.8	4.28	3.6	2.09

2）材料形貌

颗粒间的摩擦力是压实的主要阻力，这种摩擦阻力表现为一定的抗压实性（即压实阻抗）。同时，当活性物质颗粒为球形时，颗粒间点接触，接触面积小，孔隙率较大，迂曲度也较小，辊压时的摩擦力（压实阻抗）也较小，但其导电性和黏结性都不好，需要加入更多导电剂和黏结剂增加其导电性和黏结性。

而复杂形貌的颗粒，其接触面积大，可以适当减少导电剂用量，其孔隙率较小但迂曲度较大，颗粒间存在啮合现象，可以适当减少黏结剂用量，同时其颗粒间摩擦力较大，需要的辊压压力也较大。尤其是很多不规则的颗粒（例如片状石墨）棱角尖锐，压实过程中更容易相互咬合而平行于极片表面层叠排列，压实后各种无规形状的石墨穿插在一起且有很高的取向性，其结构非常紧凑。

锂电正极材料还可以分为多晶颗粒和单晶颗粒，一般多晶材料由大量更加细小的单晶颗粒二次团聚而成，而团聚体内部本身就有很多孔隙，因此多晶材料的压实密度会进一步降低，同时其抗压实性也提高了，正极材料多晶颗粒形貌如图8-2所示。

3）材料粒径分布

根据3.2.2小节的等大球不规则填充实验，粒径分布相同的单一粒径钢球的孔隙率为36.3%。随着颗粒粒径减小，其孔径会减小，而孔隙率变化不大，即孔径主要由颗粒粒径决定，总孔隙率基本不受颗粒粒径影响，另外孔径的大小与迂曲度成反比关系，即孔径越

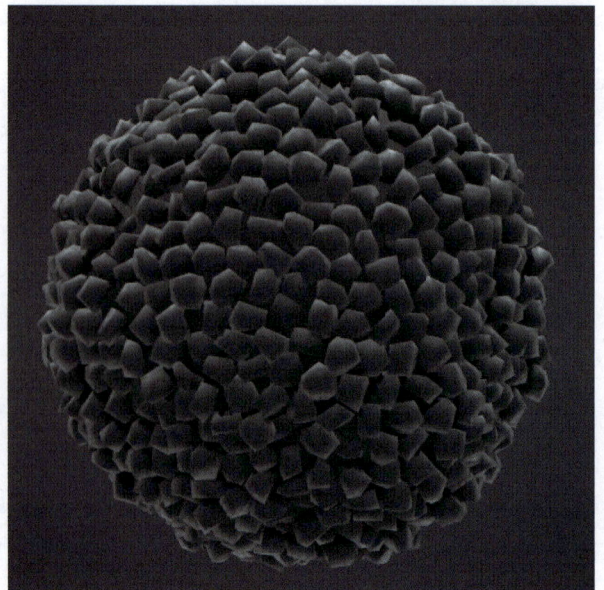

图8-2　正极材料多晶颗粒形貌

小，迂曲度越大。

而球体颗粒之间的大量孔隙，若没有合适的小粒径来填补这些孔隙，堆积密度就会很低，所以合适的粒径分布能提高材料的压实密度。颗粒的粒径呈现多峰分布时，电极孔隙率要低于呈单峰分布的活性物质颗粒。受颗粒的堆积效应和填充效应影响，D_{50}接近的材料，若D_{10}、D_{90}、D_{min}、D_{max}有差别，也会造成压实密度不同。

4）导电剂和黏结剂的含量

活性物质颗粒之间的孔隙即使在压实后，活性物质颗粒本身也无法将其填充。而体积比其小几十倍以上的导电剂和黏结剂填充在活性物质颗粒之间，辊压过程中将添加剂填入活性物质孔隙中。如图8-3所示，较高的添加剂含量会较大程度地填充该空间，孔隙率会显著降低。但是导电剂和黏结剂在合浆过程中一旦发生团聚，也会扩大了活性物质颗粒之间的距离，从而扩大孔隙率。

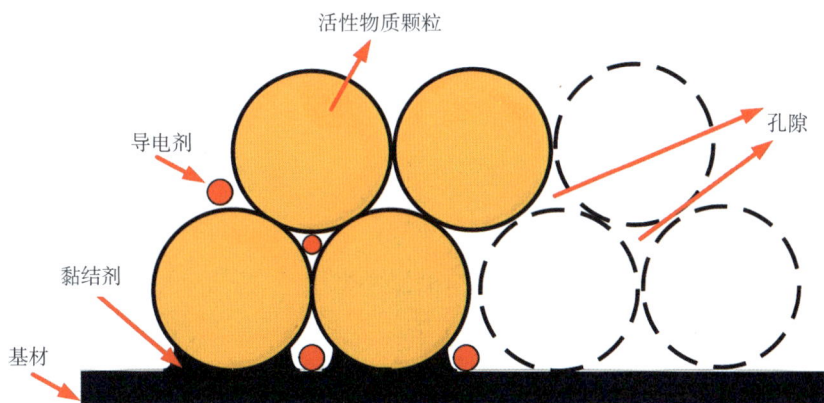

图8-3　活性物质颗粒与导电剂黏结剂的空间填充配合

导电剂的比表面积比活性物质颗粒高，涂层中摩擦表面的面积整体增加，而且更大量的黏结剂也可能增加颗粒黏附的牢固性。因此导电剂和黏结剂含量越高，极片颗粒的摩擦力（压实阻抗）越高，抗压实性也越高。

同时，导电剂和黏结剂的构成元素原子序数最高的是碳元素，故其真密度非常低，加入量提高后虽然可以降低极片的孔隙率，但较低的真密度也会对压实密度产生不利影响。故导电剂和黏结剂含量越高，孔隙率越低，压实密度不一定越低。

5）电极厚度

孔隙率随着电极厚度的增加而降低，这是由于涂层表面和集流体界面处也有较大的孔隙，而电极厚度增加后，界面处的孔隙相对于总涂层的体积比例降低。

6）涂布面密度与辊压压力

如果极片的涂布面密度不同，则在辊压过程中会出现局部过压而局部压实不足的情况，所以当极片左右厚度不一致时，需首先排除极片涂布过程中的影响；而当测试未辊压的极片左右厚度一致时，则需要对辊压压力进行左右调节，以保证极片辊压后左右压实密度一致。

8.1.3 极片压实中的颗粒破碎和塑性形变

温故而知新、构建知识图谱：

8.1.2小节：正极多晶材料是由单晶颗粒二次团聚。

（1）辊压压力与压实密度的逐步增大演变过程

极片的辊压过程是靠两个轧辊相对运动进行的，轧辊之间的辊缝需要小于极片工艺上的最终厚度，在辊压过程中极片是逐步被"咬入"到辊缝之间，从而厚度逐次降低的，轧辊开始接触和"咬入"极片时，"咬入"接触面上的切线与水平线之间的夹角称为"咬入角"θ（图8-4），这个角度直接关系到极片在辊压过程中的受力情况和运动轨迹。

随着咬入角θ从大变小，辊缝也由小变大，辊压压力逐步增大，一开始极片内部孔隙空间充足，颗粒受到的运动阻碍较小，孔隙率呈线性下降，压实密度的增加以浆料颗粒的位移和重排为主，孔隙结构被填充，但同时也有少量的颗粒破碎和塑性形变。但在辊压压力增大到一定程度时，颗粒已经填充了大部分容易填充的孔隙空间，剩余孔隙填充的颗粒运动阻力增大。辊压压力继续增加，压实密度的增加就是以材料颗粒的塑性形变和破碎为主，同时也会存在少量位移。

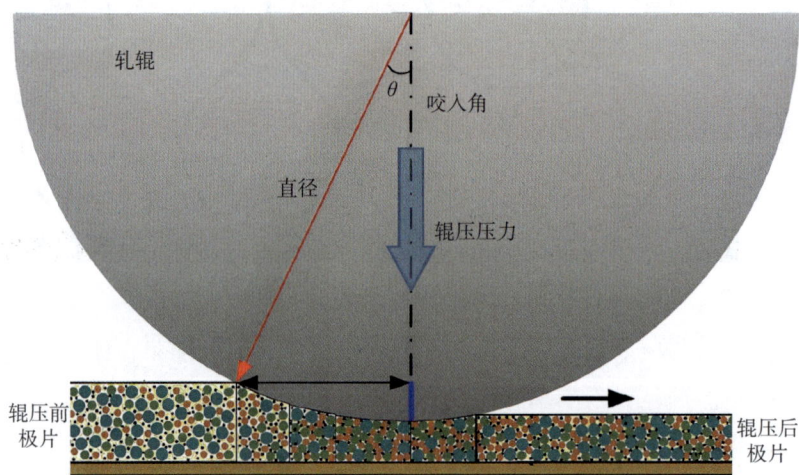

图8-4 极片辊压过程的咬入角

（2）正负极材料过压时的塑性形变和破碎

电池正负极材料的颗粒破碎和塑性形变情形存在一定差异。锂离子电池中常用的正极材料都具有非常大的硬度，在辊压过程中不会发生塑性形变，而正极材料的多晶颗粒是单晶颗粒的二次团聚体，二次团聚体的单晶颗粒之间的结合力并不那么强，活性物质颗粒吸收压缩能量并在压缩下无法进一步重新定位时便会破裂，形成过压。过压新产生的表面有很多脱离了二次团聚体的一次小颗粒，这些小颗粒要么因为没有接触到黏结剂而从极片上掉落，要么因为没有接触到导电剂而使极片导电性能局部恶化，而正极活性物质的导电性很差，辊压过程引起的导电剂分布变化对电子导电率影响更明显。

虽然球形颗粒在过压下产生颗粒破碎和塑性形变时，颗粒间接触面积增大，电子电导率提高，黏结面积增大，同时由于颗粒互相镶嵌增加了结合力。但活性物质颗粒被碾碎后电子和锂离子在极片内部迁移路径的变长，新表面的产生也使比表面增大，与电解液的接触面增大，副反应增加，从而造成气胀、循环衰减等。因此良好的极片辊压是在不破坏活性物质颗粒形貌的基础上，具有适当的孔隙率和最小的界面接触电阻。

而石墨负极的颗粒相对比较软，在辊压过程中会发生从球形到椭圆形的不可逆的塑性形变。极片辊压颗粒位移和塑性形变如图8-5所示，塑性形变的石墨颗粒容易出现一定数量的盲孔，而正极材料无明显塑性形变，在相同的压实密度下正极的孔隙率一般高于负极，因此负极在相同的辊压比例下浸润性更差。硅基电极通常孔隙率较高，因为较高的孔隙率能够协调硅基材料的体积膨胀，减缓充放电过程中硅材料颗粒的剧烈形变，减缓粉化和脱落。但高孔隙率限制了硅材料负极的体积能量密度。

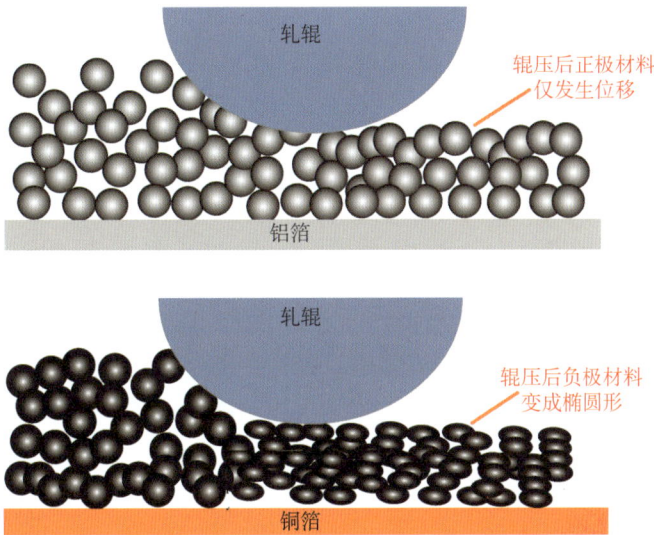

图8-5　极片辊压颗粒位移和塑性形变

压实密度过大会导致极片较硬、较脆，对叠片来说可能影响不大，但是在卷绕时，极片柔韧性不好就容易掉粉、断裂。极片是否过压可以通过观察极片是否为脆片、做SEM电镜查看是否破碎来判断。

同时压实密度过大导致极片较硬、较脆也会引发断带。当然断带的其他原因包括极片表面留有小颗粒等质地不均现象，颗粒体较硬的会挤压金属箔材，造成金属箔材破孔甚至断带。

8.2　辊压第二重要的参数：极片剥离强度的失效原因与危害

8.2.1　极片剥离强度的失效危害与测试方法

温故而知新、构建知识图谱：

3.1.3小节：物体A跟物体B黏附后，总体表面能的减少叫附着功。

（1）极片剥离强度低造成的危害

极片剥离强度是极片涂层与金属基材黏附在一起的牢固程度（即附着力），是指单位面积涂层从基体材料结合面上剥落下来所需要的力，以kN/m表示，实际应用中也使用N/cm表示，1 kN/m=10 N/cm。由于涂层是通过黏结剂黏附在极片的基材上的，如果涂层与基材黏附力不足，剥离强度太低的极片表面上来看并不会出现明显的异常，但在后续工序中可以表现为各种不同的极片缺陷：脱粉掉料、粘辊、脱膜等。

1）极片在辊压和后续分条、模切、卷绕等工序时，有粉体脱落的现象，尤其是分切的边缘脱粉掉料更为严重，脱粉掉料导致极片面密度和电池容量损失，而掉落的粉末尤其是石墨材料粉末在车间特别难以清理，是车间5S管理和洁净度管理的噩梦。

2）当辊压时极片上的涂层与轧辊接触，有可能涂层黏附到轧辊上，脱离基材发生粘辊。粘辊后导致生产现场停机擦辊，非常影响产能和效率，其本质是涂层面临的拉应力超过涂层的黏结力。

3）活性物质在充放电过程中极易从基材上脱离（也称为脱模现象）造成循环寿命衰减，尤其是卷绕的R角位置更容易发生脱膜现象。

（2）极片剥离强度测试方法

1）拉力机测试法

剥离强度的严格测试方法是固定好待测极片后，使用一定规格的胶带贴在极片上，未粘贴的一端翻折180°后，利用拉力测试机来测试极片的剥离强度，极片剥离强度测试方法如图8-6所示，以稳定阶段的平均值作为剥离强度值。胶带的胶黏结力必须足够强，且胶带的宽度应等于或小于电极的宽度，使得剥离过程发生在涂层内部或涂层和基材之间，否则发生在胶带与极片之间的测试数据无效。

若剥离过程发生在电极涂层内部，则表明黏结剂对金属基材的黏结作用比黏结剂对涂层的黏结作用强，测得的数据是黏结剂对涂层的剥离强度；若剥离过程发生

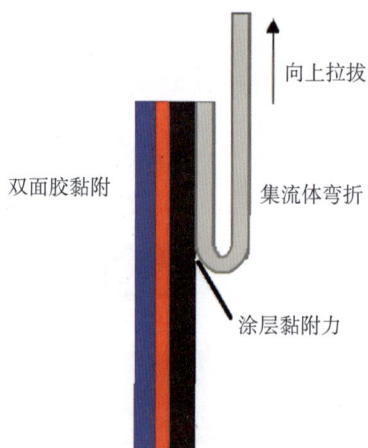

图8-6　极片剥离强度测试示意图

在电极涂层和金属基材之间，表明黏结剂对涂层的黏结作用比黏结剂对金属基材的黏结作用强，测得数据为黏结剂对金属基材的剥离强度；若剥离过程发生在胶带和电极之间，则表明所选用的胶带黏结力不足，测试数据无效。

2）划格法

拉力机方法测试需要专门测试工具，简易的测试方法是划格法。以金属划格工具横着、竖着以均匀的切割速率在涂层上形成规定的棋盘格子，所有切割应划透至基材表面，然后用胶带贴于极片表面，看能否用胶带从极片表面提起涂层，根据能提起来的棋盘格子数量作为剥离强度的测试方法，提起来的棋盘格子数量越多极片剥离强度越低。

8.2.2　极片剥离强度失效的原因——粉体从箔材上为何分离

温故而知新、构建知识图谱：

2.1.4小节：弹性模量越大，使材料发生一定弹性变形的应力也越大，即材料刚度越大。

3.1.2小节：SBR颗粒粒径会散射可见光，因此负极浆料漂蓝说明浆料不稳定导致SBR上浮。

3.1.3小节：粉体颗粒因为降低表面能而产生吸附力，比表面积越大吸附能力越强。

4.1.3小节：高分子具备一定柔韧性，在溶剂会发生自由体积溶胀。

黏结剂将固体颗粒黏结成一个整体，并为辊压后的电极提供机械强度。实际上固体表面的黏附机理极为复杂，除了与黏结剂有关的因素，还跟黏结基材和涂层的情况有关，此外还有车间环境和辊压工艺因素。具体来讲有：

（1）黏结剂导致的剥离强度失效

1）黏结剂含量或黏结力不够

极片的结合强度随着黏结剂含量的增加而增加。浆料中黏结剂含量偏少，或黏结剂的相对分子量太大或太小，将导致活性物质之间黏结力不足，此外水性负极浆料还需要考虑CMC和黏结剂的比例，通过控制合浆工序中的浆料黏度进行调整。

2）黏结剂因环境温度失效

黏结剂工作需要一定的温度区间。涂布烘烤时温度过高会使高分子黏结剂分子链断裂、高温降解，使聚合物强度降低；而低温会使黏结剂变脆，容易产生应力集中，也会使黏结剂结构破坏。

3）合浆时黏结剂分布不均导致失效

在制浆时出现SBR漂蓝上浮等情况，涂布后会使黏结剂的浓度分布不均，活性物质与基材之间的黏性变差，辊压时就容易粘辊。

4）黏结剂在涂布工序上浮导致失效

涂布工序时，因溶剂蒸发过快导致黏结剂迁移到极片表面，极片表面黏结剂浓度明显增高，形成表面黏性大于铜箔与负极材料之间黏性的极片微观结构，基材位置附近的黏结剂反而偏少，这往往导致剥离强度失效的主要原因。黏结剂上浮降低了电极和金属箔材之间的吸附力，极片的柔韧性、弹性模量、抗拉强度都会发生衰减，在较大的轧制力下，出现电极材料黏附在轧辊表面，容易导致辊压工序的粘辊现象。

（2）涂层与基材导致的剥离强度失效

1）基材表面粗糙性

在亚微观状态下观察，基材表面是粗糙的，充满孔洞、凹陷，在溶剂中溶解的胶黏剂流入并填满这些孔洞、凹陷，干燥固化后形成钩锚、榫接、铆合等机械连接力。粗糙度越大，黏结剂与金属基材的黏结面积越大，黏结性能越好。

2）基材的表面能与吸附性

一般原子序数大的金属表面内聚能大（两个铅块可以吸附在一起不掉落），黏结剂和颗粒容易在表面吸附，所以铜箔比铝箔表面吸附性强，黏结性能好。

而一旦基材表面受到污染，其表面能降低，也会导致涂层脱离。因此需要对铜箔/铝箔来料做达因值检测，有时也通过物理法（等离子体处理、电晕放电处理等）处理铜箔/铝箔表面。

3）涂层与基材的弹性模量差异

构成涂层机械特性主体的高分子黏结剂，其弹性模量一般不足1 GPa，而铝的弹性模量约为70 GPa，铜的弹性模量约为117 GPa，所以极片涂层与基材的弹性模量差异很大。在压延过程中面临横向拉伸时，涂层会因弹性模量差异而和基材变形程度不同，从而导致涂层从基底脱离，导致极片脱粉掉料。

4）涂层过厚导致极片弯曲时脱粉掉料

在极片收放卷和过辊过程中存在弯曲应力，如果涂层厚度过厚，在极片弯折时极片内部会存在内部的挤压应力，导致极片脱粉掉料。减小活性物质颗粒粒径尺寸和增加黏结剂含量有利于提高极片的柔韧度。

（3）车间环境与辊压工艺导致的剥离强度失效

1）水蒸气和溶剂分子渗透

如果涂布烘烤温度太低或时间太短，导致极片在辊压前含水量超标，或者车间湿度控制不严格，水分子会从极片的孔隙中渗透入极片涂层，高分子在渗透进入的水分子作用下发生轻微溶胀，使涂层黏结强度降低。尤其是三元材料碱性表面更容易吸收水分子，更需要严格控制车间湿度。

2）辊压压力

极片辊压直接影响了涂层在集流体上的附着力（附着强度）。压实会造成活性物质颗粒的流体重排，促进颗粒表面黏结剂充分均匀分布，增大了颗粒间黏结面积，可以使黏结剂更容易充满基材表面上的坑洞，甚至流入深孔和毛细孔隙中。

但是如果极片辊压时压力过大，导致极片过厚，会有一些脱离了二次团聚体的一次小颗粒因为没有接触到黏结剂而从极片上掉落。如果涂布厚度不均匀或者极片受力不均匀，也会在局部导致极片过压现象。

8.3 极片辊压的极片非正常形变问题与解决方案

8.3.1 极片的垂直形变：极片反弹的原因及控制措施

温故而知新、构建知识图谱：

4.1.3小节：高分子具备一定柔韧性，在溶剂中发生自由体积溶胀。

5.1.6小节：绝对刚体是不存在的，任何物体在受力作用后都或多或少地变形，具有一定的弹塑性。

（1）极片反弹的机理与应对策略

实际生产中，有时会发现极片经过辊压后，测试极片厚度符合要求，但极片在几小时后或者在其他工序之后，极片厚度比刚辊压后的极片厚。这就是极片的反弹。根据后续电池制造工序的不同，极片反弹有辊压反弹、干燥反弹、充放电反弹等不同的反弹，可以分别通过测量辊压后、烘干后、满电拆解后极片厚度得到，以此来监控各工序的厚度变化是否异常。其实极片厚度在辊压后出现微小的反弹也是正常现象，但如果反弹较大远远超出电芯设计的压实密度，则可能影响电芯封装入壳及电池的倍率性能等。极片反弹的具体原因包括：

1）极片内部水分较多引发黏结剂溶胀。车间中的水分进入极片内部，尤其负极的黏结剂高分子因此发生溶胀。理想的黏结剂应该具有超强的黏性且不发生溶胀。

2）极片在吸收电解液后发生反弹。极片在吸收电解液后，其内部的高分子在电解液中也会发生溶胀。负极黏结剂在电解液中的溶胀性是其重要控制指标。

3）黏结剂的弹性引发极片反弹。黏结剂本身具备黏弹性，其弹性越小（弹性模量刚性越大）极片厚度反弹越小，其原理类似于对棉絮碾压后的反弹。受正负极黏结剂弹性模量差异影响（PVDF的弹性模量是SBR的10倍以上），一般正极极片辊压反弹相对较小，而负极极片的辊压反弹较大。

4）黏结剂含量影响极片反弹。极片的黏结剂含量越少，极片的反弹越小。如果合浆工序没分散好，也可能导致局部黏结剂含量过高，导致局部极片反弹过大，这个可以通过控制合浆工序的浆料黏度进行控制。

5）极片的压实密度越大，辊压时所受压力越大，内部高分子等材料积累的内应力越大，极片的反弹程度越大。

6）辊压压力作用时间越长，极片反弹越小。辊压速度和轧辊直径的大小直接决定了载荷作用在极片上的保持时间，也会影响极片的回弹。辊压速度小、辊压直径大会增大辊压压力作用时长，增加黏结剂高分子长链的屈服程度，因此辊压后的极片反弹减小。

（2）应对极片反弹的多次辊压工艺

由于正负极极片的黏结剂弹性模量差异，正极极片在辊压后反弹较小，因此锂离子电池厂大多只进行一次辊压。而对于负极极片，由于其反弹较大，部分锂离子电池厂选择进行多次辊压工艺（一般也就两次）。

一般来说，二次辊压需要在一次辊压2小时之后进行，随着辊压道次的增加，极片涂层的压实密度逐渐增加且厚度一致性也逐渐提高。保持一定的间隔时间就是为了让极片有足够长的时间发生弹性形变，等黏结剂内部的应力充分释放后，再对释放应力变形的黏结剂进行第二次塑性变形，这样可以将高分子的压缩形态保持稳定。

同时，多次辊压工艺可以减少一次辊压所需要的辊压压力，降低极片材料的颗粒破碎和颗粒形变。

此外，减小极片辊压厚度反弹还可以尝试热辊工艺方式，在8.3.4小节进行论述。

8.3.2　极片的水平形变：翘曲和褶皱的原因及控制措施

温故而知新、构建知识图谱：

5.1.6小节：绝对刚体是不存在的，任何物体在受力作用后都或多或少地变形，具有一定的弹塑性。

（1）极片延展率不同的现象与危害

极片辊压过程中不仅仅在垂直方向上存在极片压实，由于极片的涂层和基材都在水平方向上具备一定的延展能力，故辊压后的极片往往会延展3%～10%，而且延展情况会因为极耳留白区和涂层区的厚度不同，以及涂层区自身的厚度不同而发生延展率差异的现象。从几何学上说，如果一个平面的不同区域被拉伸延展比例不同，要么从平面变形为凸凹不平的三维翘曲（也称为波浪边、镰刀弯、卷边等，一般发生在涂覆膜区边缘），要么强制将凸凹不平的翘曲区域碾压为带褶皱的二维平面（也称为打皱、鱼鳞纹，一般发生在留白区），通常需要将翘曲导致的弧高控制在几毫米范围内，辊压后极片发生的翘曲和弧高如图8-7所示。

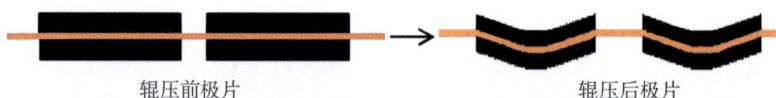

辊压前极片　　　　　　　辊压后极片

图8-7　辊压后极片发生的翘曲和弧高

与7.4.5小节的涂布工序卷曲、打皱问题相对应，辊压工序这种翘曲和褶皱会给电池制造带来很多工艺问题，严重的会造成整个极片报废，具体工艺包括：

1）极片的涂层区打皱会造成裸电芯表面不平整、内应力不均匀，影响叠片或卷绕后的热压整形效果，极片、隔膜间容易在褶皱区有一定的间隙；

2）极片打皱处的活性物质也更容易脱落导致露箔，继而引发析锂风险；

3）极耳处打皱则会影响导致极耳焊接不良而增大电池电阻，更有可能导致极耳翻折造成电芯短路或析锂；

4）翘曲的极片在后续膜区、卷绕过程中会发生走带摆动而偏移；

5）翘曲的凸凹不平处，会在叠片或卷绕后的热压整形过程中被强制压平，如同熨衣服时凸凹不平处会被熨出褶皱。

（2）极片翘曲和褶皱的原因及控制措施

极片翘曲和褶皱的根本原因就是不同区域的延展率差异，导致极片延展率差异的原因主要包括：

1）轧辊辊压过程中的垂直压缩与水平延展

在辊压过程中，上下两个轧辊对电池极片的压力实际上是垂直压力和水平压力的合力，在极片涂层压缩量一定的前提下，垂直压力和水平压力的大小取决于两只轧辊的咬入角，咬入角大则水平压力大，咬入角小则垂直压力大。压实密度取决于垂直压力大小，水平延展率取决于水平压力大小。轧辊的辊径越大，其辊压过程越近乎平压，倾向于只发生极片的垂直压缩作用。大辊径辊压机可以减小极片在辊压时的压入角，降低极片的水平延展量；辊径越小，极片水平延展越严重，翘曲和褶皱现象越严重（图8-8）。

2）涂层区与留白区延展差异

铜箔和铝箔都是利用铜铝块经过挤压压片制成的，具有很好的金属加工性和延展性。当极片在辊压的过程中，极片在水平压力的推动下会发生滑移，涂层的颗粒之间相互挤压，并对铜箔、铝箔产生挤压。在前序的涂布工艺中，涂布的涂覆膜区宽度会稍稍小于基材宽度，基材边缘会一定宽度没有涂覆浆料的留白区，留白区在辊压时不会同时接触辊压机的上下轧辊，因此没有发生延展，而涂覆膜区处在辊压力作用下产生延展，由此引发了留白区打皱和边缘翘曲现象。

在涂布过程中尽量使涂布宽度接近基材宽度，适当减小留白区宽度，可以减轻涂层区与留白区的延展差异。

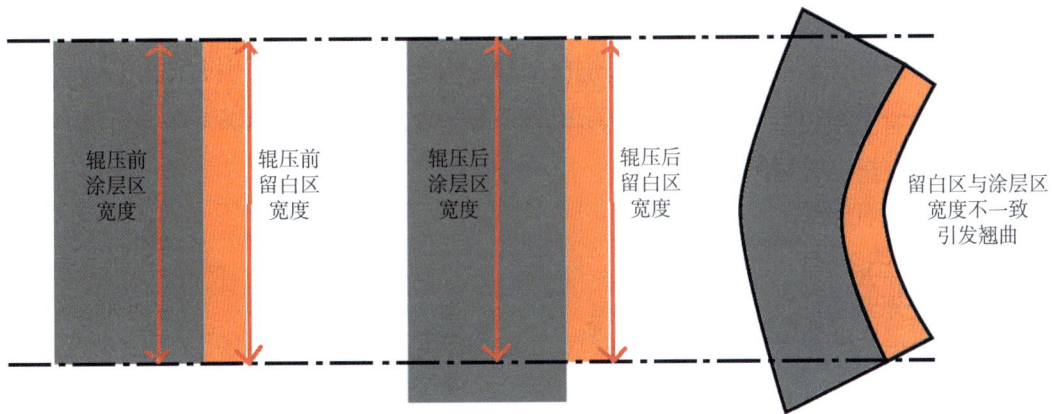

图8-8 延展程度差异导致的极片边缘翘曲

3）涂布厚度差异导致的延展差异

如果涂布后的极片厚度存在误差，例如7.4.4小节所述的"厚边"问题等，由于涂层边缘厚度较中间部位厚几微米，辊压轧辊压力作用在极片上时，边缘厚度大的区域承受更大的轧制力和延展率，造成了极片辊压后翘曲。其他面密度差异包括涂布单双面对齐等问题，也会造成辊压的延展差异。

4）轧辊磨损与不平导致的延展差异

极片在双辊压实的过程中需要严格垂直于双辊轴向，才能使极片涂层受力均衡。如果辊压过程中出现极片各处张力不均、过辊不平行、两只轧辊接触母线平行度存在误差、轧辊磨损导致辊面形成凹形、轧辊各处温度不一致等问题，则轧辊各处的极片延展发生差异。

5）基材越薄，翘曲和褶皱程度越严重

较厚的铜箔/铝箔可以一定程度上对延展进行缓冲和抵抗作用；而较薄的基材没有任何应对延展差异的"战略纵深"，故翘曲和褶皱程度会较为严重。

6）降低延展率差异可适当减少辊压压力

辊压压力和压实密度越大，极片的延展就越大，翘曲和褶皱程度就会越严重，故需降低极片在辊压过程中的延展量。

（3）极片的留白区拉伸消褶机构设置

极片打皱防治主要是解决极片留白区和涂层区受力不均匀的问题。消褶机构依靠较大的拉伸力，将未受辊压力的留白区进行强制拉伸延展，以起到缓解极片打皱的目的。但是由于消褶机构的拉伸力较大，需要注意辊压断带的问题，适当调整拉伸力大小。目前已应用的拉伸消褶机构有：

1）Pinch机构。Pinch（中文意思：掐捏）结构通过辊压前后过辊对留白区和涂覆区的差速拉伸，适当增加留白区对应的拉伸速率，使得涂覆区和留白区延展一致，消除打皱。

2）电磁加热机构。通过加热设备对留白区进行加热，实现加热拉伸，提高留白区的延展率与涂覆区一致。

3）极耳压延机构。在极片辊压前，使用小型轧辊对留白区先进行辊压，提高留白区的延展率与涂覆区一致。

4）铁氟龙粘贴。通过轧辊或辊压前后过辊的留白区位置缠绕一定厚度和层数的铁氟龙，来提高留白区的延展率与涂覆区一致，缠绕铁氟龙的厚度需要根据留白区和涂层区的厚度差来确定，同时尽可能选择耐磨、软硬适中的铁氟龙，避免造成对留白区的损伤。

8.3.3　辊压的热压工艺：熨衣服加热可以减少压实阻抗、提高材料可塑性

温故而知新、构建知识图谱：

4.1.2小节：温度越高，高分子长链的活动能力和可塑性越强。

5.1.6小节：随着温度上升，分子间引力减小，降低了凝聚态物质的屈服应力。

（1）热压工艺的优缺点

极片辊压分为冷压和热压两种方式，这里的热压不是卷绕后的热压（卷绕后有时也会进行冷压或热压进行卷芯整形）。大多锂离子电池极片辊压机在常温下对极片进行辊压，即为冷压工艺。与冷压相比，热压主要有以下优点：

1）在极片辊压工艺中，为了达到合适的压实密度，压力高达几十上百吨，这是因为极片的材料颗粒具有一定的摩擦阻力，表现为一定的抗压实性（即压实阻抗）。一般说来，物质的形变抗力和屈服应力会随着温度的升高变小。所以热压可以降低电池极片的压实阻抗，可塑性变好，可以降低在辊压后极片在垂直方向上的反弹率，以及水平方向上的翘曲和褶皱形变。

2）在极片热压过程中，极片上的黏结剂处于受热软化或熔融状态，高分子黏结剂的塑性和孔隙渗透能力增强。所以热压可以改善涂层颗粒间、涂层颗粒与基材间的机械互锁和黏合力，增强极片的剥离强度，减少电池在充放电循环过程中脱粉掉料情况的发生，提高电池的循环寿命。

3）由于热压可以降低电池极片的压实阻抗，可用较小的辊压压力将极片压至工艺要求的厚度和压实密度，所以热压还可以减少轧辊磨损，也减少磨损的金属粉尘被轧制到极片内部造成电池自放电。

4）热压可以消除极片经辊压后残留的一部分内应力，类似于钢材和铝材机加工后的去应力退火处理，避免在后续分条、膜切等工序中由于内应力的释放而产生极片摆动、断带等问题，也可避免辊压过程中因应力集中而产生的极片断带问题。

5）热压可以通过对轧辊加热的方式，基本保证极片表面温度一致，减少轧辊摩擦温升造成的极片辊压厚度不一致问题。

6）热压对极片进行干燥处理，再一次去除极片里吸收的车间环境水分。

但是热压工艺并不是没有问题，除了成本提高外，最大的问题就是因为温度加热导致黏结剂黏结力提升，从而更加容易将涂层材料黏附在轧辊上，粘辊和频繁停机擦辊导致的问题让现场人员非常烦恼。

（2）热压的加热方式

热压工艺主要有两种方式，一种是将极片加热（烘烤）后经过轧辊进行压实，辊压前设一个烘箱通过热空气加热极片。由于烘箱距离轧辊还有一段距离，热量损失快，加热效果不明显。

另一种是直接对辊压机的轧辊加热，利用加热后的轧辊对锂离子电池极片进行辊压，但这种加热方式容易导致轧辊在受热后轧辊本身的塑性形变增加，轧辊形变加剧导致使用寿命衰减。

电芯烘烤与注液工序机理：辊压留下的极片孔隙注入电解液

——驱使流体曲径通幽的注液工序

在辊压工序之后，电池制造过程历经了分条、模切、卷绕/叠片、组装几个工序，然后就来到了本章的电芯烘烤和注液两个工序。严格来讲，电芯在注液前的烘烤（baking）属于一个独立的工序，但由于烘烤是为注液服务的，且基本原理跟涂布烘烤大致相同，大部分内容本章不再赘述，故合并在注液一章进行论述。本章涉及《干燥理论》《表面化学》《渗流力学》等中的内容。

9.1 注液前的电芯烘烤过程——水分去除干净

9.1.1 电芯烘烤过程的意义——电解液注入前先驱赶走内部水分杂质

温故而知新、构建知识图谱：

3.1.3小节：正负极活性物质大都是微米或纳米级颗粒，极易吸收空气中水分子潮解，比表面积越大越容易吸水。

烘烤是一种通过给湿物料提供能量，使其包含的水分汽化溢出，从而获得干燥物料的一种化工单元操作。由于电解液对水分十分敏感，因此注液前必须进行电芯烘烤，注液过程必须在干燥间内部进行，注液后的电池必须及时进行封口。电芯烘烤作为电芯入壳后、注液前的最后一道工艺，其作用为去除生产过程中可能渗透和吸附的水分。

电芯中包括正极材料、负极材料、导电剂、隔膜、电解液以及其他铜铝金属在内的大量原材料含有很多极性亲水物质，尤其是多孔材料比表面积大都特别能够吸水。同时，环境湿度越大，电池材料越容易吸收水分，影响锂电制造车间中环境湿度的因素有：1）空气中的水分，一般用相对湿度来衡量。在不同温度和天气，有很大差别，在夏天的雨天可以达到90%，冬天的雪天则30%。2）人体产生的水分。3）物料所带的水分。4）设备设施渗水。对于环境中的水分，可以建立干燥车间，置换车间内的湿空气进行环境水分的消除。

电芯烘烤工序中最重要的监控参数就是电芯水含量，但其不像涂布面密度和辊压厚度可以轻松实现在线监测，大规模量产的在线水分含量检测很难。而离线环境下，由于电芯干燥后水分痕量较低，一般只有几百毫克每千克，无法用简单方法测量，可以采用卡尔费休库仑法测试微量水分。

补注：电芯的烘烤设备又称为隧道炉或单体炉。

9.1.2 电芯烘烤的温度与真空度设置

温故而知新、构建知识图谱：

2.1.1小节：如果抽真空将气体分子抽走，液态水就会加速变成气态。

7.4.7小节：涂布时极片时的干燥过程主要包括：预热阶段、恒速干燥阶段、降速干燥阶段和平衡阶段。

（1）电芯烘烤的真空度设置

与涂布烘烤不同，电芯烘烤根据烘箱真空度不同，可以分为常压烘烤和真空烘烤。

温度越高，水分脱除效果越好，但温度不能过高，因为组成电池的隔膜和黏结剂多为高分子材料，高分子材料在过高温度下会加速老化，导致黏结剂的黏结力减弱和隔膜热收缩等问题。由于电芯内部的温度与水分变化过程不可见，容易导致烘烤箱内部环境与烘烤时间设置的盲目性。

而在真空环境下，水分去除所需的温度可以大幅度下降，这是因为抽真空将刚刚挥发的气体分子抽走，挥发的气体分子不会回到液态水中，而液态水中的水分子被无规则热运动"踢走"变成挥发的气体概率仍然不变，故液态水会加速变成气态。真空烘烤利用的基本原理是不同气压环境下水的沸点不同。

从图9-1中可见，在常压下，水的沸点是100 ℃，随着气压减小，水的沸点也不断降低。到100 Pa左右的真空环境下，水的沸点已经降低到了-20 ℃左右。这也是真空环境能够促进烘烤过程进行的基本原理。因此，真空烘烤就是在低于一个标准大气压的环境条件下，去除物料中所含水分的过程，其真空度通常在10～100 Pa。真空烘烤的过程中，真空系统抽真空的同时对被电芯不断加热，使电芯内部吸附的水分通过压力差或浓度差扩散到表面。

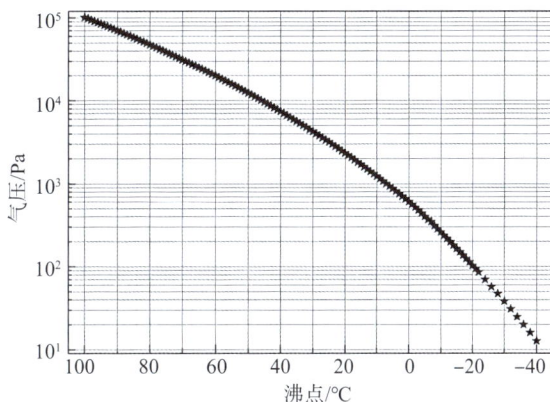

图9-1 水的沸点随气压的变化曲线

（2）电芯烘烤的温度设置

涂布时极片时的干燥过程主要包括：预热阶段、恒速干燥阶段、降速干燥阶段和平衡阶段，电芯的烘烤过程也可以分为：预热阶段、恒速干燥阶段、降速干燥阶段和平衡阶段。

1）预热阶段的主要作用是加热烘烤物料使其快速达到真空烘烤所需的工艺温度，因此预热段的升温速度和温度均匀性是其主要工艺指标。由于真空段传热较慢，因此一般先在常压或者较高压力下进行预热，电池升到一定温度后再抽真空进行水分去除，烘烤结束后冷却至室温。

2）恒速干燥阶段、降速干燥阶段由于处在真空环境，没有气体作为介质，因此无法采用对流传热。故真空阶段通常在腔体周围布置加热系统，通过辐射给烘烤物料补充能量。

3）平衡阶段也是为了让真空烘烤后的电芯经过冷却后再进入注液车间，避免内部过高的电芯温度产生副反应和水蒸气浓度过大。

注意：与涂布烘烤不同的是，待烘烤电芯一般只有顶盖处留有注电解液的小孔，水分几乎也是通过电芯顶盖注电解液的小孔蒸发去除。

9.2 电解液浸润的影响因素与测评方法

9.2.1 注液中的孔隙率、压实密度与毛细效应

温故而知新、构建知识图谱：

2.1.3小节：液固表面的吸附力与液体自身表面张力的大小，决定了其接触角大小。

2.3.2小节：根据Washburn方程，多孔电极浸润速度与毛细管口半径、黏度、毛细管力、黏度等相关。

5.1.1小节：黏度是流体阻碍其变形的阻力，是分子间引力对流体运动的一种内部摩擦力（运动阻抗）。

电解液是锂离子迁移以及电荷传递的介质，在电芯的各个区域和孔隙充满电解液才能保证活性物质容量得到充分发挥，因此要保证电芯内部被电解液完全浸润。电解液注液过程可分为两步：

1）注液。注液第一步需要先将电解液注入电芯内部，电解液在管道内的流动过程可参照7.2.1小节的伯努利方程与泊肃叶原理；

2）浸润。注液第二步需要将注入的电解液吸收到极片孔隙中，这个过程非常耗时，是影响注液工序节拍和效率的主要因素，如果在未浸润充分的情况下注入电解液，会在注液口引发喷液污染。

（1）Washburn方程与注液效率影响因素

电解液的浸润效率测量，可以在干燥间中用微量的电解液滴加在极片表面，记录电解液完全消失的时间，通过多次测量，得出浸润时间的统计规律。

在研究多孔介质中注液渗透速率时，常用达西定律（Darcy's law）进行描述，但是达西定律的描述过于粗糙，并没有将表面张力这一最重要的影响因素考虑进去。对于注液过程的毛细管运动，具体浸润过程应该参考2.3.2小节中的Washburn方程。

$$\frac{dh}{dt} = \frac{毛细管口半径^2}{8 \times 黏度 \times 浸润深度} \times (毛细管力P + 重力 + 设备额外气压) \tag{9.1}$$

电解液与极片的接触角一般小于90°，故毛细管力对电解液渗透有正向促进作用，而注液一般都是采取自上而下注液（自下而上注液会导致电解液漏液污染），故重力也会对电解液渗透有正向作用，而设备一般还通过额外给电解液打正压和对内部空气抽负压的方式提供更大的压差，故这些提供的压差也是重要的电解液渗透正向因素。电解液在极片孔隙中扩散的机理可看作是三种力之间的相互作用：设备额外气压、毛细管力、重力，其中

重力的影响作用最小。同时，我们由Washburn方程还可以得出以下结论：

1）孔隙率越大、孔径越大，注液效率越高。压实密度越高，锂离子电池在单位体积可以装入更多的活性物质。但压实密度越大，材料颗粒之间的挤压程度会越大，极片的孔隙度就越小，电解液进入孔隙的迂曲度增加，极片的吸收电解液的性能就会越差，电解液越难以浸润。特别是达到某一限度时，电解液在极片方向基材侧上的浸润下降非常明显，注入的电解液主要聚集到极片表面和隔膜上。

2）注液效率与孔结构分布特征相关。例如多层涂布过程中极片表面一层孔隙率高，而内侧孔隙率低，就比极片内侧孔隙率高、表面孔隙率低这种分布更加容易注液。

3）黏度越低，注液效率越高。低黏度的流体可很快润湿粉体的各种孔隙，而高黏度的则需很长的时间。

4）电解液与极片的接触角越小，注液效率越高。根据2.3.1小节中的Young-Laplace方程，接触角越小毛细管力越大，故注液效率随接触角减小而提升。电解液为有机溶剂，极片为无机材料，吸收电解液的能力也较弱。如果电解液中有一些极性比较大的溶剂成分，表面张力会随着极性溶剂比例的增大而增大，而且极性的电解液也不能快速和充分润湿非极性聚烯烃类隔膜。

5）粉体颗粒的比表面积与注液效率成反比。注液过程中电解液从注液杯到粉体孔隙中，粉体颗粒的比表面积越大，电解液比表面积扩大所需要增加的表面功就越大。

6）极片的压实密度和迂曲度。极片压实密度越大，电解液浸入的孔隙率越小，电解液从极片表面向下浸润的阻力更大；极片孔隙迂曲度越大，电解液浸入所需的浸润深度越长，而迂曲度与材料颗粒的球形度等因素相关。

（2）电解液的黏度机理与影响因素

黏度是流体运动的阻力，而以有机溶剂为主体的电解液本身也是有黏度的流体，溶剂的黏度与分子之间的结合能与内摩擦正相关，分子间结合能的微小增加将引发黏度的明显变化，溶剂分子间的相互作用以范德华力为主，而范德华力主要受分子量和极性的影响。电解液的黏度对电池性能的影响很大，根据斯托克斯-爱因斯坦方程和能斯特-爱因斯坦方程，黏度与离子电导率和扩散系数成反比。

具体而言，电解液的黏度影响因素众多，包括溶剂种类、电解质浓度、温度以及添加剂的使用等。

1）溶剂种类：不同的溶剂对离子的溶解能力和黏度不同，一般而言电解液溶剂都是线性碳酸酯（例如DMC、DEC）和环状碳酸酯（例如EC）的混合物，线性碳酸酯"小瘦子"比环状碳酸酯"大胖子"的活动能力强，低黏度线性碳酸酯的比例越高电解液的黏度越低，不同电解液溶剂的黏度与表面张力详见表5-1中的常见流体表面张力和黏度。

2）电解质浓度：电解质的浓度越高，离子和溶剂之间的相互作用越强，导致黏度增加。

3）温度：温度升高会提高分子的运动能力，降低黏度；反之，温度降低会增加黏度。

4）添加剂：添加剂的使用可以改变电解液的黏度，例如稀释剂和剪切增稠添加剂。

9.2.2　隔膜材料浸润速率与多孔材料测评方法

温故而知新、构建知识图谱：

9.2.1小节：接触角越小毛细管力越大，故注液效率随接触角减小而提升。

（1）隔膜材料的浸润速率

通常，隔膜由多孔亲水材料组成，孔隙率一般比较大，电解液在隔膜中的渗透速度比在极片中更快。由于铜箔/铝箔集流体的阻隔，锂离子电池不管是卷绕结构还是叠片结构，电解液都是从电芯端面通过隔膜渗吸进入电芯内部。

含电解液的隔膜的电阻率和电解液本身的电阻率之间的比值，我们称之为Macmullin数，用来表征电解液的浸润性及浸润性对电池性能的影响，该比值越小越好。可以通过下列措施进行隔膜浸润性改善：

1）对隔膜进行表面化学改性，在隔膜表面引入强的极性基团，降低润湿角，提升隔膜的吸液能力。

2）对隔膜涂覆增强热稳定性的陶瓷材料，可增强隔膜的表面张力。隔膜中应用范围最广的PE和PP基膜，其表面能为30达因/厘米，而瓷隔膜表面能高达72达因/厘米，电解液浸润性能优于PP基膜。

（2）压汞法测量多孔材料孔径分布

压汞法可以用来确定多孔材料的孔径分布，其基本方法是用汞填充多孔材料。压汞法本质上利用了毛细管渗透原理，由于汞对一般固体不润湿（与各类固体材料的接触角都大于90°），故其产生的毛细管力是起抗拒毛细管渗透作用的，同时常温下液态汞（水银）表面张力为470达因/厘米（其为油的10倍，水的6倍）。表面张力越大，产生的毛细管力越大，欲使汞渗入孔隙的困难越大。这时候就需要施加额外的外压才能让汞进入孔隙，而且施加的外压越大，汞能进入的孔隙越小，测量不同外压下进入孔中汞的量及样品的表观体积就可计算样品的孔率。压汞法的孔径测试范围最小限度约为2 nm，最大孔径可测得几百个微米，同时也可测量孔比表面积、孔隙率和孔道的形状分布。此外，由于汞不能进入闭孔（"死孔"），只能测量连通孔障和半通孔这样的开口孔隙，这跟注液时电解液不能注入闭孔情形一样。

9.2.3　注液与化成中的气泡排出

温故而知新、构建知识图谱：

2.3.1小节：因为帕斯卡原理，空气的重力作用会向各个方向形成大气压强，抽真空可以减小这个大气压强。

9.2.1小节：电解液在极片孔隙中扩散的机理可看作是设备额外气压、毛细管力、重力三者联合作用引起的。

电解液浸润就是在极片孔隙内驱赶空气的过程，由于孔隙结构的尺寸和形状随机分布，往往会出现电解液浸润速率不同，从而导致空气陷在极片中，于是在极片许多地方都存在小孔隙，这些小孔隙代表被固体颗粒和电解液包围的空气残留。如果极片孔隙内因为气泡没有浸润电解液，锂离子的传输途径会被存在的残余气相阻塞。因此，如何尽量减少这种空气残留就是提高浸润程度的关键。

在填充过程中隔膜结构易导致气体残留，残余的体积百分比称为残余饱和度。孔隙率越大的多孔介质，越难以形成微小气泡结构，越容易让电解液填满整个孔隙区域；而电解液黏度越高和注液速度越快越容易导致更多的残余气泡。

电解液浸润效率与压力差成正比，增大压力差能提高电解液浸润效率。电解液注液方式有常压注液、高压注液和负压注液。其中，高压注液与负压注液都采用压力差的方式进行注液，注液效率高于常压注液。

1）常压注液：在常压环境下，电解液在重力和毛细管力的作用下通过注液针注入电芯。常压注液是原始的锂离子电池注液方式，设备简单，操作简便，但由于电芯内空气阻力等因素造成注液速度慢，浸润效率低，为保证浸润效果，在注液完成后需长时间静置。

2）高压注液：在常压注液的基础上，对储液容器或注液容器充气加正压，使储液容器或注液容器与待注液电芯之间产生气压差，从而使电解液在额外气压差与重力、表面张力的三重作用下注入电芯。

高压等压注液对电池内部和电池所处密闭腔体同时加压，目的是在保证达到设定压力的前提下，保护电池安全阀完好和电池壳体不变形，同时增加了电解液流动的驱动力。

3）负压注液：将待注液电芯置入密封容器内，对密封容器及电芯抽负压，使电芯内部与大气环境产生压力差，电解液在额外气压差与重力、表面张力的三重作用下注入电芯。负压注液抽负压时将电芯内的气体排出，免去注入电解液后电解液占据空间并排出空气的过程，气泡的排出可以减少气体对电解液注入的阻力，真空度越大，越有利于注液浸润。

但真空度过高，会导致电解液在低压下沸点降低，如果在注液温度下沸腾会致使其挥发，频繁出现喷液的电解液污染现象，也导致电解液损失和注液量不准，电解液组分变化和溶剂减少会影响电芯后续的电性能，故注液时负压值尽可能低，但不得低于某一数值。此外，还需要调整电解液溶剂类型，降低电解液的挥发。

4）采用高压-真空多次循环注液方式，可以使得每次注入电解液时，已进行抽负压抽出电池内部残余气体，减小空气阻力，电解液注液的加正压与抽负压过程如图9-2所示。

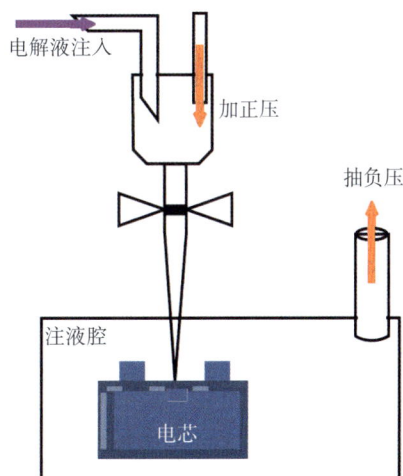

图9-2 电解液注液的加正压与抽负压过程

后记　锂电制造中的科学问题凝练过程

（1）作者写作完成后的几点感悟

本书大功告成后，终于明白很多小说里的武林绝学为啥都能够差点让修炼者走火入魔了，本人在写作过程中发现生活中处处都可以对锂电微纳世界进行类比想象，半夜都能梦到合浆和涂布过程中几种力的相互作用画面，解决了其他书籍中因缺乏介绍阻尼力而导致涂珠受力无法平衡的问题，然后半夜起来继续奋笔至白天肚子饿了才停下来，和刚上大学接触到电子游戏时一样痴迷。

锂电制造工艺是复杂的，涉及许多科学机理与现场工作经验。本书试图将锂电粉体与流体领域现场人员的经验上升为科学推理过程。但有些问题可能的原因有多种，这些问题通常很微妙，每次出现的原因不尽相同，可能是由于不引人注意的工艺参数变化或几个变量之间的交互作用引起的。还有些问题从来没有解决，导致问题的原因可能会自行消失或由于偶然的变化而消失，又在以后的某一天再次出现，因此现场的工艺处理带有一定的偶然性。且后续工序发生的缺陷往往是由前面问题造成的，只不过在前面问题刚产生的时候较难观测到而已。本书注重接地气，能够从科学原理推导出来尽可能多的现场工艺常见问题，让现场工艺人员阅读后有一种"原来如此"的感觉。

"物理学定律的发现，好像要将一些碎块拼接成一幅图画的一场拼图游戏。我们掌握了所有这些不同的碎块，而且今天这些碎块的数量迅速地与日俱增。其中许多碎块到处散落，互相之间衔接不起来。我们怎么知道它们能够拼凑起来呢？我们怎么知道它们真的是一幅尚未完成的图画中的各个碎块呢？我们不能肯定这一点，这个问题虽然困扰我们，但我们看到了有些碎块的共同特征，从而鼓起了我们的勇气。"

——费曼《物理定律的本性》

本书特别注重问题工艺处理的结构化、系统化、条理化，建议锂电现场工艺人员人手一册，遇到疑难问题时可以及时翻找本书进行问题分析，通过现场工艺人员的大量脑补想象来对本书理论进行不断的推理和验证，希望现场工艺人员在解决问题时对本书能够爱不释手。

出于提高本书专业性的角度，锂电工艺涉及的各种原理性内容都写入本书后，整体内容的理解难度也还是偏大的，部分读者第一遍阅读存在没有理解的地方很正常。本书的前后逻辑关联性很强，下篇各工序对上篇相关原理的大量应用是前后对应的，在阅读完第一遍后不理解的地方可能需要前后内容相对应地进行第二遍阅读，第二遍阅读看得仔细一些，或者多看几遍也就能够基本"悟道"了。

由于历史原因，很多锂电厂对一些名词概念的惯称会存在差异，在表述准确的基础上本书尽可能使用了各锂电厂的最大公约数名词概念。

（2）希望本书对新能源行业的大学人才培养提供一定帮助

日本著名实业家稻盛和夫的那句话"现场有神灵，答案永远在现场"在新能源行业管理层中被普遍认可，大量专科生、本科生甚至研究生博士生都应该深入一线，去观察、记录、分析、汇报、解决现场的工艺问题。只有这样才能对制造强国和实体经济发展贡献出力量，而不是坐在办公室里做"paper work"。

其实现场一线需要的工艺人员和工艺知识非常多，现场大量的工艺问题需要大量用知识武装了头脑的高校毕业生来解决，而真正懂工艺的人才在供需上存在缺口，只不过很多学校找不到科学规律总结推理出来的合适教材，又不能拿一些现场人员的经验进行教学授课工作。本书应该能够为上述工艺人才培养提供一个可靠的课程结构。

教育部发布的《关于充分发挥行业指导作用推进职业教育改革发展的意见》中提出推进建立和完善"双证书"制度，实现学历证书与职业资格证书对接。本书作者也在工信部教育与考试中心的支持下，开展了锂电工艺工程师培训、考核和授证的组织工作，包括锂电企业的工艺人员技术水平认证、各高校新能源行业的师资培训、大学生与研究生的"双证书"人才培养等工作。通过工信部教育考试中心的证书与考试制度，对本书的工艺知识和其他锂电工艺知识的认知程度，进行培训和认证工作具有一定的必要性。本书的作者也不仅仅致力于将锂电工艺从经验升为科学，还志在给锂电行业的工艺"建体系、立标准、树认知"，也通过短视频等形式进行了一定的网络授课工作，阅读本书感觉理解不充分的读者可以通过短视频或本人组织的线下培训进行深入学习，并且通过证书和考试对学习程度进行检阅证明。对培训和认证工作感兴趣的学员、企业和院校可以登录工业和信息化技术技能人才网上学习平台https://www.tech-skills.org.cn/home进行学习和证书考取。

（3）对本书相关支持人员的感谢

在本书的写作过程中，很多老师和朋友都给予了大量帮助，特别在此感谢如下：

感谢《储能科学与技术》编辑部郗向丽、王筱和翟亚丽三位编辑对本书出版的鼓励工作。

感谢北京印刷学院李路海老师（国内《涂布复合技术》等涂布书籍作者）对本书第七章涂布内容的校对工作。

感谢东莞市中能机械设备有限公司为本书提供了大量模头设计图片。

感谢美国德州大学奥斯汀分校做全固态空气电池研究的王佳傲博士，其用优秀的艺术设计和锂电知识双重功底给本书配套设计了大量图片。

感谢富纳智造研究院为本书在大专院校新能源行业职业教育应用中提供的宝贵建议。

感谢深圳市智博士管理咨询有限公司和陈林老师对本书出版过程中的出版经费赞助。

感谢元能科技对本书极片性能检测方面提供的技术协助，由于篇幅关系，大量的极片和粉体表征分析没有详细讲解，大家可以自行从"元能科技"公众号上搜索关键词极片电阻、极片反弹、浆料电阻、颗粒压溃、粉体压实等方面的最新表征内容。

还有很多为本书完稿作出贡献的其他朋友，在此一并表示感谢。

作者简介

刘玉青

华中科技大学信息管理与信息系统专业2007级博士、哈尔滨工业大学化工与化学专业2023级博士。深圳市智博士管理咨询有限公司合伙人，曾任国轩大学副校长、科技管理中心主任、信息工程院院长；宁德时代"灯塔工厂"、5G工厂、零碳工厂项目组核心成员，宁德时代个人最高荣誉首届"创新之星"获得者，其所创的"漫谈锂电"系列课程在宁德时代E学堂点击量长期霸榜。

视频号